生排烃模拟实验技术及应用

米敬奎 何 坤 胡国艺 等著

石油工业出版社

内 容 提 要

本书详细、系统介绍了生排烃模拟实验技术及应用,主要内容包括生排烃模拟实验技术、生排烃模拟实验方法与技术要点、不同类型有机质的生烃特征、原油裂解机理及影响因素、TSR 作用及反应机理、压力对有机质生烃的影响、有机质排油效率及影响因素、费托合成与晚期天然气生成、高—过成熟阶段天然气同位素倒转机理。

本书可供从事油气地质工作的科研人员使用,也可供高等院校相关专业师生参考。

图书在版编目(CIP)数据

生排烃模拟实验技术及应用研究 / 米敬奎等著 .—

北京:石油工业出版社,2021.7

ISBN 978-7-5183-4720-9

Ⅰ.①生… Ⅱ.①米… Ⅲ.①油气田–油气勘探–烃

源岩–研究 Ⅳ.① P618.130.8

中国版本图书馆 CIP 数据核字(2021)第 130429 号

出版发行:石油工业出版社

(北京安定门外安华里 2 区 1 号 100011)

网 址:www.petropub.com

编辑部:(010)64253543 图书营销中心:(010)64523633

经 销:全国新华书店

印 刷:北京中石油彩色印刷有限责任公司

2021 年 7 月第 1 版 2021 年 7 月第 1 次印刷

787×1092 毫米 开本:1/16 印张:14.75

字数:350 千字

定价:150.00 元

前　言

油气生成与排驱是油气地质最重要的内容之一，国内外学者从 20 世纪 40—50 年代就开展这方面的研究工作，取得了许多重要的理论认识，有力地指导了世界油气的勘探与开发。中国学者提出的陆相生油理论不仅有效指导了我国石油工业的发展，也很大程度上发展了油气地质理论。油气勘探初期的主要目标是构造和岩性等常规油气藏，随着勘探的不断深入及开发技术的不断进步，非常规油气（包括页岩油气和致密油气）已经成为另一类重要的勘探目标。天然气勘探在地质、地球化学方面也呈现出了一系列新特征：（1）勘探深度不断加大，例如，塔里木盆地克深地区天然气勘探深度由最初的 2000 多米，增加到 7000 多米；（2）气源岩成熟度越来越高，例如，美国的阿科马（Arkoma）盆地 Fayetteville 页岩气、致密砂岩气的烃源岩成熟度指标 R_o=3%～4%，中国四川盆地发现的页岩气烃源岩成熟度也大于 2.5%；（3）高—过成熟页岩气或煤系致密气常具有同位素倒转特征。鉴于天然气勘探发现的这些新特征，勘探家们经常会提出如下一些问题：（1）天然气生成有无下限？（2）天然气勘探有无深度（成熟度）界限？（3）高—过成熟区域页岩气是残留油裂解气，还是干酪根热解气？（4）高—过成熟阶段同位素倒转的天然气如何形成？上述问题对传统的油气生成与排驱理论提出了新的挑战。这些问题看似相互独立，实际又相互联系。例如，在什么演化阶段页岩中的含油量最大？页岩油在什么时候开始裂解？残留油裂解气对高—过成熟阶段页岩气的贡献是多少？这几个问题，除了与烃源岩的物理性质（包括矿物组成、物性等）有关，还涉及油气的生成、排驱和裂解等方面的问题。这些问题的解决不仅在油气成因理论方面有很高的学术价值，同时对非常规和深层油气的勘探部署也具有非常重要的实际意义。

油气生成与排驱模拟实验是研究油气生成机理的重要手段。油气生成的很多地质模型都是在模拟实验基础上建立的。例如，生烃动力学就是利用模拟实验数据，建立油气生成的数学模型，然后结合具体盆地的地质演化历史来反推油气生成过程及不同地质条件下生成油气的地球化学特征。油气生成方面一些机理性的认识也是通过模拟实验取得的，例如，在硫酸盐热还原作用（TSR）下的原油裂解及 H_2S 气体生成机理方面，大量的模拟实验证明 TSR 会使原油裂解的温度降低，原油中的硫含量以及流体

介质特征对 H_2S 的生成都有重要影响。同时，油气开发往往也离不开油气生成与排驱模拟实验技术研究。例如，稠油热采前一般都会开展一些先导模拟实验，通过模拟实验来选择合理的注气温度，以达到减少稠油热采过程中有害气体（CO_2、H_2S）产生的目的。

油气生成与排驱模拟实验方法随着各方面技术的进步而发展。最早的生烃模拟实验技术只考虑温度对油气生成的影响，目前的生烃模拟实验技术，除了温度，还可以考虑流体压力、静岩压力、流体性质等。从实验体系的开放程度来讲，从最初的开放体系、封闭体系，直到现在的半开放体系，模拟实验也更接近地质条件下油气边生边排的复杂过程。正是由于模拟实验技术与方法的不断进步，使得探讨不同地质因素对油气生成和排驱过程的影响成为可能。当然，在油气生成、排驱以及开发过程中还有许多生产与科学问题亟待通过模拟实验去加以解决。例如，油气生成过程中的有机与无机相互作用问题（包括水在油气生成过程中的作用）、页岩油原位热采问题等。

笔者从 2001 年开始接触油气生成模拟实验，到目前为止，开发了多套生排烃模拟实验设备。主持和参与了 10 余项关于油气生成、排驱以及稠油开发方面的科研项目。在将近 20 年的实验工作中获得了一定的经验和体会，在相关方面也取得了一些创新性认识，乐意把这些实验经验和体会与同行们分享！

全书共包括九章内容，其中第一章和第二章为模拟设备开发和模拟实验设备运行过程中的经验介绍。第三章至第九章为在油气生成与排驱模拟实验研究方面取得的一些主要进展和不成熟的认识。其中，第四章和第五章部分内容由何坤高级工程师执笔，其他章节由米敬奎教授执笔。胡国艺教授和周国晓博士对全书内容进行了整体修改和校对。

本书涉及的仪器开发和许多研究工作是在中国石油勘探开发研究院张水昌教授的指导下完成的，并得到了王汇彤、王晓梅、陈建平、帅燕华、张文龙等专家在相关研究和实验分析方面的支持和帮助，在此一并致谢！当然，本书介绍的经验和研究成果还存在许多欠缺和不足，希望大家批评指正。

目　　录

第一章 生排烃模拟实验技术

第一节 生排烃模拟实验技术发展历史与分类

地质条件下烃源岩的生烃与排烃是一个漫长而又非常复杂的过程，同时这一地质过程又受到众多地质因素的影响，在人生有限的时间内难以完整地观察到这一地质现象。自从 Waples、Lopatian 等提出温度可以弥补时间对有机质生烃的地质效应后，不同的学者利用快速、高温的模拟实验方法，来模拟地质条件下烃源岩低温、慢速的生排烃过程。生排烃模拟实验是油气地球化学研究的重要手段，其主要目的就是探求有机质在温度、压力等因素作用下化学组成变化、化学反应方向以及烃类形成和排驱的各种物理化学条件，为认识生排烃机制、建立生排烃模式、油气源对比、油气资源评价等提供实验数据和基础资料。

一、生排烃模拟实验方法发展历史

地质条件下有机质生烃是一个边生边排的地质过程。因此，有机质生烃和排烃是两个既相互区别又相互联系的过程。然而，生烃和排烃的模拟实验方法的发展并不是同时出现的，最早的模拟实验一般只关注有机质的生烃过程，直到 21 世纪初才有专门进行排烃模拟的实验设备出现。

生烃模拟实验的理论基础是随着温度的升高，固体有机大分子可以分解成有机小分子烃类。国外从 20 世纪 60 年代开始了有机烃源岩的生烃模拟实验，中国相关研究是从 20 世纪 80 年代初期才开始广泛开展的。

1. 生烃模拟实验发展历史

生烃模拟实验方法随着模拟实验设备的发展而不断进步，总体可以分为四个阶段。

第一阶段：从 20 世纪 60 年代到 70 年代，这一阶段是生烃模拟实验起步阶段，模拟实验大多是在恒温条件下进行，而且模拟温度相对较低，加热时间数天或数周。国外代表性的文献有 Eisma 和 Jurg（1967）、Henderson 等（1968）、Brooks 和 Smith（1969）分别进行的干酪根、沉积物抽提物和典型有机物热裂解的模拟实验。

第二阶段：20 世纪 80 年代到 90 年代，这一阶段进行的模拟实验除了考虑不同有机质类型，还考虑了温度、压力、时间、催化剂和水介质对产物特征的影响（Tissot 和 Welte，1978；Hunt，1979；汪本善等，1980；Durand 和 Monia，1980；Stach 等，1982；刘德汉等，1982，1986）。这一阶段的模拟实验有两个主要特点：（1）大多数的有机质生烃模拟实验是在水介质参与下的模拟实验。（2）大多数的模拟实验是针对煤的生烃模拟实验研究。其中张惠之等（1986）开展的煤中不同显微组分和特种煤生烃模拟实验研究非常有特色。

第三阶段：从 20 世纪 90 年代末到 21 世纪初，这一阶段是生烃模拟实验蓬勃发展的时期。特别是黄金管模拟实验体系的出现，各国学者进行了大量不同类型的模拟实验，包括不同类型和不同成熟度有机质的生烃实验、不同性质原油的裂解生气实验、饱和烃与芳烃单体化合物的裂解实验。这一阶段的模拟实验多采用连续升温的方式（2℃/h、20℃/h），利用生烃动力学模型可以计算不同类型有机质的生烃动力学参数，然后可以把实验结果推演到地质条件下。

第四阶段：即近十多年，生烃模拟实验主要探讨有机质生烃机理和影响因素。例如，不同金属元素、不同矿物、水等对有机质生烃的影响、TSR 作用机理、不同矿物对原油裂解的影响等。

2. 排烃模拟实验发展历史

从理论上讲，排烃模拟实验装置与生烃模拟实验是同时出现的。这是因为最早的生烃模拟实验体系是开放型模拟实验装置。开放型生烃实验体系实质上也是排烃体系，原因是开放型模拟实验就是一个边生边排的过程。国内真正意义上的排烃模拟装置最早出现在 2000 年左右，其工作原理相当于只是在开放的模拟实验体系中给样品施加了静岩压力。中国科学院卢家烂研究员，首先用这种设备对Ⅰ型、Ⅱ型烃源岩的排烃进行了模拟实验。实验过程排烃的主要动力是有机质生烃过程的体积膨胀和外加静岩压力导致的烃源岩孔隙减小而导致的实验体系内压力增加；2010 年左右出现了半封闭体系的直压式生排烃模拟实验体系。这种实验体系除了考虑静岩压力，还考虑了流体压力。从理论上讲，这种半封闭的模拟实验体系更接近于实际地质条件。

郑伦举等（2009）曾用封闭钢质釜体和半封闭体系生排烃模拟装置对同一个样品进行生排烃模拟实验研究的对比（图 1-1），结果发现考虑了流体压力和静岩压力（半封闭体系）的情况下，烃源岩的排油效率反而比一般的封闭体系的排油效率低。他们认为这主要是由于压力增加抑制了生烃作用的结果。

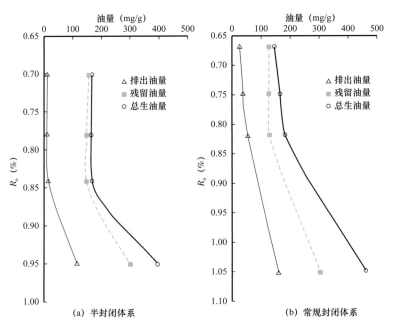

图 1-1 封闭与半封闭体系的生排烃模拟实验结果对比（据郑伦举，2009，有改编）

上述两种体系排烃效率差异的真正原因是压力的作用，还是由于其他原因（如水作用导致生成油量差异等），还需要更多的实验进行验证。

二、生排烃模拟实验方法分类及基本工作原理

有机质生烃与排烃过程受多种地质因素影响，不同盆地的地质条件又完全不同。因此，要完全重现这种复杂的地质过程非常困难，实验方法只能是无限接近地质条件，而不可能完全等同于地质条件。正是由于影响生排烃过程的因素众多，因此不同的研究单位或仪器公司为了实现不同研究目的，设计制造了非常多样的模拟设备。模拟设备和模拟实验方法也随着人们对生排烃机理认识的逐渐清晰和制造工艺的发展不断进步。模拟实验方法根据不同的内容有多种分类。其中按照实验体系封闭程度的分类方法最为常见，可分为开放体系、半开放体系和封闭体系三类。从这三种实验方法的发展历史来看，最早出现的是开放体系，其次是封闭体系，最晚出现的是半开放体系。

1. 开放体系

开放体系包括岩石热解仪（Rock-Eval）、热解—气相色谱仪（Py-GC）、热解—色谱—质谱仪（Py-GC-MS）、开放的钢质热解仪等。开放模拟实验体系最大的优点是设备简单，便于操作。开放体系模拟温度通常可达到 600℃ 以上，能模拟烃源岩的整个生烃演化过程，但是其最大的缺点是无法考虑压力的影响。从理论上讲，开放体系模拟过程中早期生成的原油能排出模拟体系，模拟过程中生成的气体仅反映有机质（或干酪根）的初次裂解的贡献。然而，实际的开放体系模拟实验过程中，由于没有压力的存在，早期（低温）生成的油（特别是重质组分）并不能直接排出实验釜体，模拟实验收集的气体产物并不仅仅是有机质的初次热解气，其中包含一定量的原油裂解气。而原油裂解气量在整个气体产物中所占的比例又很难估算。上述几种开放生烃模拟实验体系除了钢质釜体，都是在线的模拟实验设备。实际上，地质条件下烃源岩的生烃环境并不是一种完全开放的体系，因此，基于开放体系获取的模拟实验数据很难直接应用于地质条件。目前，开放模拟实验体系最好的设备是热解—色谱—同位素质谱联用仪，其模拟最高温度达 800℃。

1）岩石热解仪（Rock-Eval）

岩石热解仪是油气地球化学研究方面最常用的仪器设备，最早是在 1977 年由法国石油研究院 Espitalie 等人研制而成。它的工作原理和常规模拟设备不完全相同。该方法是在惰性气体中对含有机质的岩石样品进行程序升温加热，然后用火焰离子检测器和热导检测器对岩样中有机质释放出的烃类和二氧化碳进行定量检测。其原理主要通过将游离气态烃、残留液态烃和热解烃在高温下氧化成二氧化碳，然后测定二氧化碳的峰面积来确定泥页岩样品中不同状态烃的量。表 1-1 中列举了岩石热解仪不同分析参数的分析条件和地质意义。

岩石热解方法是最基础也是目前应用最广的模拟实验方法，可获取较多的烃源岩地球化学参数，包括岩石中的吸附气量（S_0）、残留液态烃量（S_1）、热解烃量（S_2）。但是，这些参数都比较粗略，只能对烃源岩类型、生烃特征、生烃潜力进行初步的评价。例如，大量分析结果表明，通过 S_1 标定的岩石残留烃量只有常规抽提量的一半（图 1-2），主要是由于残留油中的重质组分不能被载气带入氧化炉中氧化。热解烃量（S_2）相当于模拟实验

得到的总生烃量，但由于升温速率太快，S_2 一般小于其他模拟实验方法得到的总生烃量，而且也不能得到总生烃量中油和气的比例。

表 1-1　岩石热解仪不同分析参数的分析条件和地质意义

分析参数	分析温度（℃）		恒温时间（min）	升温速率（℃/min）	地质意义
	起始	终止			
S_0	90	90	2		吸附气态烃
S_1	300	300	3		吸附液态烃
S_2	300	600	1（600℃）	25 或 50	热解烃（未生成的）
S_3	300	390		25 或 50	杂原子官能团生成
S_4	600	600	7～13		残余有机碳氧化生成

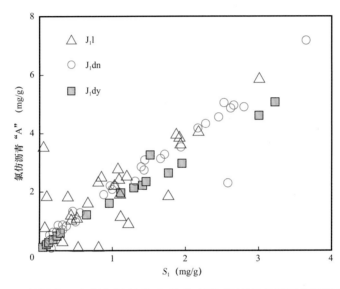

图 1-2　烃源岩 S_1 与氯仿沥青 "A" 关系（以四川盆地侏罗系烃源岩为例）

2）热解—气相色谱仪（Py-GC）及热解—色谱—质谱仪（Py-GC-MS）

热解—气谱—质谱仪（Py-GC-MS）的工作原理如图 1-3 所示，样品在裂解器中加热，有机质生成的烃类通过载气带入气相色谱—质谱进行在线分析、定量。由于是在线分析，一般组分散失少，特别是在气体及轻烃的定量分析中有独特的优势。但由于重烃组分和其他大分子的非烃物质很难被载气带入气相色谱仪，因此 Py-GC 一般很少用于 I 型、Ⅱ型有机质的热解生油实验，而多用于煤的热解生气实验、原油及干酪根裂解成轻烃的定量分析研究。

图 1-4 显示了 Cramer（2001）利用 Py-GC-IRMS（热解—色谱—同位素质谱仪）对北海三叠系煤以 12℃/h 的升温速率热解模拟得到瞬时生气速率和瞬时生成甲烷碳同位素随模拟温度的变化情况。在 Py-GC-IRMS 上不但可以用任意升温速率进行模拟热解实验，而且可以测定相应升温速率条件下的不同组分的产气速率和气体的碳同位素值。

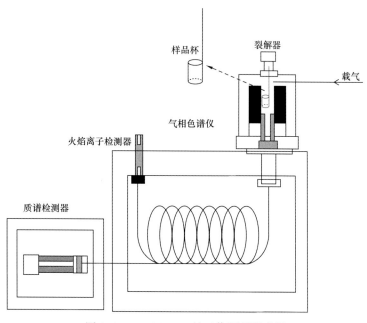

图 1-3　Py-GC-MS 的工作原理示意图

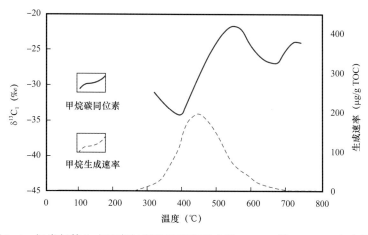

图 1-4　烃类气体生成速率与模拟温度关系（据 Cramer 等，2001，有改编）

表 1-2 中列出了利用 Py-GC-IRMS 对北海三叠系的三个煤样（A、B、C）分别以 12℃/h、42℃/h、120℃/h 的升温速率加热至 1000℃得到的生烃量与生气结束时残渣的反射率和 H/C 比。可以发现三个样品在不同升温速率条件下得到的煤生气结束的成熟度界限并不完全相同（R_o 为 5.17%～6.5%），但对应的 H/C 比基本相同（0.16～0.17）。以 A 样品为例，其氢指数为 286mg/g TOC，其理论最大生气量应该与氢指数（HI）大致相等。利用 Py-GC-IRMS，该煤样在三种升温速率热解实验条件下，最大产气量的平均值只有 52.3mg/g TOC，换算成体积也只有 61.48mL/g TOC，与煤样的氢指数有非常大的差别。可能导致上述实验结果巨大差异的原因如下：一是煤在低温条件下生成的原油排出体系（或被载气带出体系）后将不会再发生二次裂解；二是三个升温速率相对来说都比较快，有机质的生气反应不充分。除了上述两个原因，可能也存在气体定量方面的问题。煤在演化过

程中主要以生气为主，只能生成少量的液态烃，其裂解生成的气体量通常很少。因此，煤演化过程中生成原油的裂解不可能导致最大生气量和氢指数之间如此大的差异。以 A 样品为例，其原始 H/C 比为 0.84，最高温度模拟残渣的 H/C 比只有 0.16，按照物质平衡理论，最高模拟温度煤的理论最大生气量应为 291.67mL/g TOC，比实验结果（61.48mL/g TOC）大很多。因此，极有可能是气体定量存在很大的问题。

表 1-2　三种模拟生成气体量和最终模拟残渣的地球化学特征（据 Cramer 等，2001）

样品	升温速度（℃/h）	气体产量（mg/g TOC）			总烃气	模拟结束残渣 R_o（%）	模拟结束残渣 H/C 比
		甲烷	乙烷	丙烷			
A HI=286 （mg/g TOC）	12	37.0	7.9	7.1	52.3	6.5	0.16
	42	38.6	8.4	7.4			
	120-Ⅰ	38.4	8.4	7.3			
	120-Ⅱ	33.8	7.2	7.1			
	平均值	37.0	8.0	7.3			
B HI=192 （mg/g TOC）	12	33.9	6.6	7.6	50	5.96	0.17
	42	36.3	7.3	8.3			
	120-Ⅰ	35.7	6.9	7.7			
	120-Ⅱ	34.9	6.9				
	平均值	35.2	6.9	7.9			
C HI=190 （mg/g TOC）	12	18.8	2.7	3.6	26.5	5.17	0.16
	42	19.7	2.9	3.7			
	120-Ⅰ	20.2	3	3.9			
	120-Ⅱ	21	3.1	3.7			
	平均值	19.9	2.90	3.7			

注：其中 120-Ⅰ与 120-Ⅱ表示两次实验均采用 120℃/h 的升温速率。

　　3）钢质釜体模拟设备

　　钢质釜体模拟设备是最早使用的模拟设备。与其他开放体系模拟设备相比，钢质釜体模拟实验体系釜体体积通常较大，模拟样品装入量多，模拟产物的绝对产量相对较高，可以进行更多的后续分析。

　　不同类型的开放钢质釜体模拟设备只存在釜体大小和材料的差异，其工作原理基本上是一样的。基本的工作原理是将样品放在钢质釜体中加热，样品热解生成的气体通过连接管导出，用排水集气法进行收集（图 1-5）。该类模拟装置由于釜体一般较大，可以直接选用岩石样品进行加热，没有必要进行干酪根富集分离。但模拟实验过程中由于没有外加压力，除了气体和轻烃组分，生成的液态烃一般很难完全排出。所以，利用这种实验体系进行连续加热的模拟实验，低温条件下生成的原油会发生不完全裂解，一部分大分子的液态烃会裂解成小分子烃类（并非完全成气体）而排出釜体外。所以，通过排水集气法收集到的气体除了有机质初次热解气，还包含有少量的原油裂解气。这类设备用于有机质生烃的分步升温模拟实验效果最好。

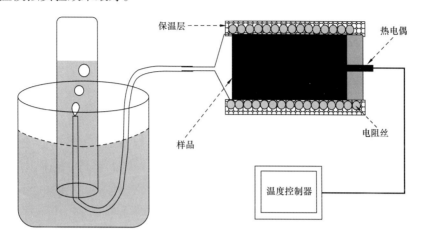

图 1-5　开放型钢质釜体模拟设备工作原理示意图

2. 封闭体系

封闭体系包括一般的钢质容器封闭体系、石英管体系（包括 MSSV）和黄金管体系。封闭体系的最大优点是可以模拟烃源岩的最大生气量。由于无排烃作用，在高温条件下早期生成的液态烃与重烃气体组分都会发生裂解。

1）钢质容器密封体系

钢质容器封闭体系是最传统的模拟实验方法，其工作原理与图 1-5 相同，只不过相当于在排气口前安装了一个密闭阀门。反应过程中一般没有外部压力施加给样品，反应体系的压力主要是由反应生成的气体产生。钢质容器封闭体系的最大优点是反应装置简单，易于加工。其不足有以下几点：（1）由于钢质材料在高温、高压条件下容易产生变形，整个体系的密封性变差，目前的模拟温度一般不超过 600℃，很难完全反映烃源岩的最大生气量；（2）金属在高温条件下可能会对烃源岩的生烃过程起到催化作用，影响烃源岩生烃时限的准确评价；（3）一般钢质容器反应釜体积比较大，加热电阻丝缠绕在反应釜的外围，反应釜内的温度难以准确测定，且反应釜内样品会存在受热不均匀的情况。由于以上原因，许多基于钢质封闭体系的模拟实验的结果与地质实际情况的对比及应用效果比较差。

2）石英管封闭体系

石英管封闭体系也是较早使用的一种封闭模拟体系。最早的石英管模拟体系，是把样品封闭在较大的石英管中进行加热，由于有机质生烃增压作用很容易使石英管在高温条件下破裂，因此一般大的石英管体系（一般直径为 1～2cm，长度为 15～20cm）已经被淘汰。目前应用比较多的是 MSSV（Micro Scale Sealed Vessel）。石英微管的长度为 3～4cm，外径为 3mm，内径为 2mm。一般一次可以封存多个（一般最多 27 个）石英微管。由于石英微管尺寸小，因此不容易破裂。其工作原理是把封存样品的多个石英微管在小型马弗炉中加热，每加热到某一个设置的温度点，拿出一个（或多个）石英微管进行后续分析，其他样品继续加热。这样，一次实验可以完成多个温度点的热模拟。但是，由于石英微管体积小，装样量少，生成产物的绝对量也较少，一般多用于生气模拟实验。对于要进行模拟产物（特别是油）后续多种分析的情况，这种模拟体系就没有优势可言了。

3）黄金管模拟实验体系

黄金管模拟实验体系是目前应用最广的、技术最成熟的封闭模拟实验体系。中国的这种实验体系最早是由中国科学院广州地球化学研究所的刘金钟研究员从国外引进的。其工作原理如下：模拟样品装在两头封闭的黄金管中，然后将黄金管装入耐高压的封闭釜体中，再对釜体进行加热，并可通过高压泵利用水对釜体内部施加压力。由于黄金具有很好的延展性和导热性，外部压力和温度可以准确地传递到样品上。与一般钢质容器和石英管封闭模拟体系相比，黄金管封闭模拟体系最大的优点是可以探讨压力对生烃作用的影响，并可以任意选择模拟升温速率。目前，黄金管模拟设备有以下两种类型：

（1）整体式黄金管模拟体系，其工作原理是把装有黄金管的所有釜体放在同一个加热体系中进行加热模拟（图1-6）。热电偶也贴在某一个反应釜体的外壁。实验过程中假设釜体内外温度一致，每个釜体的温度一致。其中设备底部的低速风扇是为了保证加热体系内部温度更加均匀。所有反应釜体只有一个温度控制仪表控制釜体的升温速率和釜体加热的终止温度。当某一个反应釜体到达设置温度点后，人工或用机械手从加热炉上部拽出反应釜体，其他反应釜体继续加热。目前，中国科学院广州地球化学研究所的黄金管模拟体系即为该类型，其外加流体压力可以达到50MPa，模拟的最高温度为600℃。

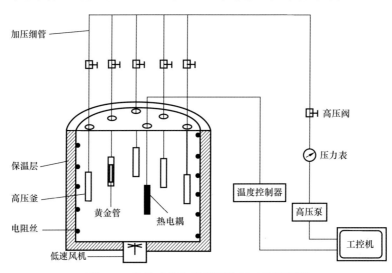

图1-6 整体式黄金管模拟体系工作原理图

（2）分体式黄金管模拟体系。该体系由中国石油勘探开发研究院油气地球化学重点实验室研发（图1-7）。装置共有20个反应釜体，每个釜体有独立的加热和温度控制系统，可对不同的反应釜体进行单独的温度和升温方式的控制。当某一个反应釜体到达设置温度点后，这个反应釜体对应的加热系统停止加热，其他反应釜体继续被加热。其外加流体压力可以达到100MPa，模拟的最高温度可达800℃。该模拟体系的装样空间采用了独特的设计，一个釜体中一次可以放入6个黄金管（直径为5mm，长度为5cm），即一次可以对6个样品进行相同温度程序和压力条件的模拟实验。同时由于釜体外围采用了真空保温系统，不但使反应釜体内部的温度更加均匀，而且由于加热体系热散失少，实验室的环境温度更加适宜工作。

图 1-7　分体式黄金管模拟实验系统

3. 半开放体系

地质条件下，烃源岩的生烃过程既不是一个完全的封闭体系，也不是一个完全的开放体系，而是一个边生边排的半开放体系。这种边生边排的生烃过程在实验室内相对比较难实现。半开放热模拟生烃实验体系的关键问题是模拟体系开放度的控制。中国石化无锡石油地质实验中心与中国石油勘探开发研究院实验研究中心相继研制了一套半开放体系——直压式生排烃模拟实验系统（图 1-8）。该系统最大的优点是考虑了烃源岩在地质条件受到静水压力和上覆岩石压力的共同作用，另一个优点是可以模拟原始岩心而非提纯干酪根样品的生烃过程。其工作的基本原理是通过液压支柱给模拟岩心加压，来模拟烃源岩上覆岩石压力；通过高压泵向反应釜腔体注水来模拟烃源岩在地质条件下受到的静水压力；体系开放度是通过一个电磁阀进行自动控制，实验开始前对体系设置一个压力极限值（一般为烃源岩的驱排压力或破裂压力），整个实验体系处于封闭状态，随着模拟温度的升高，烃源岩的生烃量增加，体系内压力不断增加，当压力达到设置的体系极限压力时，电磁阀自动打开，烃源岩进行排烃，排烃的结果使得体系内的压力降低，电磁阀又自动关闭。如此循环，整个体系始终处于一个封闭、开放的动态变化过程。这种模拟过程更接近地质条件下烃源岩边生边排的实际过程。

图 1-8　半开放体系的生排烃模拟实验系统

虽然该模拟装置在目前条件下应该是最接近地质条件下的一套模拟系统。但也存在着一定的缺陷：（1）对有机碳含量相对较低的岩样，其模拟生成的烃类量不会很大，尤其是低温阶段生烃产生的压力增加量难以达到烃源岩突破压力，会影响其排烃过程。大量的模拟实验结果表明，不同类型烃源岩的模拟实验一般在300℃后才开始大量生烃，在此之前生成的液态烃非常少，因此体系压力一般都达不到初始设置的排烃压力。如果油不能顺利排出，该体系对生油模拟来说也就相当于一套封闭体系。（2）该体系是一种加水模拟系统，水直接和样品接触，在超过水临界温度（375℃）的高温条件下，水化学性质发生很大变化，烃源岩的生烃和排烃能力受到超临界水的影响可能会很大。而地质条件下，烃源岩的主要生烃温度区间不超过200℃，在该温度条件下，水的性质不会发生很大变化。因此，直接利用该模拟实验体系得到的实验数据在计算资源量时要非常慎重。（3）该模拟实验体系一次只能模拟一个温度点，要模拟整个生排烃过程，实验时间较长（一般需要1个月左右）。（4）体系开放度的控制非常重要。目前，该模拟实验设备的开放度是一个固定值，即排烃孔的位置、个数、孔径大小都是固定的。因此，实验体系的开放度是固定的。而地质条件下，不同盆地烃源岩生排烃过程的开放程度并不完全相同。因此，实验结果是否适应于具体的地质环境，还值得进一步商榷。（5）高温条件下的短时间排烃是否等同于地质条件下低温长期的排烃过程。相关理论认为：高温能弥补地质条件下低温长时间有机质生烃过程。而排烃过程中的高温是否能弥补地质条件下低温长时间有机质排烃过程，还需要有一定的理论和实验数据支持。

第二节　生排烃模拟实验研究方向

虽然生排烃模拟实验已经有七八十年的发展历史，但是关于有机质生排烃方面还有许多方面的问题并没有完全弄清楚，需要进一步探索。主要包括以下几方面：

（1）H_2S气体生成机理和主要影响因素，主要探讨原油裂解过程的硫酸盐热还原作用（TSR）的启动机制和H_2S气体生成的影响因素。包括原油地质条件下自然裂解过程和稠油热采过程中H_2S气体生成。

（2）无机矿物对有机质生烃作用的影响。不同地质条件形成的烃源岩，其中包含的无机矿物种类和数量都有非常大的差别。有研究者认为有机质在生烃过程中，无机矿物首先与有机物结合形成络合物，这种有机—无机络合物是有机质生烃的主要物质基础。而有的学者认为金属矿物对生烃作用有非常重要的影响。生烃过程中有机—无机相互作用方面有很多问题值得研究，包括哪些矿物、何种价态的金属矿物对有机质生烃的影响。

（3）高—过成熟阶段有机质的生烃机理研究。从有机质的化学组成上来讲，只要有机质中还有氢元素的存在，有机质的生烃作用就不会结束。传统的生烃理论认为有机质主要是通过脂肪链断裂方式生烃。当有机质演化到结构中不存在脂肪链时，有机质的元素组成中还含有一定量的氢元素（H/C比约0.25），这些有机质中的氢元素（主要存在于芳环结构中）能否转化成烃类、如何转化、对天然气资源的贡献量等问题都需要通过大量的模拟实验加以验证。

此外，目前研究发现：不论是页岩气还是煤系致密气都存在随着天然气干燥系数增加天然气的同位素倒转的现象。目前关于高—过成熟阶段天然气同位素倒转存在的两种主流观点如下：干酪根初次热解气与残留烃裂解气混合造成；甲烷与水发生氧化还原反应生成同位素更轻的 CO_2 和 H_2，CO_2 和 H_2 进一步反应形成同位素更轻的重烃气体。这两种观点都缺乏强有力的实验数据支持，因为大量的封闭体系的模拟实验，都没有发现同位素倒转天然气的生成。而第二种反应机理在理论上根本解释不通。如果地质条件下甲烷与水可以发生氧化还原反应，乙烷更容易与水发生氧化还原反应，残留下来的乙烷碳同位素应该更重。因此，高—过成熟阶段天然气的同位素倒转机理研究也是模拟实验研究的一个重点。

（4）水对有机质生烃的贡献。许多学者提出，水在高—过成熟阶段对有机质生烃具有提供氢源的作用（图1-9）。那么，在高—过成熟阶段水是直接与有机质反应生成烃类，还是水与其他矿物先发生反应形成氢气，然后氢气再与含碳物质（包括有机质本身以及有机质演化过程中生成的二氧化碳）反应生成烃类；此外，水在低成熟阶段对有机质生烃有无贡献，贡献量有多大，如何影响天然气的同位素组成，能不能根据天然气的氢同位素来反推水对天然气的贡献等问题都是这方面的研究重点。

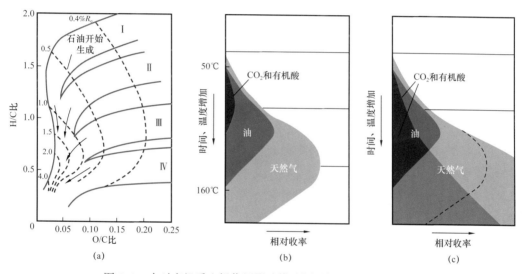

图1-9　水对有机质生烃作用影响模式图（据 Seewald，2003）

（5）费托合成生成烃类机理。费托反应能生成烃类已经被模拟实验证实，也被规模地用于工业化制烃。这些反应都在有催化剂的条件下发生，而且反应产物与催化剂和反应温度的选择密切相关。与实验条件下相比，地质条件下不可能存在这些催化剂，或只有痕量催化剂。在这种条件下，费托反应是否可以发生、反应效率如何、参与费托反应的物质来源（氢源和碳源）等问题都需要进行深入的探索。

（6）有机质的排烃过程与机理。虽然目前的排烃实验设备可以模拟既存在流体压力、又有上覆地层压力地质条件下的排烃过程，但是一般的排烃模拟实验过程中多用水作为流体介质。由于在高温条件（特别是超过水的临界温度375℃）下，水的化学性质发生很大的变化，会与有机质发生反应生成大量 CO_2，使有机质的生烃能力降低。这势必会影响有机质的排烃实验结果及相关应用。因此，开展以惰性气体为流体介质的排烃模拟实验可能更能反映地质条件下有机质的排烃机理和排烃过程。排烃过程的模拟实验研究不但对常规油的资源评价有重要意义，而且对目前非常热门的页岩油和页岩气的勘探和开发意义更大。

上述问题的解决除了具有重要的理论意义，对下一步天然气的勘探方向将具有重要的指导作用。

小　结

（1）生烃模拟实验按照体系的封闭程度分为开放体系、封闭体系和半开放体系三种类型。开放体系和半开放体系可以作为排烃设备进行有机质排烃的模拟实验。各种模拟实验体系各有优缺点。半开放体系从理论上来说更接近地质条件，但是由于具体地质条件的不同，模拟体系开放程度更为关键，也更难控制，从而限制了它的广泛应用。黄金管体系是目前技术最成熟，也是应用范围最广的生烃模拟实验体系。

（2）目前，生排烃模拟实验主要进行生烃机理探讨和不同地质因素对生排烃过程的影响。

参 考 文 献

刘德汉，周中毅，贾蓉芬 . 1982. 碳酸盐生油岩中沥青变质程度和沥青热变质实验［J］. 地球化学，（3）：237-243.

刘德汉，傅家谟，戴童谟 . 1986. 煤成气和煤成油产出阶段和特征的初步研究 // 中国科学院地球化学研究所年报［M］. 贵阳：贵州人民出版社 .

汪本善，刘德汉，张丽洁，等 . 1980. 渤海湾盆地黄骅拗陷石油演化特征及人工模拟实验研究［J］. 石油学报，1（1）：43-51.

张惠之，刘德汉，傅家谟，等 . 1986. 不同煤岩组分的热解成气实验研究 // 中国科学院地球化学研究所年报［M］. 贵阳：贵州人民出版社 .

郑伦举，秦建中，何生，等 . 2009. 地层孔隙热压生排烃模拟实验初步研究［J］. 石油实验地质，31（3）：296-302.

Brooks J D, J W Smith.1969. The diagenesis of plant liquids during the formation of coal, petroleum and natural gas-Ⅱ. Coalification and the formation of oil and gas in Gippsland Basin［J］. Geochim. Et Cosmochim. Acta, 33：1183-1194.

Cramer B. Eckhard F, Gerling P, Krooss B M. 2001. Reaction kinetics of stable carbon isotopes in natural gases insights from dry, open system pyrolysis experiments［J］. Energy & Fuels. 15：517-532.

Durand B M, J C Monin.1980, Kerogen［M］. Editions Technip Paris.

Eisma, E, J W Jurg. 1967. Fundamental aspects of diagenesis of organic matter and the formation of hydrocarbon. In：Proceedings of 7th world Petroleum Congress［M］. Applied Sciece Pub. London, 2：61-72.

Henderson W, G Eglinton, P Simmods, et al . 1968. Thermal alteration as contributory process to genesis of petroleum［J］. Nature, 209：1012-1016.

Hunt J M. 1979.Petroleum geochemistry and geology Freeman［M］. San Francisco.

Lopatian N V. 1971. Temperature and geologic time as factors in coalification［J］. Akad. Nauk SSSR, Ser.

Geol.lzvestiya, (Russ. Transl. by N.W.Bostick) Moskwa, 3: 95–106.

Seewald J S.2003. Organic–inorganic interactions in petroleum–producing sedimentary basins [J] . Nature, 20: 327–331.

Stach E, Mackowsky M T, Teichmüller M, et al.1982. Stach's Textbook of Coal Petrology [M] . Gebrüder Borntraeger, Berlin.

Tissot B P, D H Welte. 1978, Petroleum formation and occurrence : a New Approach to Oil and Gas Exploration [M] . Springer–Verlag Berlin–Heidebery–New York.

Waples D W. 1980.Time and temperature in petroleum exploration [J] . AAPG, 64: 916–926.

第二章 生排烃模拟实验方法与技术要点

第一节 生排烃模拟实验温度控制

生烃模拟实验最本质的特征就是通过温度来补偿时间对生烃过程的地质效应。范霍夫（Vant Hoff）根据大量的实验数据总结出一条经验规律：温度每升高10℃，反应速率增加2~4倍。可见温度对反应速率的影响非常大。阿仑尼乌斯（Arrhenius）提出了温度与反应速率常数之间的方程：

$$\ln k = -\frac{E_a}{RT} + \ln A$$

式中　　k——反应速率常数；

　　　　A——指前因子，描述反应发生概率的参数，与温度无关的常数；

　　　　E_a——反应活化能，与温度无关的常数；

　　　　R——气体常数，8.31447kJ/（mol·K）；

　　　　T——绝对温度，K。

阿仑尼乌斯方程表明反应速率与温度呈指数关系。因此，温度是影响模拟实验结果最重要的因素。实验过程中温度测定和控制准确与否对实验数据的应用效果有很大的影响。这里所说的温度是实际反应温度，而反应温度测定与多种因素有关，主要包括加热方式、测温点位置、升温速度以及温度控制。

（1）加热方式。目前的加热方式主要有三种：电阻丝加热方式、硅碳棒（硅钼）为发热体的电辐射加热、感应式加热。相比较，感应式加热体系内的温度最均匀，温度也比较好控制；硅碳棒为发热体的电辐射加热次之；而电阻丝加热方式最差，特别是升温速度过快时，体系温度过冲不好控制。但是由于成本和技术方面的原因，目前的模拟设备基本上都采用电阻丝加热，少数采用电热棒辐射加热。电阻丝加热方式中，电阻丝一般表现为以下两种形式：① 电阻丝排列在加热炉体周围，通过电阻丝热辐射的形式给样品加热；② 电阻丝直接缠绕在反应釜体上给反应釜体加热。

（2）测温点的位置。目前，测温点放置有两种方式：① 热电偶放置在釜体内部直接测量反应物温度；② 热电偶贴在釜体外壁上测定釜体壁的温度。直接测量反应温度是最准确的，但是这种测温方式一般只适应于开放体系，即体系内部不存在较大压力。当反应体系内部由于生烃增压或存在外加流体压力时，热电偶的两极由于压力作用而连接，导致不能进行温度测定。因此，对于有压力的反应釜体，热电偶只能贴在釜体的外壁进行测温。然而，釜体外壁和釜体内部一定存在温度差，必须对所测定的温度进行校正。图2-1显示了直压式生排烃模拟装置在不同温度条件下釜体外壁和釜体内部温度差。釜体外壁和釜体内部温度差非常大，并且不同温度条件下二者的差值也有比较大的差异。这种温差的存在与设备的结构有密切关系，包括加热方式、加热区间的长短、设备本身的保温方式等因素。

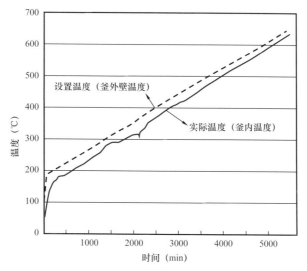

图 2-1　直压式生排烃模拟装置在不同温度条件下釜体外壁和釜体内部温度差

由于不同模拟设备结构和加热方式的差异，釜体内部的不同位置也可能存在一定的温度差。图 2-2 显示了中国石油勘探开发研究院自主研发的分体式黄金管模拟装置，以及釜体内部上、中、下（实际温度）不同位置的温度随釜体外壁温度（设置温度）的变化情况。对于该模拟设备，釜体中、下部的温度和设置温度非常一致，而釜体上部的温度和设置温度有比较大的差别。因此，在研制过程中专门加工了一种放置黄金管的样品仓，样品仓只分成上下两层（位于釜体中、下部），每层分成 3 个相互独立的黄金管（直径<5mm，长度<6cm）放置位。因此，一次最多可以对 6 个样品同时进行模拟。

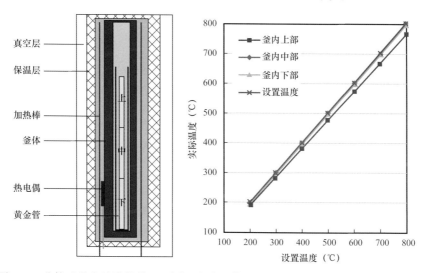

图 2-2　分体式黄金管模拟装置不同温度点釜体外壁温度与釜内不同位置温度的差异

样品反应温度测定准确与否在模拟实验中非常关键。降低釜体内外温差的解决方式有两种：一是尽量降低升温速度，使釜体内外温度平衡时间加长，以达到使釜体内外温度一致的目的；二是进行温度校正先导实验，对于某一确定的实验体系，在模拟设备开始投入使用前，进行温度校正先导实验，确定在常用升温速度条件下，不同温度釜体内外温度的系统误差。根据不同温度釜体内外的温差，在模拟温度设置时，对设置温度加（减）某温度时釜体内外的温度差。例如，当釜体外壁温度为500℃时，釜体内部温度为498℃，要使釜体内部的温度达到500℃，设置温度（釜体外壁温度）应当为502℃。

一般的模拟设备都是非标产品，即使同类型的设备釜体内外的温度差也不相同，必须对每一台设备进行常用实验条件下的温度校正。不同体系的模拟实验结果往往差异更大，其主要是由实验过程中温度测定结果的差异造成的。图2-3显示了同一煤样在黄金管体系和开放的钢质釜体中不同温度下模拟生成气体累计量的情况。两套设备热电偶都贴在釜体的外壁，黄金管体系经过了温度校正，而钢质釜体没有进行温度校正。实验结果表明，两套釜体的模拟实验结果存在非常大的差异。为了便于比较，把不同温度条件下的生气量恢复到成熟度条件下（图2-4）。可以看出，采用同一模拟设备两种升温速度条件下，相同成熟度（Easy R_o）下的生气量非常接近。但两种模拟设备之间的生气量有非常大的差别。因此，利用上述两种实验结果计算出来的各种地质、地球化学参数肯定也有非常大的差别。

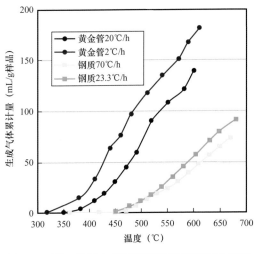

图2-3　同一煤样在不同模拟设备和不同升温速率下模拟生成气体累计量随温度的变化　图2-4　同一煤样在不同模拟设备模拟生成气体累计量随成熟度的变化

产生这种差别的一个原因是开放体系中生成的部分液态烃（主要是相对轻质的生成物）能够及时排出，不能在体系中进一步裂解成气体而使气体产量降低。煤的地球化学性质决定其只能生成少量的油，然而，两种模拟体系生成气体如此大的差异，不可能仅是这些少量原油裂解造成的。这主要是两种模拟体系的结构差异和测温点的布置不同，导致釜体内外温差引起的。

由此可见对釜体内外温差校正的重要性。在实际的研究过程中，经常发现在不同单位对同一样品所做的模拟实验结果有非常大的差异，导致一些学者对实验结果不太信任。造成这种结果的原因有以下两点：

（1）样品本身的差异。大量的研究表明，烃源岩存在很强的非均质性。来源于同一口井、同一块次岩心，但不同取样点的两个样品，地球化学性质有可能存在较大的差异。因此，即使同一块岩心，两次取样模拟之后得到的实验结果也可能产生较大差别。只有同一批次处理的样品进行两次平行实验的结果，才有可比性。

（2）实验设备的差异。对于同一样品，采用不同类型的模拟设备，一般很难得到完全一致的实验结果。即使采用同一类型的实验设备，设备结构差异、测温方式不同、温度是否进行过校正等都是造成实验结果产生差异的重要原因。其中，釜体内外的温差校正尤为重要。

第二节　生排烃模拟实验技术要点

一、实验温度控制与选择

1. 实验温度控制

对实验温度（包括压力）的控制最早是在类似图 2-5 所示的智能工业参数调节仪上直接设置。利用表下端的按钮在仪表上可以设置起始温度、升温速度、恒温时间等参数。仪表上也可以显示在实验过程时的设置温度（绿色）和实际温度（红色）。具体温度的设置方法可以参考具体仪表的操作说明。

随着计算机技术的发展，现在对实验过程温度的设置一般都在计算机上进行。图 2-6 所示为分体式黄金管模拟装置温度控制程序界面。图中各参数的具体意义如下：模拟温度从室温 20℃ 开始，60min 加热到 300℃（釜体内外温差为 0.4℃），恒温 60min，然后在 270min 由 300℃ 加热到 390℃（釜体内外温差为 -1.1℃）。实际上，计算机温度控制也是通过不同的软件界面把温度控制程序写入图 2-5 所示的智能工业参数调节仪中，然后进行升温程序控制。只不过使用计算机界面温度程序设置方法比一般工业仪表更为简单方便。使用计算机进行温度控制的一个最大优点是能记录实验过程中每个釜体在不同时间的温度（图 2-7），这样可以很明显地观察实验过程中每个釜体在不同时间温度的变化情况。图 2-7 的温度程序如下：从室温（20℃）用 0.5h 把釜体加热到 300℃，由于升温速度较快，因此在 300℃恒温 0.5h，使设置温度和釜体实际温度达到一致。然后以 20℃/h 的升温速度把釜体加热到目标温度。当某特定釜体的目标温度达到时，停止加热，釜体自然降温到室温。因此，实验过程中釜体温度控制是否出现问题一目了然。

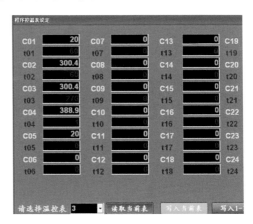

图 2-5　智能工业参数调节仪　　　　图 2-6　分体式黄金管模拟装置温度控制程序界面

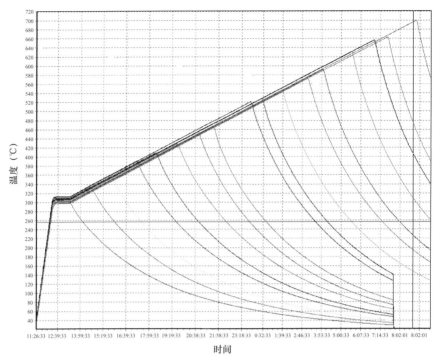

图 2-7 分体式黄金管模拟实验不同釜体温度随实验时间的变化

2. 升温方式和实验温度选择

1) 升温方式选择

目前的模拟实验按照升温方式分为两类：恒温实验和升温实验。

恒温实验一般用于反应机理的探讨，例如，原油裂解过程中 H_2S 的生成机理（TSR）多采用恒温实验。一般有水参与的反应多采用在水临界温度（375℃）以下的恒温实验。

升温实验一般分以下两种加热方式。

（1）连续加热的升温方式。采用这种升温方式一般用于生烃动力学计算，实验结果经过动力学计算可容易地推算到地质条件下。但一般要有两个升温速度的模拟实验才能用动力学软件进行拟合计算。例如，黄金管生烃模拟实验常采用 20℃/h 和 2℃/h 的升温速度进行模拟。

直线式升温不管其升温速度多慢，与地质条件下相比都是一瞬间，相对于某一温度点，烃源岩的反应时间非常短，反应不充分，实验结果很难完全反映烃源岩的生烃结果。例如，做过黄金管生烃模拟实验的人都会发现，模拟生成气体湿度比相同成熟度条件下实际气体湿度大（图 2-8）。这应该就是由于升温速度太快，反应不完全导致的。而恒温反应可以使反

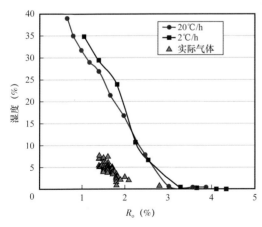

图 2-8 鄂尔多斯盆地煤黄金管模拟生成气体湿度与相同烃源岩成熟度下实际气体湿度对比

应体系在任意一个温度点保温一段时间，反应物可以相对充分地发生反应。

（2）分步加热的升温方式。连续升温模拟的气体量为有机质初次裂解气和原油裂解气的混合气，为了得到有机质在不同演化阶段的初次热解气，可以采用分步加热模拟方式。分步加热模拟实验过程如图 2-9 所示。具体模拟过程如下：先将样品分别装入 15 个黄金管中，把这 15 个黄金管在釜体从室温使用 1h 时间加热到 300℃，恒温 1h。再按照 2℃/h 的升温速度加热到下一个温度点（如 320℃），待反应釜体温度降至室温时，取出所有黄金管。留下 1 个黄金管，进行气体组成、定量及碳同位素分析。利用二氯甲烷对剩下 14 个黄金管中的残渣进行超声抽提；抽提过的模拟残渣烘干后，再次装入 14 个黄金管中。把这个 14 个黄金管从室温快速加热到 320℃，恒温 1h，再按照 2℃/h 的升温速度加热到下一个温度点（如 340℃），待反应釜体温度降至室温时，取出所有黄金管。留下 1 个黄金管，进行气体组成、定量及碳同位素分析。剩下的 13 个黄金管全部剪开，通过超声抽提对生成油进行定量，如此反复。这样做的优点是，低温条件下生成的原油已经被抽提，不会在下一个温度点的模拟过程中发生裂解。每次得到的气体量就是干酪根在 2 个温度点之间的阶段初次热解气量，不同温度点生成气量之和为有机质初次热解气量。

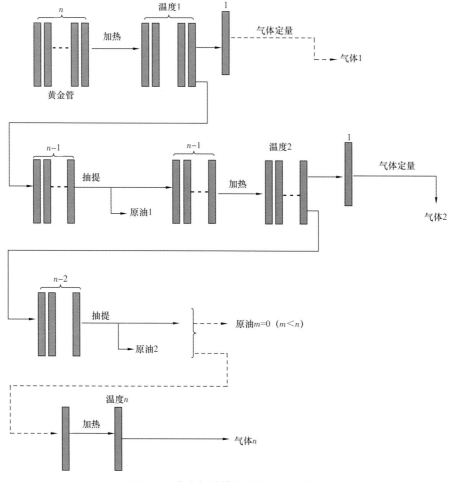

图 2-9　分步加热模拟实验过程示意图

但是，分步模拟实验过程比较麻烦，工作量特别大，而且两个温度点的间距选择非常关键。如果温度间距选择过大，由于实验温度比较高，在两个温度点区间生成的油在稍高的温度就会发生热解，导致初次热解气量被算大。例如，温度区间选在370～400℃，在375℃生成的原油就有一部分在390℃以上裂解。如果温度间距选择过小，由于期间的生气量太少，给气体的准确定量、成分和同位素的分析带来困难。按照实践经验，温度区间一般选择在25℃最好，20℃/h升温速度的实验效果比2℃/h的好。

2）升温速度选择

对于连续加热的升温方式，升温速度的选择也非常重要。以黄金管模拟设备为例，模拟温度测定的是釜体外壁温度，如果升温速度太快，由于加热系统的功率不够，导致测定温度低于设置温度（图2-10）。加上釜体内外还存在着一定的温度差，釜体内部的反应温度会比设置温度更低。因此，一般模拟实验的升温速度不要太快，最好不要大于20℃/h。一般模拟实验都是从300℃以上开始，从室温到300℃的加热一般都比较快（1h或2h），之后都有一个恒温时间（如图2-6恒温1h），主要是通过恒温，使实际温度（釜体内部）达到设置温度。如果升温速度太慢，整个实验过程的时间成本会大大增加。而且，模拟设备连续加热的时间太长，容易使加热系统（电阻丝）发生故障，从而导致实验失败。按照实践经验，升温实验的升温速度一般不低于1℃/h。

图2-10　设置温度低于实际温度

3）实验温度选择

模拟实验温度的选择与反应物、实验目的密切相关，例如，图2-11显示了某煤样以20℃/h和2℃/h两个升温速度的生气模拟实验结果。从理论上讲，当生气结束时，两种升温速度的生气量应该相等，而且生气量不再增加。从图2-11所示实验结果来看，两个升温速度的最大生气量存在较大的差别，在最高模拟温度下累计气量仍在增加。说明最高模拟温度（600℃）偏低，生气过程远没有结束。因此，应当提高模拟实验的最高温度。然而，当对另外一个煤样进行更高温度的模拟时，在温度进一步升高到一定程度时，生气量却在迅速地减少（图2-12），这主要是由于温度太高，模拟生成的烃类气体（主要是甲烷）分解造成的。升温速度为2℃/h时累计气量开始减小的温度为650℃，升温速度为20℃/h时累计气量开始减小的温度为675℃。如果升温速度更慢，甲烷裂解的温度更低。地质条件下，甲烷裂解的温度可能只有250～300℃。

对于有水体系的模拟实验，模拟温度最高不要超过水的临界温度（375℃），原因是水在超过临界温度时，其化学活性显著增强，实验结果会与地质条件下产生非常大的差异。

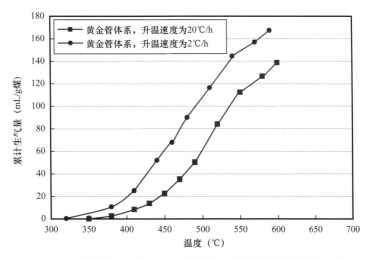

图 2-11 某煤样两个升温速度的累计生气量随模拟温度的变化

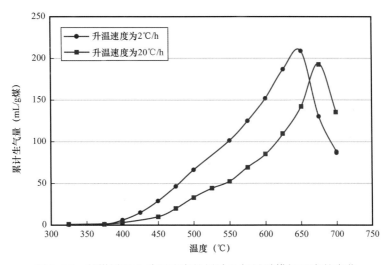

图 2-12 某煤样两个升温速度的累计生气量随模拟温度的变化

图 2-13 显示了松辽盆地青山口组的一个样品在无水黄金管体系和生排烃模拟实验（有水条件，水作为压力介质）实验结果恢复到不同 $EasyR_o$ 条件下所生成气体中 CO_2 的含量变化。可见，在生排烃模拟实验中，由于水参与了反应，模拟生成气体中 CO_2 的含量显著增高。由于水与有机质直接反应生成了大量的 CO_2，使氢指数为 839mg/g TOC 的样品，在生排烃模拟实验中的最大生油量只有 438mg/g TOC。而无水黄金管模拟体系中，该样品最大生油量为 793mg/g TOC。因此，进行模拟实验时，建议一般不要进行加水模拟实验。

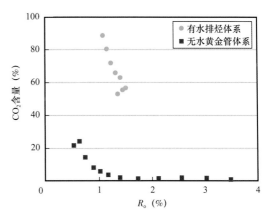

图 2-13 不同实验条件模拟生成气体中 CO_2 含量的差异

二、实验样品的选择、制备与装样

1. 实验样品选择

对于一般的生烃过程模拟实验，样品的成熟度一般小于 0.8%。原因是当 R_o=0.8% 时，有机质开始大量生油。成熟度太高，样品在地质条件下已经有一部分烃生成，模拟实验结果只反映所选样品在当前成熟度以后的生烃特征。当然对于一些特殊的研究，可以选择高—过成熟的样品进行模拟。例如，Mi 等（2015）在研究煤生气结束的成熟度界限时，选取了不同成熟度的 6 个煤样分别进行模拟，确定煤的生气结束的成熟度界限大概在 R_o=5.5%（图 2-14）。

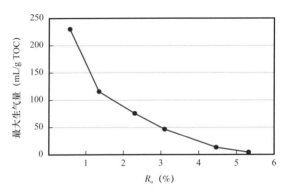

图 2-14 不同成熟度煤模拟最大生气量的变化（据 Mi 等，2015）

对于同一样品的两次模拟实验，必须选择同一批次准备的样品进行模拟，否则两次实验结果没有可比性。来源于同一口井、同一块次、同一岩性，但不同取样点的两个样品，地球化学性质有可能存在较大的差异。因此，即使同一块岩心，两次取样模拟之后得到的实验结果也可能产生较大差别。图 2-15 显示了在河北蓟县元古宇同一剖面上距离不到 2m 的两个下马岭组样品模拟累计生油量对比情况。其中，图中的 2# 样品有机碳含量为 5%，生油能力非常强，其最大模拟生油量为 500mg/g TOC，与 I—II₁ 型有机质相当。1# 样品有机碳含量为 15%，最大生油量为 80mg/g TOC，其生油量只比常规的腐殖煤稍好一点。而元古宙时期生物类型为低等生物，同一剖面有机质生烃特征能有如此大的差异，可能与不同层段所含生物种类不同有关。

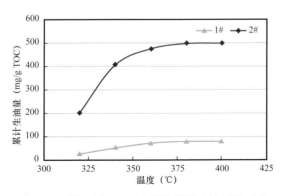

图 2-15 同一剖面上两个样品模拟生油情况对比

2. 样品制备

开放体系生烃或排烃模拟实验，由于反应釜体积比较大，可以用原始岩石样品进行模拟。但一般要把原始岩石样品粉碎到80目以下。同时，最好选择有机碳含量比较高（TOC>2%）的样品。原因是有机碳含量比较低时，模拟过程中生成的烃量比较少，计量过程中有少量误差会产生较大相对误差；对于黄金管模拟实验，由于黄金管体积较小，除煤样以外，一般都要对烃源岩中的有机质进行富集，富集好的干酪根有机碳含量一般要大于30%。

3. 装样

钢质釜体生烃模拟或生排烃模拟实验装样没有特殊的要求，只要能保证釜体在实验过程中的密封性即可。对于黄金管模拟实验，装样时必须注意以下几点问题：

（1）装样量控制。装样量的多少随着温度升高遵循递减的原则。以干酪根样品为例，对于内径为4～5mm，长度为5cm的黄金管，在模拟温度300～650℃的范围内，装样量为20～150mg。如果选择的黄金管比较长，装样量可以酌情增加。如果装样量太多，高温条件下，有机质生气量（包括生成高温原油裂解生气量）太大，黄金管内部的压力大于外加流体压力，黄金管非常容易破裂，导致实验失败。黄金管破裂的情况往往发生在高温实验点，高温实验点的模拟时间一般比较长，补做高温点的模拟实验非常费时。如果只对模拟生成气体进行组成和碳同位素分析，最高模拟温度（650℃）装20mg样品即足够。有机质类型特别好的样品，在高温条件下装样量还可以进一步减少。

（2）黄金管封口。样品完成后要把黄金管口用棉签擦拭干净，否则，黄金管口不容易封严，导致实验失败。黄金管封口前，最好用惰性气体置换黄金管内部混入的空气，以避免空气中的氧气混入，使实验过程中发生一些地质条件下不太常见的次生反应。装样前，黄金管的一端已经用氩弧焊进行了封口，完成装样后，对黄金管进行封口时，黄金管装有样品的一端要浸入冰水中，以防止由于氩弧焊温度太高，而导致样品在封口过程中由于受热而发生分解。

（3）封口检漏。装有样品的黄金管放入反应釜体前，要对黄金管封口效果进行检测。最常用的检测方法是用镊子夹住两端均已封口的黄金管浸入开水中，如果黄金管口密封不好，黄金管中的气体受热膨胀会从黄金管中冒出，需要重新封口。

（4）装样过程中的参数记录。一般需要记录表2-1中的相关参数。其中，装入黄金管中的样品量等于黄金管+样品重量减去黄金管重量。记录黄金管封口后质量与模拟后重量（烧后重量）是为了检验在实验过程中黄金管是否发生破裂。例如，表2-1中7#与8#釜体中的黄金管模拟前后重量有较大的差别，说明实验过程中黄金管发生破裂，需要补做该温度点的模拟实验。如果实验过程中黄金管发生渗漏或破裂，很容易用手指挤压变形。

防止黄金管破裂导致实验失败的另一种做法是，在每一个模拟温度点都装两个黄金管的平行样品，如果一个破裂，仍可以保证实验成功。同时，两个黄金管的实验结果可以相互验证。

（5）稠油封装。对于正常的原油，可以直接用玻璃注射器从样品瓶中吸取样品，然后注入黄金管。装样不要使用塑料注射器，原因是原油中非常复杂的有机混合物可能会溶解塑料注射器，而使原油被污染。原油注入黄金管时，注射器针头尽量伸入黄金管底部，以避免黄金管口粘上油样，给后续的黄金管封口带来困难。

表 2-1 黄金管模拟实验装样过程中需要记录的相关参数

釜体编号	温度 （℃）	黄金管重量 （g）	黄金管+样品重量 （g）	样品重量 （mg）	封后重量 （g）	模拟后重量 （g）
1#	325	3.1251	3.2264	101.3	3.2265	3.2264
2#	350	3.0562	3.1498	93.6	3.1497	3.1497
3#	375	2.9833	3.0668	83.5	3.0668	3.2669
4#	400	3.0124	3.0885	76.1	3.0885	3.0890
5#	425	3.1546	3.2264	71.8	3.2264	3.2264
6#	450	3.2521	3.3212	69.1	3.3212	3.3212
7#	500	3.1242	3.1904	66.2	3.1906	3.1541
8#	525	3.1452	3.2045	59.3	3.2045	3.3145
9#	550	3.1456	3.1998	54.2	3.1998	3.1998

对于黏度非常大的稠油样品，很难直接用注射器装入黄金管。有以下两种方法可以解决稠油的装样问题：第一种方法是把稠油溶解到有机溶剂（如二氯甲烷）中，然后再用针管装样，待有机溶剂挥发完之后，再进行黄金管封口。但问题是由于黄金管口小，有机溶剂难以挥发，即使用氮吹仪，要使有机溶剂挥发完全也需要较长的时间。而且在使用氮吹仪使溶剂挥发的过程中，原油中的一些轻质组分会和溶剂一起挥发。采用低温加热使有机溶剂挥发的方法在使有机溶剂挥发的同时，也会使原油中的一些轻质组分挥发。第二种方法是用一个较长的钢丝，用其一端挑一些稠油，先放入液氮中把油冷冻成固体，冷冻后的原油非常脆，把钢丝伸入黄金管中转一圈，冷冻后固体油就很容易掉到黄金管中。

（6）气体的封装。在生烃实验过程中，常常要对高—过成熟有机质进行加氢模拟实验（Love 等，1995；周建伟，2006）。此外，费托合成实验的原始反应物一般都是采用氢气与二氧化碳或氢气与一氧化碳（Zhang 等，2013）。因此，在黄金管中经常要封存一定量的气体。黄金管中气体的封装采用如图 2-16 所示的设备。

黄金管中封气步骤如下：按照黄金管的内径选择不同外径的注气塞，把黄金管套在注气塞上，然后套上压环，在注气塞的顶端放置常规的色谱垫，再拧上压帽；注气前，先用真空泵通过注气孔对黄金管抽真空；然后再通过注气孔利用钢瓶或用注射器向黄金管中注入要加入的气体；注气完成后，用封口钳夹封住黄金管顶端，取下压帽、压环、注气塞后，用氩弧焊封住黄金管上口。

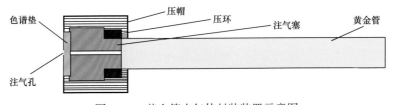

图 2-16 黄金管中气体封装装置示意图

三、实验产物定量与分析

1. 气体定量与分析

对于开放体系和半开放体系的模拟实验，气体的收集与定量一般都采用排水集气法。排水集气法方法简单，一般只适应于模拟样品量比较大、生成气体多的模拟实验。由于黄金管模拟实验装样量少（毫克级）、生成气体少，气体定量一般都采用真空刺破法。其定量方法如下：先把黄金管放入特制的取气装置，取气装置上连接有一个高精度的压力表。取气装置上有一个带旋钮可上下移动的钢针，黄金管刺破前，先对取气装置抽真空，当真空度不再降低时，停止抽真空，并记录下此时取气装置的内部压力（p_0），然后向下旋转移动钢针，刺破黄金管，记录黄金管刺破后取气装置的压力（p_1），根据黄金管刺破前后取气装置中压力的变化就可以按如下公式计算出单位质量样品（或单位 TOC）的生气量。

$$V=（p_1-p_0）/101.3 \cdot V_0/M \qquad (2-1)$$

式中　V——单位质量样品生成的气体体积；

　　　p_0——抽真空后取气装置的压力；

　　　p_1——黄金管刺破后取气装置的压力；

　　　V_0——取气装置体积；

　　　M——样品质量；

　　　101.3——1 个大气压下气体的压力，单位为 bar。

模拟生成气体定量后，就可以对气体进行组成和碳同位素分析。由于黄金管模拟生成的气体量比较少，气体组成一般只能在 Wasson-Agilent 7890 色谱仪上分析。气体碳同位素分析是在 GC-IRMs Ⅱ型同位素质谱仪上进行，每一个气体组分的碳同位素至少分析两次，分析误差小于 0.5‰。每一个温度点都装有两个黄金管，两个黄金管中的产物地球化学分析可以相互校正。

Wasson-Agilent 7890 色谱仪进行气体成分分析需要的最小气量为 2mL。一般低温条件下，模拟生成的气量比较少。可以向取气装置中注入一定量的空气，以满足气相色谱仪分析的最小气量 2mL。气体组成分析之后，可以用两种方法对模拟样品生成气体量进行计算（表 2-2），即分别用刺破后的压力和注气后的压力减去真空压力进行计算。对于不同气体组分的生成量，可以用气体的生成量（注气后的气体体积 V_2）直接乘以气体的百分含量进行计算。

表 2-2　两种方法对模拟样品生成气体量进行计算

温度 （℃）	样品质量 （mg）	真空压力 p_0 （bar）	破后压力 p_1 （bar）	注气后压力 p_2 （bar）	气体体积 1 V_1 （mL）	气体体积 2 V_2 （mL）
320	71.4	0.6	17.6	84.6	1.05	5.20
350	70.8	0.7	25.5	76.2	1.53	4.67
380	68.9	0.8	32.7	82.7	1.97	5.07
410	59.5	0.8	37.6	88.2	2.28	5.41

温度 （℃）	样品质量 （mg）	真空压力 p_0 （bar）	破后压力 p_1 （bar）	注气后压力 p_2 （bar）	气体体积 1 V_1 （mL）	气体体积 2 V_2 （mL）
440	67.9	0.8	61.8	79.6	3.78	4.88
470	58.4	0.6	70.5	87.5	4.33	5.38
500	55.3	1.1	86.5	86.5	5.29	5.29
530	54.8	0.8	106.2	106.2	6.52	6.52
560	61.6	0.9	137.6	137.6	8.46	8.46
590	33.9	0.9	93.9	93.6	5.76	5.74
620	34.9	0.8	98.6	98.6	6.05	6.05
650	39.9	0.8	109.2	109.2	6.71	6.71

2. 轻烃定量与分析

由于轻烃较易挥发，其定量是一项比较难的工作。对黄金管模拟实验轻烃定量目前有两种方法：

（1）质量差值法。气体分析完成后，把黄金管放入马弗炉里加热到100℃恒温，在不同的恒温时间段，对黄金管称重，直到黄金管质量基本恒定为止。说明轻烃已完全挥发，再把黄金管未刺破前的质量与此时恒定的质量相减，二者的差值即为气体和轻烃的重量。而模拟生成的气体重量可以通过气体定量和相对含量的分析进行计算。样品模拟生成气体量确定后，就可以得到模拟生成的轻烃量。这种方法只能计算出轻烃的总重量，而不能定量不同轻烃组分的各自量。

（2）冷冻收集法。首先把黄金管放入液氮中冷冻（10～20s），然后把黄金管在有机溶剂中刺破，或迅速剪开黄金管，放入装有有机溶剂的容量瓶中，并超声抽提，最后用全二维色谱—飞行时间质谱仪通过内标法定量。

3. 原油定量与分析

原油一般用有机溶剂抽提的方法进行定量。对于开放体系等，模拟样品量比较大，原油样品可以用索氏抽提的方法。而黄金管模拟由于样品量少，一般用超声抽提或快速抽提仪进行抽提。具体方法如下：首先把黄金管用干净的剪刀剪开，放入装有有机溶剂（二氯甲烷）的烧杯中，利用超声抽提，一般抽提3次，每次抽提时间不超过3min，每次的抽提液富集过滤，干燥称重，这样就可以计算单位重量样品的生油量。抽提定量完成后可以对原油进行下一步的其他分析，如族组分分离定量、色谱、质谱、单体烃同位素等分析。如果要对不同温度生成原油进行生物标志化合物分析，一定保证每一步绝对干净，防止样品处理过程中产生污染，导致实验结果失真。

第三节　生排烃模拟实验结果地质推演

模拟实验的最终目的就是通过模拟实验数据来反映地质条件下的油气生成和排驱机理与过程。要实现这一目的的最关键问题就是把实验温度转化成 R_o 或地质温度，即把实验结果外推到地质条件下，最常用的方法有生烃动力学方法和 EasyR$_o$ 法。

一、生烃动力学方法

1. 生烃动力学基本原理

自 20 世纪 70 年代有机质生烃动力学被应用于油气资源评价，有机质生烃动力学这一研究经历了起步、迅速发展和再认识阶段。20 世纪 90 年代之前其特点主要是动力学模型的建立和参数的优化求取；20 世纪 90 年代主要是有机质成油、成气及油成气的机制、特征描述以及在油气资源评价中的广泛应用；21 世纪以来则主要是单个化合物生烃动力学（分子级别）研究及动力学参数的不确定性对地质应用结果影响的研究。近年来，油气地球化学方面最大的进展是烃源岩生烃动力学与同位素动力学的发展与应用（Clayton，1991；Berner，1992，1995；Tang，2000；Cramer，2001）。

生烃动力学的基本原理是以实验数据为基础，建立反应动力学模型。利用所获得的生烃动力学参数，结合研究区的埋藏史、古地温和热演化史，恢复不同地质时期烃源岩的生烃过程。有机质生烃是一个非常复杂的化学过程，其生成产物也非常复杂。生烃动力学模型很难完全刻画这一非常复杂的反应过程。因此，必须对生烃反应进行简化，这样才能用比较简单的模型来表达生烃过程。目前，在建立生烃动力学模型的过程中常把生烃过程描述为总包反应模型、串联反应动力学模型和平行一级反应动力学模型 3 种简单的反应过程。

1）总包反应模型

早期研究者将干酪根的成烃过程视为一个简单的分解反应过程。即：

$$A \longrightarrow B+R$$

其反应的速度方程式如下：

$$r = \frac{dC_A}{dt} = -kC_A^n = -A\exp\left(-\frac{E_a}{RT}\right)C_A^n \qquad (2-2)$$

式中　r——反应速率；

k——速率常数；

A——指前因子，描述反应发生概率的参数；

C_A——时间 t 时反应物浓度；

E_a——反应活化能；

R——气体常数，8.31447kJ/（mol·K）；

T——热力学温度，K。

总包一级反应过程中反应活化能在整个反应进程中具有恒定的数值，而且不随温度、时间的变化而变化。

2）串联反应动力学模型

串联反应动力学模型是为了解决总包反应动力学模型过于简单而提出的一种调和模型，认为活化能是反应程度的函数。它认为干酪根的热解过程是一系列具有不同活化能、不同指前因子的反应，即热解达到某一程度时，反应具有特定的活化能、指前因子和反应级数。

从化学动力学理论的角度来看，并不存在这样的反应过程，它只是为了解决不同的学者在总包反应模型应用中存在的一些矛盾，为了解释干酪根比较复杂的结构和生烃机制而采用的一种分段的总包反应模型。因此，与前者并没有实质的差别，仍然具有许多缺憾。

3）平行一级反应动力学模型

平行一级反应动力学模型假定无限个（或者有限个）平行反应（i）相互独立地进行，互不干涉，互不影响。总反应程度是各反应之和，即：

以油裂解成气为例进行该模型介绍。假设油裂解成气的过程由 n 个平行一级反应组成，每一反应的活化能为 EOG_i，指前因子为 AOG_i，对应的原始潜量为 XOG_{i0}（$i=1, 2\cdots$）NOG，即当反应进行至时间 t 时产气率（用占总可反应量的百分数表示）为 XOG_i，则：

$$\frac{\mathrm{d}XOG_i}{\mathrm{d}t} = KOG_i\left(XOG_{i0} - XOG_i\right) \qquad (2-3)$$

其中，$KOG_i = AOG_i \exp\left(-EOG_i/RT\right)$。$KOG_i$ 为第 i 个油裂解成气反应的反应速率常数；R 为气体常数，8.31447kJ/（mol·K）；T 为热力学温度，K。当实验采用恒速升温（升温速度 D）时，由于对每一个平行反应都有三个待定参数（活化能、指前因子、相对应的百分含量），模型标定相当困难。在模型标定中可能做各种假设来简化计算的过程和计算的精度，常用的三种假设如下：（1）假设指前因子（A）是活化能的函数；（2）假设指前因子固定，而活化能按一定方式分布；（3）假设活化能固定，而指前因子满足一定的分布。目前在研究有机质裂解生烃的过程中，常常使用的是第二种假设。

在研究地质条件下有机质的生烃和成熟度情况时，一些学者试图指定活化能服从某种函数形式的分布来简化计算的过程。比较常用的一些分布包括 Guassin 分布（Anthony 和 Howard，1976；Quigley，1988）、Weibull 分布（Burnham 等，1989；Lakshmanan 等，1994）、离散分布（Ungerer，1987；Burnham，1987；Sundararaman 等，1992）。但在具体程序设计和计算过程中，仍然把连续分布的活化能分布按一定间隔分成有限个平行一级反应的模型来进行。从模拟效果来看，这些分布并没有太大的差距。基本上都能够很好地模拟实验条件下的有机质生烃及成熟过程（Burnham 和 Braun，1999）。

2. 生烃动力学推演实例

干酪根热解实验数据处理及生烃动力学参数的计算采用美国加利福尼亚大学劳伦斯–利物莫尔美国国家实验室 Robert L.Brawn 和 Alan K.Burham 共同研制开发的 Kinetics 动力学软件。通过 Kinetics 动力学软件的模拟计算，可以获得活化能分布和频率因子。具体操作过程见软件说明。图 2-17 显示了以塔里木盆地哈得 11 原油裂解实验数据为基础，利用动力学软件（Kinetics）拟合的结果，可以发现拟合结果与实验结果基本一致。利用高斯分布，计算得到的哈得 11 原油裂解生气总反应的活化能为 59.8kcal/mol（251.2kJ/mol），频率因子 A 为 $2.13 \times 10^{13} s^{-1}$。

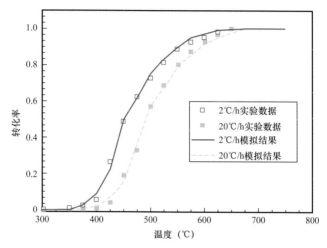

图 2-17　利用动力学软件对哈得 11 原油裂解实验数据的拟合结果

图 2-18 是把图 2-17 得到的生烃转化率曲线推演到地质条件下 4 个不同升温速度条件下不同地质温度的原油转化率曲线。对一般地质条件（2.0℃/Ma，如塔里木盆地）来说，原油大量裂解的地层温度约为 180℃。如果地温梯度为 30℃/km，则开始大量裂解对应的深度约为 5500m。

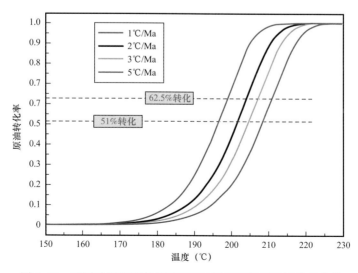

图 2-18　不同升温速度条件下不同地质温度的原油转化率曲线

二、EasyRₒ法

EasyR$_o$法是Burnham与Sweeney在1989年提出的，其理论依据也是阿仑尼乌斯（Arrhenius）的一级反应动力学原理。也就是把许多复杂反应简化为一系列具有相同频率因子的平行反应。其最初是应用于Ⅲ型有机质（煤）的生气过程，而有机质的成熟度往往用煤中均一镜质组的反射率来衡量，因此它们之间是相互配套的。EasyR$_o$法是在煤热模拟实验和理论计算的基础上，分别求取有机质演化过程中脱水、脱二氧化碳、脱甲基和脱高碳数烷基等一系列平行反应所需要的活化能及其分布范围，然后根据阿仑尼乌斯反应动力学原理建立数学模型，以定量模拟镜质组反射率的演化过程。遵循以下原则：镜质组最大反射率的对数与有机质所受最高温度具有良好的相关性。

对于组分i的化学反应，在温度T时，$dw/dt = -w_i A\exp(E_i/RT)$，$w_i$是第$i$个平行反应中残留组分浓度。

由此，反应程度$F = 1 - w_i/w_{i0} = 1 - \sum f_i(w_i/w_{i0})$。$w_i$是全部反应物的初始浓度；$w_{i0}$是第$i$个平行反应反应物的初始浓度；$f_i$是第$i$个平行反应的化学计算因子。化学反应程度$F$可以通过把时间温度历史分解为一系列恒温或等升温速度阶段而求得。对于详细的计算步骤，Sweeney与Burnham在1990年有详细的描述。根据反应程度，建立起镜质组反射率的演化模型。

$$EasyR_o = \exp(-1.6 + 3.7F_k)$$

$$F_k = \sum_{i=1}^{20} f_i \left\{ 1 - \exp\left[-\left(I_{i_k} - I_{i_{k-1}}\right)\left(t - t_{k-1}\right) / \left(T_k - T_{k-1}\right) \right] \right\} \tag{2-4}$$

$$I_{ik} = (T_k + 273)A \times \exp\{-E_i / [R(T_k + 273)]\}$$
$$\times \left(1 - \frac{\{E_i / [R(T_k + 273)]\}^2 + a_1\{E_i / [R(T_k + 273)]\} + a_2}{\{E_i / [R(T_k + 273)]\}^2 + b_1\{E_i / [R(T_k + 273)]\} + b_2} \right)$$

式中　　F_k——某井底界的第k个埋藏点的化学动力学反应程度，取值范围为$0 \sim 0.85$，因此EasyR$_o$计算的成熟度最大值为4.68%；

f_i——化学计量因子，$i = 1，2，3，\cdots$，直到今天；

t_k——该井底界的第k个埋藏点的埋藏时间，Ma；

T_k——该井底界的第k个埋藏点的地温，℃；

A——频率因子的预指数，其值为$1.0 \times 10^{13} s^{-1}$；

E_i——活化能，kcal/mol，$i = 1，2，3，\cdots，20$；

R——气体常数，$R = 1.986$cal/（mol·K）；

a_1——2.334733；

a_2——0.250621；

b_1——3.330657；

b_2——1.681534。

其中化学计量因子与活化能取值见表2-3。

表 2-3　EasyR_o 计算中的化学计量因子与活化能（据 Sweeney 和 Burnham，1990）

i	化学计量因子（f_i）	活化能 E_i（kcal/mol）
1	0.03	34
2	0.03	36
3	0.04	38
4	0.04	40
5	0.05	42
6	0.05	44
7	0.06	46
8	0.04	48
9	0.04	50
10	0.07	52
11	0.06	54
12	0.06	56
13	0.06	58
14	0.05	60
15	0.05	62
16	0.04	64
17	0.03	66
18	0.02	68
19	0.02	70
20	0.01	72

三、模拟标定法

实验温度转化成 R_o 理论上最简捷的方法是直接测定模拟残渣的反射率，但由于一般模拟过程升温速度较快，有机质在高温条件下快速收缩，即在煤的模拟残渣中基本上不能找到均一镜质组（图 2-19），因而，很难获得准确的成熟度参数。对于Ⅰ型、Ⅱ型有机质，模拟残渣反射率测定更加困难。然而，有机质演化过程中除了成熟度增加，其化学组成、化学结构都呈现规律性的变化。因此，根据相关地球化学参数（如元素组成演化指数、结构演化指数、热解温度等）可

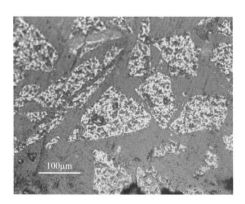

图 2-19　煤模拟残渣镜下照片（650℃，升温速度为 20℃/h）

以评价模拟残渣的成熟度。要用相关地球化学参数标定模拟残渣的成熟度，最根本的问题是首先要用不同成熟度的地质样品建立这些地球化学参数和 R_o 之间的定量关系。有机质的演化和生烃过程是一个增碳和减氢的过程，因此有机质的元素组成就可以反映有机质的演化程度。以煤为例介绍如何根据煤的元素组成恢复黄金管常用升温速度（2℃/h 和 20℃/h）条件下不同模拟温度的残渣成熟度。

（1）对不同成熟度实际煤样的反射率和有机元素组成分析。表 2-4 中列出了对中国不同地区煤的成熟度测定和有机元素组成的分析结果，根据表中的分析结果可以建立实际煤样 R_o 与 H/C 比之间的定量关系（图 2-20）。可以发现煤的 H/C 比随着煤的成熟度的增加而减小。

表 2-4　不同成熟度实际煤样的元素组成的分析结果

采样地点	成熟度	层位	岩性	N（%）	C（%）	H（%）	O（%）	H/C 比
云南楚雄	0.35	N	煤	1.60	47.74	4.71	26.13	1.18
沙河子	0.56	K	煤	0.87	66.47	4.64	14.15	0.84
保德 -13	0.66	C_3t	煤	1.18	49.25	3.77	18.18	0.92
乌达 5	0.78	C_3t	煤	1.23	73.38	3.93	2.92	0.64
乌达 -9	0.87	C_3t	煤	1.25	65.66	3.88	3.61	0.71
乌达 -17	0.94	C_2y	煤	1.01	65.87	3.10	11.72	0.56
柳林 -2	1.13	P_2s	煤	1.13	71.14	3.66	2.69	0.62
韩城 -6	1.45	C_3b	煤	0.74	49.77	2.81	25.42	0.68
澄城 -6	1.59	C_3t	煤	1.11	75.96	3.41	4.11	0.54
澄城 10	1.63	C_3b	煤	0.67	43.90	2.66	22.27	0.73
赵庄	2.31	P	煤	1.23	84.27	3.62	2.38	0.52
汝箕沟	3.00	J	煤	0.79	91.03	3.11	1.57	0.41
曲堤	2.37	P	煤	1.28	80.96	3.32	2.48	0.49
云驾岭	4.46	P	煤	0.93	86.60	2.16	1.53	0.30
陶 2	5.32	P	煤	1.03	65.13	1.48	2.49	0.27
乐平	2.58	P	煤	0.62	66.01	2.27	10.04	0.41
黄岩汇	2.86	P	煤	0.86	84.11	3.18	2.32	0.45
坪上	3.02	P	煤	0.82	78.21	2.85	2.38	0.44
WL-10	2.00	P	煤	1.01	70.77	3.21	3.68	0.54

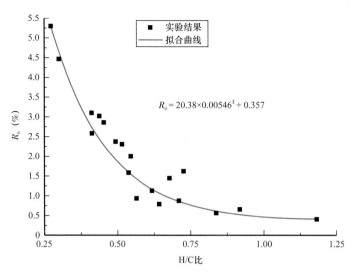

图 2-20　实际煤样 R_o 与 H/C 比之间的关系

$$R_o=20.38 \times 0.00546^X+0.357，其中 X 为样品的 H/C 比 \tag{2-5}$$

（2）对低成熟煤样（R_o=0.55%）在黄金管模拟体系中进行常用的两个升温速度的模拟实验，并对不同温度点的模拟残渣进行有机元素分析。

（3）以 H/C 比为参照，用式（2-5）来反推两个升温速度下不同温度点的 R_o。对比不同温度煤模拟残渣及不同成熟度实际煤样 H/C 比，建立模拟温度与 R_o 之间的定量关系。图 2-21 和图 2-22 分别显示了黄金管实验体系，以 20℃/h 和 2℃/h 两种升温速度实验条件下，不同温度下模拟残渣所对应的成熟度。

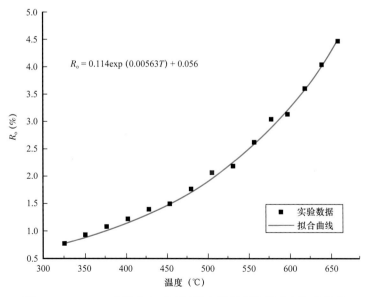

图 2-21　20℃/h 升温速度下不同温度模拟残渣所对应的成熟度

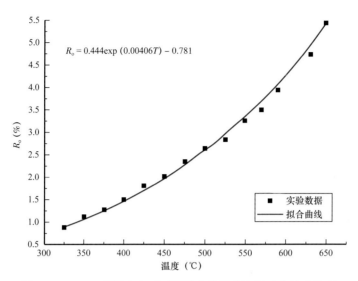

图 2-22　2℃/h 升温速度下不同温度模拟残渣所对应的成熟度

定量关系分别见式（2-6）和式（2-7）：

20℃/h：

$$R_o=0.114\exp（0.00546T）+0.056 \tag{2-6}$$

2℃/h：

$$R_o=0.444\exp（0.00406T）-0.781 \tag{2-7}$$

其中，T 为模拟温度，℃。

当然，也可以用光谱学的方法（包括激光拉曼、核磁、傅里叶红外等）对模拟残渣的成熟度进行标定。例如，通过对已知成熟度煤样与煤模拟残渣的激光拉曼的对比，来确定某一升温速度条件下不同温度模拟残渣的成熟度。

小　结

（1）模拟实验温度的测定与控制非常重要。多数实验设备由于实验过程测定的是反应釜体外壁的温度，而不是实际釜体内部温度，必须对测定温度进行校正。而且不同实验设备由于结构的不同，釜体内外、釜体内部的上下都存在一定的温差。模拟样品尽量放置在釜体内部温度比较稳定的区域。

（2）模拟产物的收集与定量。一般气体用排水集气法或真空法收集、定量，用常规气相色谱进行气体组分分析；轻烃采用有机溶剂中冷冻刺破法收集，称重法或全二维内标法对轻烃定量；液态油常采用超声抽提法进行收集，称重法进行定量。

（3）模拟实验结果的地质推演常用方法有生烃动力学法、EasyR$_o$ 法和成熟度标定法。

参 考 文 献

周建伟，李术元，钟宁宁．2006. 利用催化加氢热解技术提取沉积有机质中生物标志化合物［J］. 石油学报，27（1）：58-63.

Anthony D B, Howard J B. 1976. Coal devolatilization and hydrogasification［J］. AIChE Journal, 22（4）：625-656.

Berner U, Faber E, Stahl W. 1992 . Mathematical simulation of the carbon isotopic fractionation between huminitic coals and related methane［J］. Chemical Geology Isotope Geoscience, 94（4）：315-319.

Berner U, Faber E, Scheeder G, et al. 1995. Primary cracking of algal and landplant kerogens : Kinetic models of isotope variations in methane, ethane and propane［J］. Chemical Geology, 126（3-4）：233-245.

Burnham A K, Braun R L, Gregg H R, et al. 1987. Comparison of methods for measuring kerogen pyrolysis rates and fitting kinetic parameters［J］. Energy & Fuels, 1：452-458.

Burnham A K, Sweeney J J. 1989, A chemical kinetic model of vitrinite maturation and reflectance. Geochemica et Cosmochemica, 53（2）：2649-2657.

Burnham A K, Braun R L. 1999. Global kinetic analysis of complex materials［J］. Energy & Fuels, 13（1）：1-22.

Clayton, Chris. 1991. Carbon isotope fractionation during natural gas generation from kerogen［J］. Marine & Petroleum Geology, 8（2）：232-240.

Cramer B, Faber E, Gerling P, et al. 2001. Reaction kinetics of stable carbon isotopes in natural gas-insights from dry, open system pyrolysis experiments［J］. Energy & Fuels, 15（3），517-532.

Lakshmanan C C, White N. 1994. New distributed activation energy model using Weibull distribution for the representation of complex kinetics［J］. Energy & Fuels, 8（6）：1158-1167.

Love G D, Snape C E, Carr A D, et al. 1995. Release of covalently-bound alkane biomarkers in high yields from kerogen via catalytic hydropyrolysis［J］. Organic Geochemistry, 23（10）：981-986.

Quigley T M, Mackenzie A S. 1988. The temperatures of oil and gas formation in the sub-surface［J］. Nature, 333（6173）：549-552.

Sundararaman P, Merz P H, Mann R G. 1992 . Determination of kerogen activation energy distribution［J］. Energy & Fuels, 6（6）：793-803.

Sweeney J J, Burnham A K. 1990. Evaluation of a simple model of vitrinite reflectance based on chemical kinetics［J］. AAPG, 74（11）：1559-1570.

Tang Y, Perry J K, Jenden P D, et al. 2000. Mathematical modeling of stable carbon isotope ratios in nature gases［J］. Geochimica et Cosmochimica Acta, 64（15）：2673-2687.

Ungerer P, Pelet R. 1987. Extrapolation of the kinetics of oil and gas formation from laboratory experiments to sedimentary basins［J］. Nature, 327：52-54.

Zhang S, Mi J, He K. 2013. Synthesis of hydrocarbon gases from four different carbon sources and hydrogen gas using a gold-tube system by Fischer-Tropsch method［J］. Chemical Geology, 349-350：27-35.

第三章　不同类型有机质的生烃特征

有机质成烃演化模式及生烃特征是含油气盆地油气资源评价中最重要的基础，20世纪70年代法国石油地球化学家蒂索（Tissot）提出的干酪根热降解成烃理论和模式已被油气勘探家广为接受和应用。按照该理论，油气在地质埋藏过程的形成演化可分为三个阶段（图3-1）。第一阶段，成岩作用阶段，表现为来源于生物体的有机分子在早期经历一系列生物降解、化学分解、缩合和聚合反应，以及非溶解作用，最终形成一种不溶于酸碱的复杂有机聚合物——干酪根，这一阶段，对应于有机质所经历的热演化程度被定义为未成熟阶段，较难发生有商业价值的油气聚集。第二阶段，深成热解作用阶段，表现为早期形成的干酪根在地质埋深过程中，由于不断增加的热应力效应，干酪根首先转化成较小的大分子沥青质，然后进一步裂解成烃类分子。因此，这一阶段是石油的主要生成阶段，通常所称谓的"生油窗"就是指本阶段，对应于有机质所经历的热演化程度被定义为成熟阶段。第三阶段，对应于后成作用，温度压力进一步增加，以形成甲烷、乙烷、丙烷等气态烃分子为主，是天然气形成的主要阶段。同时，由干酪根热降解生成、残留于烃源岩内的液体烃进一步裂解形成气态烃，直至生成终极产物石墨炭和甲烷气体。由此可见，油气的生成在内因上取决于烃源岩有机质的类型，而在外因上主要受控于热动力效应。

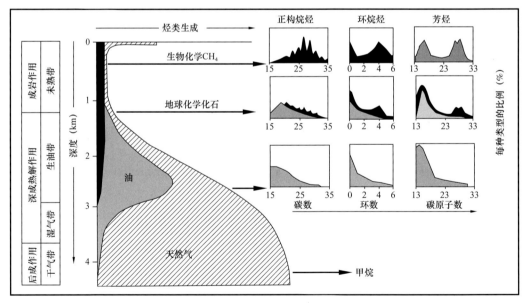

图3-1　Tissot有机质生烃模式

Tissot提出干酪根热降解成烃理论主要是基于对海相含油气沉积盆地的地质观察与研究。相对于陆相含油气盆地，海相沉积盆地发育烃源岩有机质组成相对单一，以藻类为主体（当然也有以陆源有机质输入为主的海相沉积盆地），因此，从生烃母质上分析，其生烃演化特征较为简单。然而，对于陆相沉积盆地发育的烃源岩，由于沉积环境多变，其生物地球化学背景也具有多样性，既可以是以藻类母质为主导的深湖相沉积，也可以是以陆生植物为主体的森林沼泽相沉积，更多的是藻类和陆生植物混合型输入为特征的烃源岩，如浅湖相—沼泽相。藻类母质的生烃演化特征无疑是符合 Tissot 模式的，可是，对于陆生植物生源有机质，陆生植物不同组织器官的成岩演化产物的生烃行为是不同的，典型的如树脂体、木栓质体具有早期成烃特征，孢子体生烃则相对较晚。

中国的石油地球化学家在陆相含油气盆地开展了大量卓有成效的工作，黄第藩教授（1984）系统总结了有关陆相地层未成熟油与正常石油形成的研究成果，提出一个基于 Tissot 生烃模式的修正版。该模式强调了未成熟阶段陆相成因烃类的生成聚集过程，突出了早期阶段非干酪根成烃的概念。在过去的几十年中，该模式较好地指导了中国湖相沉积盆地油气资源的评价与勘探，非干酪根成烃在国际上也得到了认可，但往往局限于盐湖相沉积烃源岩。实质上，近年来，对于非盐湖相的陆相地层中未成熟油气资源勘探存在着争议，核心是这种未成熟油气资源究竟有没有商业价值，抑或仅仅是科学上的意义。

地质条件下的有机质由于沉积环境、形成时代不同，其生物组成千差万别，化学组成与化学结构也存在明显的差异。同时，有机质的化学组成与化学结构又受有机质演化程度的影响。不同学者从不同的侧面对有机质类型进行过研究，有机质的分类方式也非常多。常用参数有化学组成参数、结构参数、演化参数和生烃潜力参数。综合不同学者的研究成果与实际应用，可以把有机质分为如表 3-1 所示的几种类型。不同类型有机质由于化学组成和化学结构上的不同，其生烃特征存在显著的差异。本章将以黄金管模拟实验为主来探讨不同类型陆相有机质的生烃特征。

表 3-1　常用有机质类型分类标准

项目	Ⅰ 型	Ⅱ 型		Ⅲ 型
		Ⅱ₁	Ⅱ₂	
H/C 比	>1.5	1.2～1.5	0.9～1.2	<0.9
氢指数 HI（mg/g TOC）	>600	400～600	200～400	<200
红外参数 $2920cm^{-1}/1600cm^{-1}$	>4.4	2.5～4.4	1.6～2.5	<1.6

第一节　不同类型有机质的生油特征

一、Ⅰ型、Ⅱ型有机质的生油特征

大量研究结果表明，Ⅰ型、Ⅱ型有机质倾油，Ⅲ型有机质倾气。然而，倾油型有机质的地球化学特征差别也非常大，它们的生烃特征也存在很大差异，一般的地球化学参数能否反映其生烃特征？本节以不同来源的Ⅰ型、Ⅱ型有机质为对象（表 3-2），通过模拟实验来揭示它们的生油特征。

表 3-2 不同来源的Ⅰ型、Ⅱ型烃源岩的地球化学特征

盆地	井名	层位	深度 （m）	TOC （%）	T_{max} （℃）	S_1 （mg/g）	S_2 （mg/g）	HI （mg/g TOC）
渤海湾	枣 24	沙河街	2302.5	3.46	432	2.69	25.01	732.95
	歧 103	沙河街	2548.0	5.05	430	2.15	29.19	578.11
	港 374	沙河街	2929.0	3.68	443	1.52	18.48	502.34
	官 962	沙河街	——	4.21	442	1.68	28.56	678.34
松辽	朝 73-87	青山口	834.6	4.89	445	0.86	40.41	826.16
	达 11	青山口	1693.5	3.71	441	1.02	27.51	741.57
	鱼 21	青山口	1876.6	2.21	448	0.29	14.52	657.06
鄂尔多斯	ZK808	延长组	145.0	6.88	441	0.82	32.06	465.93

表 3-2 中烃源岩的氢指数（HI）都比较高，属于倾油型有机质。根据 Jarvie（2001）提出的烃源岩成熟度的估算方法 $R_o=0.018T_{max}-7.16$，烃源岩的成熟度范围为 0.58～0.9。从有机质的类型来看（图 3-2），来源于中国东部的渤海湾盆地古近系沙河街组以及松辽盆地白垩系青山口组烃源岩中的有机质都属于Ⅰ型，而来源于鄂尔多斯盆地三叠系延长组样品的有机碳含量在表 3-2 的所有样品中是最高的，但有机质类型却属于Ⅱ₁型。

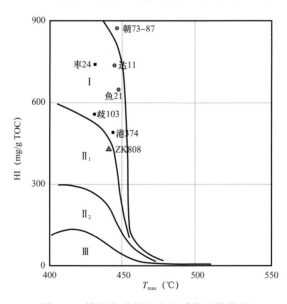

图 3-2 模拟实验样品有机质类型分类图

上述所有样品模拟实验均是在黄金管模拟实验体系中进行的，模拟过程中的流体压力为 35MPa，采用的升温程序为 1h 内把样品从室温加热到 300℃，300℃恒温 30min，然后再按照 20℃/h（快速）和 2℃/h（慢速）连续升温的方式进行加热模拟。

图 3-3 显示了Ⅰ型、Ⅱ型不同有机质样品生油量随模拟温度的变化情况。从实验结

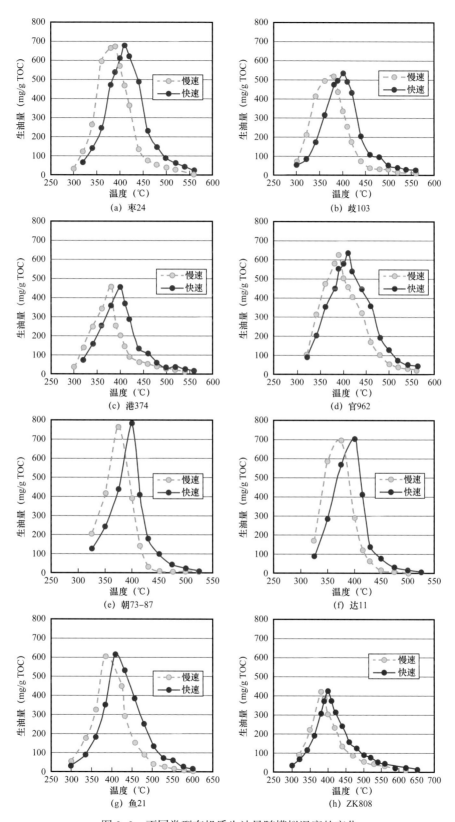

图 3-3 不同类型有机质生油量随模拟温度的变化

果可以看出，不同样品的生油曲线随模拟温度升高呈现相似的变化特征。随着模拟温度升高，生油量首先逐渐增加，然后逐渐减小。但是，不同样品在同一升温速度的条件下，生油量达到最大所对应的模拟温度并不完全相同。例如，在 2℃/h 的升温速度条件下，不同样品生油量达到最大值的温度范围为 375～390℃。造成这种差异的原因有两个：（1）上述实验过程的温度点设置并不完全相同，导致在产油量达到最大时（如 390℃）并没有温度点设置；（2）样品本身的有机质来源或有机显微组成差异引起。烃源岩有非常强的不均一性，来源于同一口井不同深度两个样品的有机显微组成也不同，不同显微组分的生烃高峰存在差异引起的。

对于同一样品，升温速度为 20℃/h 的最大产油量一般都稍微大于升温速度为 2℃/h 的最大产油量。这主要是由于封闭条件下，慢速升温两个模拟温度点之间生成的原油受热时间较长，原油分解量相对于快速升温条件下更大。

从模拟实验结果来看，Ⅰ型、Ⅱ型有机质的最大生油量（Max_{oil}）与烃源岩的氢指数呈线性关系（图 3-4）。因此，要对低成熟的Ⅰ型、Ⅱ型烃源岩最大生油量进行评估，只需要进行简单的 Rock-Eval 岩石热解分析即可，而不需要进行复杂的模拟实验。对Ⅰ型、Ⅱ型样品来说，氢指数与最大生油量之间的差值不大，范围为 40～47mg/g TOC（图 3-5）。氢指数与最大生油量之间的差值是由有机质演化过程生气引起的。从上述实验结果中可以得到如下认识，Ⅰ型、Ⅱ型有机质在热演化过程中的生气量大致相等。但是，最大初次热解气量是否等于 40～47mg/g TOC 还需要做进一步的分析研究。因为在 Rock-Eval 岩石热解过程中，升温速度非常快，一般是 15℃/min（900℃/h），按照 $EasyR_o$ 法计算在 S_2 的最高温度为 600℃时，烃源岩的成熟度为 2.44%。此时有机质的生气可能还没有完全结束，有机质最大初次热解生气量（重量）肯定要大于上述值（40～47mg/g TOC）。但此时有机质的生油肯定结束，有机质的最大生油量为 HI × 0.93。

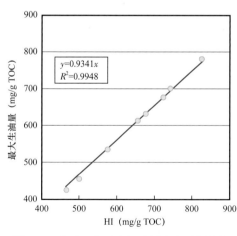
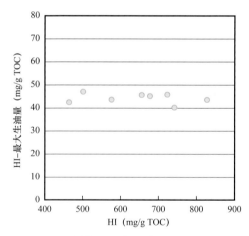

图 3-4 Ⅰ型、Ⅱ型有机质最大生油量与烃源岩的氢指数相关关系

图 3-5 不同样品型有机质（HI-Max_{oil}）与烃源岩的氢指数相关关系

为了估算不同演化阶段有机质的生油量，按照第二章式（2-7）[R_o=0.444exp（0.00406T）-0.781，其中 T 为模拟温度（℃）] 的标定结果，把图 3-3 中升温速度为 2℃/h 时的模拟实验结果恢复到地质条件下（图 3-6）。可以看出不同样品生成原油量最大时

对应的成熟度基本相等（R_o=1.25%～1.38%），实验结果与原油生成结束的成熟界限为1.30%R_o的传统认识一致。

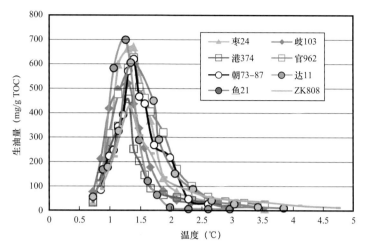

图3-6 不同样品的模拟实验结果推演到地质条件下的生油特征

为了更详细地刻画有机质在不同演化阶段的生油特征，按照实验结果可以计算有机质在不同演化阶段的生油量。然而，按照实验结果计算得到的结果，不同样品在相同成熟度时生油量占最大生油量的比例存在明显的差异（图3-7）。造成这种差异的原因，除了有机质有机组成存在差异，还有一个最主要的原因是模拟样品的原始成熟度存在比较大的差异。为了定量地评估Ⅰ型、Ⅱ型有机质在不同演化阶段的生油量，以成熟度最低（T_{max}=430℃）的歧103井样品的实验数据为参照建立数学模型（图3-8）。通过数值回归得到不同演化阶段有机质转化率、生油量与成熟度之间的定量关系，见式（3-1）与式（3-2）：

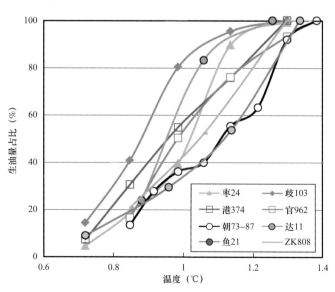

图3-7 不同样品在相同成熟度时生油量占最大生油量的比例

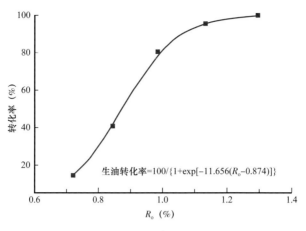

图 3-8　Ⅰ型、Ⅱ型有机质生油率转化模型

$$生油转化率 =100/\{1+\exp[-11.656(R_o-0.874)]\} \qquad R_o<1.3\% \qquad (3-1)$$

$$生油量 =100/\{1+\exp[-11.656(R_o-0.874)]\}Max_{oil}$$

$$=93HI/\{1+\exp[-11.656(R_o-0.874)]\} \qquad R_o<1.3\% \qquad (3-2)$$

二、Ⅲ型有机质（煤）的生油特征

20 世纪八九十年代以来，煤成油概念的提出使得煤系烃源岩的生油问题引起大量关注。基于煤系地层的岩石学观察及油—源对比等，许多研究者认为煤层可以形成油藏，这主要包括澳大利亚 Gippsland 盆地、印度尼西亚 Mahakam 盆地、中国吐哈盆地及准噶尔盆地等盆地的油田。煤系烃源岩主要包括煤岩、煤系泥岩和碳质泥岩。与湖相、海相有机烃源岩相比，它们的富氢组分含量低，因此，煤不可能大量生油。直到现在，学术界关于煤系烃源岩能否大量生油，并形成油藏还没有达成共识。即目前发现的一些典型的"煤成油"到底是由煤形成还是由煤系的其他烃源岩生成，还没有一个明确的答案。

由于煤的倾气特征，最早进行的煤生烃模拟实验以模拟煤生气为主。20 世纪 80—90 年代，随着煤成油概念的提出，一批学者进行了不同来源的褐煤生油模拟实验，但是多位学者在模拟实验过程中所采用的样品特征和实验条件（表 3-3）均有很大的不同。

表 3-3　模拟实验样品特征与实验条件对比

学者	样品来源	R_o（%）	H/C 比	显微组成（%）			实验条件
				壳质组	镜质组	惰质组	
关德师（1987）	沈北蒲河	0.41	0.91	0.8	99.2	—	实验前抽真空
程克明（1989）	云南保秀	0.21	0.94	6.0	77.0	17.0	无载荷压力
李丽（1985）	山东黄县	0.50		15.7	43.0	41.3	充氩、放空、无载荷压力
傅家谟（1992）	四川合哨	0.56					
黄第藩（1995）	山东黄县	0.39	0.96	15.2	70.5	14.3	充 N_2 压力至 10MPa，实验过程中保持恒压，载荷压力为 38～48MPa

图 3-9 显示了不同学者在不同模拟设备上对中国不同来源的褐煤进行生油模拟的实验结果。从图中可以看出，不同样品的模拟实验结果有非常大的差别。主要表现在两个方面：（1）最大生油量不同。李丽（1985）所采用的山东黄县褐煤的最大生油量为 76kg/t 有机质，而傅家谟（1992）采用四川合哨褐煤的最大模拟生油量只有 37kg/t 有机质。（2）最大生油量对应的成熟度不同。例如，李丽（1985）所采用的山东黄县褐煤模拟生油量达到最大时对应的成熟度为 0.9%，而程克明（1989）所采用的云南保秀褐煤模拟生油量达到最大对应的成熟度为 1.6%。

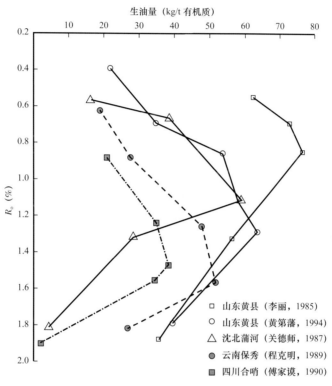

图 3-9　不同来源褐煤模拟生油特征（据黄第藩，1995）

造成上述实验结果产生巨大差别的原因主要有以下几点：（1）样品的有机显微组成不同。例如，同样是来源于山东黄县的褐煤，李丽与黄第藩所采用样品的有机显微组成不同，模拟实验结果存在比较大的差别。（2）可能是不同学者在把实验温度转化为成熟度时，所采用的方法不同，导致恢复的成熟度存在较大差异。（3）实验条件的差异。例如，有无载荷压力、流体压力等都会对实验结果产生影响。尽管如此，从上述前人的模拟实验结果可以得到如下认识：（1）与 I 型、II 型有机质相比，煤生成液态烃（油）的能力有限，一般不超过 80kg/t 有机质；（2）煤生成液态烃的潜力与煤的有机显微组成密切相关，李丽与黄第藩所采用的山东黄县褐煤中壳质组含量高（大于 15%），它们生成的原油量明显高于其他样品。

上述的模拟实验都是在有水条件下进行的。为了验证煤系地层中煤与不同性质的泥岩的生油特征的差异，在黄金管体系无水条件下以 20℃/h 的升温速度，对鄂尔多斯盆地铜川陈家山煤矿侏罗系三个不同的煤系烃源岩样品（表 3-4）分别进行了生烃模拟实验研究，其中岩石样品进行模拟时采用了干酪根样品。样品进行模拟实验前均用索氏抽提方法进行 48h 的抽提，除尽烃源岩样品中已生成的液态油（氯仿沥青"A"）。

表 3-4　模拟样品的基本地球化学特征

样品名称	TOC（%）	T_{max}（℃）	S_1（mg/g 岩石）	S_2（mg/g 岩石）	HI（mg/g TOC）	R_o（%）
煤系泥岩	1.50	444	0.12	3.90	260.2	0.52
碳质泥岩	5.74	438	0.67	13.78	240.1	0.52
煤	75.69	434	6.72	188.10	248.4	0.52

模拟生成液态烃量是以二氯甲烷为溶剂，通过超声抽提法与称重差值法结合获得。将进行了气体分析后的黄金管剪开，置于二氯甲烷中进行三次超声，然后将固体残余物过滤，得到的液体溶液待有机溶剂挥发完全之后称重，即可获得液态烃的重量。图 3-10 显示了模拟实验结果以及把实验结果利用第二章的成熟度标定方法生油的结果推演到地质条件下三个样品的生油特征的情况。

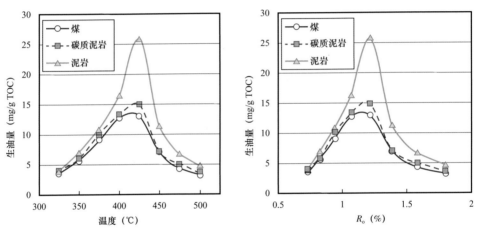

图 3-10　不同煤系烃源岩不同温度和不同成熟度的产油量

从实验结果中可以得到如下认识：

（1）三种煤系烃源岩中的最大生油量都比较低，不超过 30mg/g TOC。与笔者前期模拟的典型的海相、湖相不同类型（Ⅰ型、Ⅱ型）油源岩 300~600mg/g TOC 的最大生油量有非常大的差别。

（2）碳质泥岩和煤的最大生油量大致相当，煤系泥岩的最大生油量明显高于煤和碳质泥岩的最大生油量。这可能与三种煤系烃源岩中所含的有机质类型的差异有关。

与图 3-9 中前人的模拟实验结果相比，本次研究上述模拟生油量较低。这主要是由于本次模拟实验的样品为长焰煤，比褐煤成熟度高，且原油计量不包括轻烃部分。

模拟实验结果说明常规的煤系烃源岩形成大型油藏的可能性不是很大。如果说存在煤成油，煤系泥岩的贡献可能要比煤和碳质泥岩更大。地质条件下，哪种煤系源岩对煤成油的贡献更大，还需要对其他的地质条件综合分析，包括煤岩有机组成、三类煤系源岩的分布特征、有机碳含量以及吸附特征等。

第二节　不同类型有机质的生气特征

前人大量的研究结果表明，Ⅰ型、Ⅱ型有机质以生油为主，Ⅲ型有机质（煤）以生气为主。近年来，全世界在海相地层中页岩气的大量发现证明Ⅰ型、Ⅱ型有机质对天然气的资源应当有不可忽视的作用，也对传统的油气生成理论提出了挑战。这些海相页岩气到底是有机质的初次热解气，还是残留烃的裂解气？不同来源天然气生成与勘探成熟度界限各是多少？这些问题都需要通过实验给出一个确定的答案。本节将以模拟实验为基础，来探讨不同类型有机质的生气特征。

一、Ⅰ型、Ⅱ型有机质的生气特征

由于Ⅰ型、Ⅱ型有机质以生油为主，以往关于Ⅰ型、Ⅱ型有机质的模拟实验研究多是以生油模拟为主，而关于Ⅰ型、Ⅱ型有机质在演化过程中到底能生成多少天然气则研究得比较少。由于Ⅰ型、Ⅱ型有机质的倾油特征，大多数学者在进行Ⅰ型、Ⅱ型有机质生烃的模拟实验研究中采用的温度区间并不完全相同，最窄的温度区间都覆盖了生油窗。图3-11显示了对表3-2中样品利用黄金管模拟实验体系模拟生成气体的情况。

从理论上讲，不管采取哪种升温速度，当有机质生烃结束时，生烃量应当相等。图3-11中有5个样品由于模拟温度较低，两条生气曲线在最高温度点并没有完全闭合；有3个样品（朝73-87、达11、ZK808）的两条生气曲线在最高模拟温度（650℃）的最大生气量大致相等，说明有机质生气基本结束。

由于模拟实验是在封闭条件进行的，低温条件下生成的原油不能排出，在高温条件下会发生进一步的裂解，生成大量天然气。实验结果并不表明Ⅰ型、Ⅱ型有机质会大量生气。实际地质条件下，这种完全封闭的条件根本不存在。地质条件下，有机质的生烃过程是一个边生边排的地质过程。大部分原油会排出烃源岩体系外，残留油会随着烃源岩的进一步埋深，发生裂解生成气体。至于烃源岩中液态烃的残存量、残存的液态烃能生成多少天然气，将在后面的章节进行讨论。虽然如此，黄金管模拟实验结果可以评估有机质的最大生气量。

有机质的最大生烃（气）量与有机质的类型密切相关。图3-12显示了该模拟实验有机质的最大生气量与有机质HI之间的关系。在8个样品中，有7个样品是在同一个黄金管模拟实验体系中进行，气体定量和成分分析也是在相同的实验条件下进行。在这7个样品中，有3个样品（朝73-87、达11、ZK808）有机质生气基本结束，4个样品在最高模拟温度（560℃）生气还没有结束。而另外一个样品（鱼21）的模拟实验是在不同的黄金管体系进行，气体定量和分析方法也有别于其他7个样品，最大生气模拟实验结果明显异常。因此，即使相同类型的实验体系，如第一章所述，由于实验体系的结构、温度测量方式、气体定量方式等实验条件的差异，实验结果往往会产生比较大的差别。尽管如此，从图3-12中依旧可以看出，有机质的最大生气量与其氢指数呈正相关关系。如果以上述完成生气作用的3个样品（朝73-87、达11、ZK808）的模拟实验结果为依据进行定量回归，那么就可以根据式（3-3）大致估计Ⅰ型、Ⅱ型有机质的最大生气量。

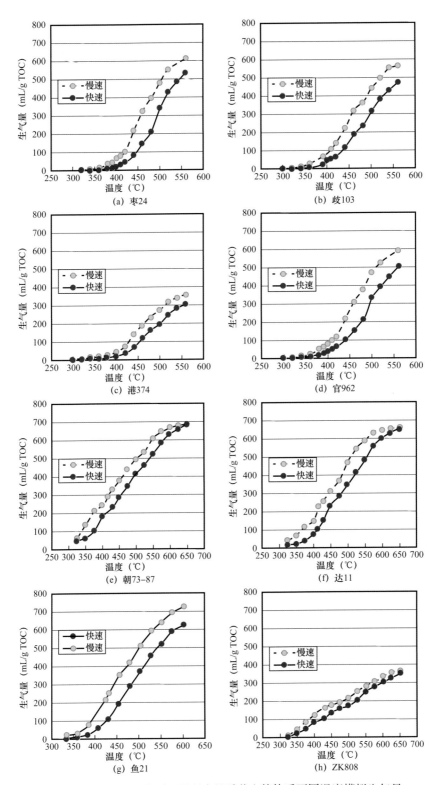

图 3-11　Ⅰ型、Ⅱ型有机质黄金管体系不同温度模拟生气量

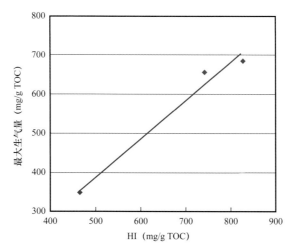

图 3-12 Ⅰ型、Ⅱ型有机质最大生气量与 HI 之间的关系

$$Q=0.9745HI-96.954 \tag{3-3}$$

式中　Q——单位质量有机碳可生成烃类气体的最大体积，mL/g；

HI——烃源岩（或干酪根）的氢指数。

上述模拟实验结果体现的是有机质初次裂解气和原油裂解气的混合气，根本无法反映地质条件下有机质的生气行为。为了准确描述有机质的生气特征，可以用封闭体系的分步模拟实验来确定干酪根的初次热解气生成过程。封闭体系的分步模拟实验方法在本书第二章中有详细描述。其实质就是先把样品加热到相对低温的某一温度点（一般大于 300℃），模拟生成的气体定量、分析完成后，用有机溶剂抽提出模拟残渣中的油后，再对抽提后的残渣进行下一温度点的加热模拟、气体分析定量、残渣抽提等，如此反复，直到有机质不再生气为止。由于前一温度点模拟生成的原油已被抽提，下一温度点模拟过程中生成的气体不存在原油裂解气，而是两温度点间有机质的初次热解气。

为了对比不同模拟方式对油气生成特征的影响，本次研究过程中采自松辽盆地的朝73-87 井和达 11 井白垩系青山口组的两个样品，进行了升温速度为 2℃/h 的常规连续升温和分步升温模拟实验。表 3-5 中列出了两个样品采用两种模拟方式不同温度点的生油情况。

由于加热方式和原油定量方式不同，两种模拟方式下干酪根的生油量有比较大的不同。首先，两种模拟方式最大累计生油量对应的温度点不同。常规连续加热条件下，最大累计生油量对应的温度为 370℃；而分步加热条件下，最大累计生油量对应的温度为 400℃。其次，同一样品不同模拟方式条件下的最大生油量不同。样品朝 73-87 在常规连续加热和分步加热方式下的最大生油量分别为 604.52mg/g TOC 和 668.86mg/g TOC。样品达 11-1 在常规连续加热和分步升温模拟方式下的最大生油量分别为 568.65mg/g TOC 和 627.27mg/g TOC。第三，除了第一个温度点（300℃）两种模拟方式同一样品的累计生油量基本一致外，其他温度点分步升温方式的累计生油量总是大于常规连续升温方式条件下的生油量。而且，在累计生油量达到最大值前，二者的差值随温度升高逐渐加大。

表 3-5　两种模拟方式下不同温度点烃源岩生油量

朝 73-87					达 11-1				
常规连续升温		分步升温			常规连续升温		分步升温		
温度 （℃）	生油量 （mg/g TOC）	温度 （℃）	生油量 （mg/g TOC）		温度 （℃）	生油量 （mg/g TOC）	温度 （℃）	生油量 （mg/g TOC）	
			阶段	累计				阶段	累计
300	83.52	300	85.52	85.52	300	70.6	300	72.77	72.77
320	264.46	320	201.8	287.32	320	236.48	320	188.35	261.12
340	443.68	340	172.91	460.32	340	381.46	340	154.95	416.07
350	509.43	350	—	—	350	455.57	350	—	—
360	574.99	360	130.56	590.78	360	525.17	360	135.95	552.02
370	604.52	370	—	—	370	568.65	370	—	—
380	532.38	380	77.42	668.2	380	505.66	380	74.61	626.63
390	320.95	390	—	—	390	315.46	390	—	—
400	191.12	400	0.66	668.86	400	182.00	400	0.63	627.27
425	70.1	425	0	668.86	425	66.50	425	0	627.27
450	34.68	450	—	—	450	28.03	450	—	—
475	20.46	475	—	—	475	6.80	475	—	—
500	3.89	500	—	—	500	2.91	500	—	—

图 3-13 显示了两种方式模拟实验结果恢复到地质条件下累计生油量随 R_o 的变化。可以看出：两种模拟方式累计生油量在 $R_o=0.8\%\sim1.0\%$ 时增加最快，说明生油高峰在 $R_o=0.8\%\sim1.0\%$，这与前人的认识非常一致。但是，两种模拟方式累计生油量达到最大值对应的温度点（或成熟度）并不一致。常规连续升温条件下最大累计产油量对应的温度为 370℃（相当于 $R_o=1.21\%$）。分步升温最大累计生油量对应的温度为 400℃（相当于 $R_o=1.47\%$），但是，在 $R_o=1.3\%\sim1.47\%$ 区间，有机质的生油量只有 $0.6\sim0.7$ mg/g TOC。说明有机质在 $R_o=1.3\%$ 以后基本不再生油，这与生油窗的定义基本一致。而当分步升温累计生油量最大时，常规升温对应的生油量相对于分步升温的最大生油量已经有很大的减少。二者的差值相对于样品朝 73-87 和达 11-1 分别为 64.36mg/g TOC 和 58.62mg/g TOC。造成累计生油量差异的原因是常规模拟条件下低温下生成的原油未被抽出（或排出），在高温下会发生裂解。这也是常规模拟生气量大于分步模拟累计生气量的原因。上述实验结果也说明在地质条件下原油生成和裂解并不是两个完全独立的过程，在生油的后期阶段（ $R_o=1.0\%\sim1.1\%$ ），有机质在生油的同时会有早期生成的部分原油发生裂解。到生油窗结束（相当于 $R_o=1.3\%$ ）时，有 $9\%\sim10\%$ 的原油已经发生裂解。因此，在过成熟阶段的凝析油可能不完全是有机质在生油窗后期生成，有一部分凝析油是烃源岩早期生成而未

排出的残余油发生进一步裂解生成。当 R_o=1.8% 时，大约有 90% 的原油发生裂解，而当 R_o=2.5%～2.6% 时，只有很微量的液态烃存在。这与部分学者认为原油裂解生气结束的成熟度界限为 2.3% 的结果基本一致。

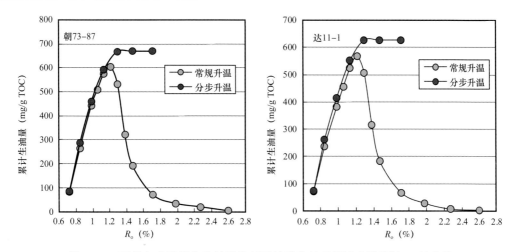

图 3-13　两种方式模拟实验结果恢复到地质条件下累计生油量随 R_o 的变化

表 3-6 中列出了分步升温模拟方式下不同温度烃源岩生气特征及生气量情况。可以发现如下两点规律：（1）两个样品虽然氢指数存在一定的差异，但是，干酪根热解生成的气体量差异并不是很大，分别为 122.04mL/g TOC 和 124.59mL/g TOC；（2）两个样品的生气主要是在 600℃以前，600℃以后累计生气量增加很少（图 3-14）。

表 3-6　分布升温模拟方式下不同温度点烃源岩生气特征及生气量

样品名称	温度（℃）	生气特征（mL/g TOC）				生气量（mL/g TOC）	
		CH_4	C_2H_6	C_3H_8	C_4—C_5	阶段	累计
朝 73-87	300	0.65	0.41	0.25	0.12	1.43	1.43
	320	0.78	0.62	0.48	0.21	2.09	3.52
	340	3.21	2.32	1.12	0.58	7.22	10.74
	360	5.36	3.98	2.59	1.77	13.7	24.44
	370	—	—	—	—	—	—
	380	6.94	4.13	1.90	0.86	13.53	37.97
	390	—	—	—	—	—	—
	400	9.02	3.71	0.82	0.14	13.69	51.66
	425	10.20	2.37	0.38	0.05	13	64.66
	450	11.33	1.84	0.20	0.04	15.42	80.08
	475	10.16	1.22	0.02	0.02	14.43	94.51
	500	9.51	0.99	0	0	11.5	106.01

样品名称	温度（℃）	生气特征（mL/g TOC）				生气量（mL/g TOC）	
		CH$_4$	C$_2$H$_6$	C$_3$H$_8$	C$_4$—C$_5$	阶段	累计
朝 73-87	525	6.25	0.39	0	0	6.65	112.66
	550	5.51	0.11	0	0	4.62	117.28
	575	3.37	0.07	0	0	3.43	120.71
	600	0.60	0.02	0	0	0.62	121.33
	625	0.59	0.01	0	0	0.60	121.92
	650	0.12	0	0	0	0.12	122.04
达 11-1	300	0.45	0.36	0.28	0.10	1.19	1.19
	320	0.64	0.49	0.37	0.11	1.61	2.8
	340	3.73	2.48	1.91	0.12	8.25	11.05
	360	5.60	3.56	2.74	0.94	12.84	23.89
	370	—	—	—	—	—	—
	380	7.01	3.27	1.43	0.59	13.3	37.19
	390	—	—	—	—	—	—
	400	9.96	4.25	0.96	0.17	15.34	52.53
	425	10.55	4.08	0.61	0.04	15.27	67.8
	450	12.29	3.04	0.22	0.01	15.56	83.36
	475	10.85	1.87	0.11	0.01	12.84	96.2
	500	9.52	0.84	0.05	0	11.42	107.62
	525	6.23	0.30	0	0	6.02	113.64
	550	5.66	0.13	0	0	5.29	118.93
	575	3.81	0.09	0	0	3.89	122.82
	600	1.04	0.06	0	0	1.09	123.91
	625	0.63	0.01	0	0	0.64	124.55
	650	0.04	0	0	0	0.04	124.59

图 3-14 显示了把分步升温模拟实验结果恢复到地质条件下，有机质初次热解累计生气量随 R_o 的变化情况。从图中可以看出：Ⅰ 型有机质的生气量并不是很大，一般不超过 130mL/g TOC。同时，Ⅰ 型有机质的生气也具有阶段性，$R_o<2.0\%$ 时为其生气高峰；$R_o>2.0\%$ 时生气速度明显降低；$R_o=3.0\%\sim3.8\%$ 时生气量为 4～5mL/g TOC；在 $R_o=3.5\%$ 时 Ⅰ 型有机质生气基本结束。

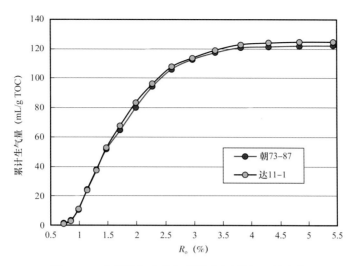

图3-14 有机质初次热解累计生气量随 R_o 的变化

通过两种实验条件下有机质生油量、生气量及气体组成对比，并把实验结果外推到地质条件下，可以得到如下几点结论：

（1）黄金管体系中进行分步升温模拟方法不仅可以确定不同演化阶段有机质的生油量，同时还可以确定在不同演化阶段的生气量。

（2）烃源岩生油和其中未排出的残留油的裂解不是两个截然分开的过程，在生油窗的后期，烃源岩在生油的同时会有一部分在生油窗早期生成的原油发生裂解。至生油窗结束时，已裂解原油占总生油量的 9%～10%。

（3）Ⅰ型有机质热解生成气体较少，一般不超过 130mL/g TOC，其生气结束的成熟度界限在 R_o=3.5%。

二、Ⅲ型有机质（煤）的生气特征

传统的有机质生烃理论认为Ⅰ型、Ⅱ型有机质倾油，Ⅲ型有机质倾气。勘探实践也证实煤成气在世界天然气资源中占有很高的比例。美国在 2000 年煤层气产量已达 $350 \times 10^8 m^3$，与中国当年天然气总产量相当（汤达祯，2016）；俄罗斯发现的原始可采储量在 $1 \times 10^{12} m^3$ 以上的 13 个超大型气田中，有 11 个是煤成气气田（戴金星等，2007）；中国发现的常规天然气中有 70% 以上是煤成气（夏新宇，2002；戴金星等，2007）。在塔里木盆地库车凹陷天然气（煤成气）的勘探深度不断加大，克深 9 产气层的深度达 7500m；松辽盆地深层天然气的烃源岩成熟度可达 R_o=4.0%～5.0%。由此引出了一些科学问题，如每吨煤究竟能生成多少天然气，煤生气能力大小取决于什么因素，煤有没有主生气期，生气的成熟度上限是多少？对这些问题的回答有助于煤成气资源评价和勘探部署决策。

1.煤岩组成对煤生气潜力的影响

关于煤生气的模拟实验，前人在不同的实验体系和实验条件下进行过大量的研究。其中，刘德汉（1985）、张惠之（1986）等对不同煤岩组分和特殊煤样进行的生气模拟实验非常有创新性（图 3-15）。从实验结果来看，可以把煤不同显微组分的生烃能力分为以下几类：

（1）树脂体与原油相似，具有非常强的生气能力。但树脂体强大的生气潜力主要是由其生成的原油进一步裂解引起的。

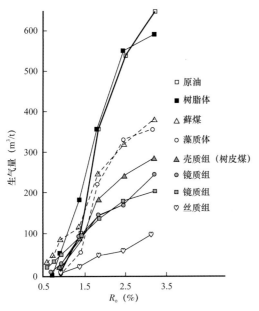

图 3-15　不同煤岩组分和特殊煤样生气模拟结果

（2）藓煤、藻质体和树皮煤的生气潜力可能相当，它们的生气量也主要是由其生成的原油进一步裂解造成的。因为从元素组成上来讲，这些煤岩组分或特殊煤的元素组成与 II 型有机质相似（傅家谟，1992）。

（3）镜质组与常规的腐殖煤的生气潜力相当。原因是一般的腐殖煤的主要显微组成都是镜质组，镜质组的含量一般都大于 70%。

（4）丝质组的生气潜力最小，最大生气量一般只有 100m³/t 有机质，不到镜质组的一半。

煤的显微组成非常复杂，壳质组中不同的次级组分，如树脂体、角质体、孢子体、藻类体等，它们的生烃潜力也存在非常大的差别。同样属于壳质组，树脂体的生气量明显比以树皮体为主的树皮煤大。探究不同煤岩组分的生烃特征对煤成气资源的准确评价具有非常重要的意义。然而这是一项非常难的工作，主要是由于要分离出单一的煤岩组分非常难。目前一般只能按照比重差异分离出镜质组、壳质组和丝质组三种组分。

2. 低成熟煤生气模拟实验

为了进一步探究煤的生气特征，对中国主要含煤盆地的低成熟煤样（表 3-7）在黄金管体系中进行了生气模拟实验研究，图 3-16 显示了生气模拟实验结果。对比表 3-7 中样品地球化学参数，可以发现 4 个样品的最大生气量有非常大的差别，陈家山煤、神沙坪煤、营城组煤和楚雄盆地古近纪褐煤 4 个样品在模拟最高温度的生气量分别为 218.1mL/g TOC、252.7mL/g TOC、261.2mL/g TOC 和 372.8mL/g TOC，而它们的氢指数分别为 139.3mg/g TOC、217.42mg/g TOC、218.07mg/g TOC 和 131.65mg/g TOC。可见煤的最大生气量与样品的氢指数之间并不是完全的线性关系，而与煤的元素组成（H/C 比）呈非常好的线性关系（图 3-17）。Boreham 等（1999）通过对不同成熟度煤样氢指数随煤结构的演化的变化规律研究认为，低成熟煤样氢指数降低的主要原因是低成熟的煤结构中含有比较多的与碳原子相连的杂原子官能团（如 C=O、COOH 等），这些与杂原子相连的碳原子对生烃几乎没有贡献，导致单位有机碳对生烃平均贡献（氢指数）降低。而这些杂原子官能团在煤的演化过程中首先从煤结构中脱落，从而使煤中有机碳含量降低。这些位于杂原子官能团上的碳原子在煤演化过程中主要形成二氧化碳，而煤的生烃潜力并没有降低，因而煤的氢指数随着煤成熟度的增加反而有所增高，随着煤演化程度的进一步增加，煤结构中的脂肪链开始断裂生成大量烃类，煤的氢指数开始规律性地降低。当然，上述模拟实验结果除了与煤的成熟度有关，也可能与上述煤样显微组成的差异有密切关系。因此，对于成熟度非常低的样品（$R_o < 0.55\%$），氢指数不一定能反映有机质的生烃潜力，而元素组成（H/C 比）更能代表有机质的生烃潜力。

表 3-7　不同来源的 I 型、II 型烃源岩的地球化学特征

盆地	样品来源	时代	层位	成熟度（%）	TOC（%）	T_{max}（℃）	S_1（mg/g）	S_2（mg/g）	HI（mg/g TOC）	H/C 比
鄂尔多斯	陈家山矿	侏罗纪	延安组	0.52	65.6	435	1.57	91.38	139.30	0.84
	神沙坪矿	二叠纪	山西组	0.55	76.47	424	1.03	166.26	217.42	0.90
松辽	营城煤矿	白垩纪	沙河子组	0.58	77.65	430	2.68	169.33	218.07	0.92
楚雄	褐煤	古近纪		0.35	48.0	423	3.23	63.19	131.65	1.18

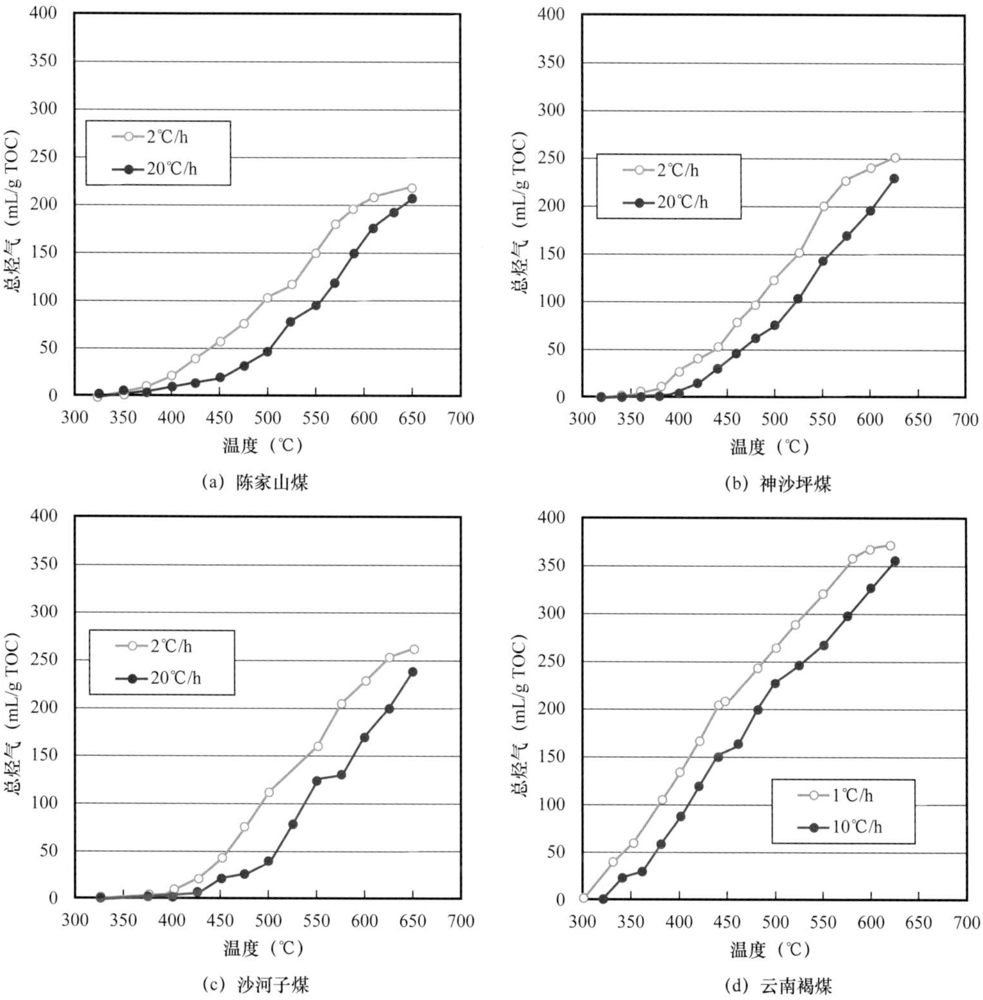

图 3-16　低成熟煤样在黄金管体系模拟生气实验结果

对鄂尔多斯盆地和山西沁水盆地石炭—二叠系不同成熟度煤样的热解分析结果也证实了上述规律的存在（图 3-18）。随着煤成熟度的增加，煤的氢指数呈现先增加后降低的规律。煤氢指数拐点对应的成熟度区间为 0.75%～0.80%。

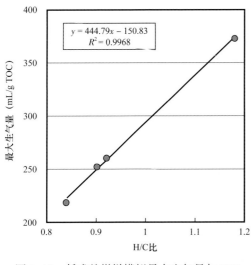

图 3-17　低成熟煤样模拟最大生气量与 H/C
比的关系

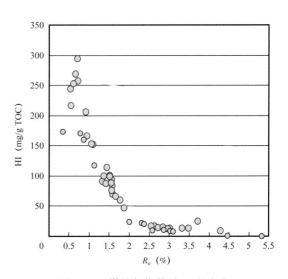

图 3-18　煤的氢指数随 R_o 的变化

第三节　不同类型有机质的生烃模式

要建立有机质的生烃模式，有几个关键问题必须解决：有机质的最大生烃量（包括油与气）；不同性质烃类生成结束的成熟度界限。

一、Ⅰ型、Ⅱ型有机质的生烃模式

本章第一节中大量Ⅰ型、Ⅱ型有机质的生烃模拟实验结果表明，Ⅰ型、Ⅱ型有机质的最大生油量与有机质来源、有机显微组成及原始地球化学特征密切相关。不同来源、不同类型的有机质生油量存在非常大的差别。通过分步加热方法对松辽盆地青山口组干酪根的生气模拟实验结果证明：Ⅰ型、Ⅱ型有机质的最大初次热解气量一般不会超过 130mL/g TOC，生气高峰为 R_o<2.0%，初次热解气生成结束界限为 R_o=3.5%。

通过前面大量的模拟实验结果可以大致勾勒出Ⅰ型、Ⅱ型有机质的生烃模式。为了建立Ⅰ型、Ⅱ型有机质更准确的生烃模式，从国内外选取了 16 个不同成熟海相烃源岩（表 3-8），通过对其有机元素组成、结构随成熟度的变化和生气模拟实验结果，来综合研究Ⅰ型、Ⅱ型有机质的生烃模式。

1.海相有机质有机元素组成随成熟度的演化

经典的有机质生烃理论认为，有机质生烃是一个不断增碳和减氢的过程。因此，有机质元素组成随成熟度的变化可以反映有机质的生烃机理和过程。图 3-19 显示了海相有机质 H/C 比随成熟度的演化情况。从图中可以发现，海相有机质的 H/C 比随成熟度增加的变化可以分为 3 个阶段：（1）R_o<1.3% 的快速降低阶段；（2）R_o=1.3%～2.0%，H/C 比中等程度降低；（3）R_o>2.0% 的慢速降低阶段。其中，R_o<1.3% 时，H/C 比的快速降低应当是由海相有机质的大量生油引起的。而在有机质生油结束以后（R_o>1.3%），海相有机质的 H/C 比仍旧呈现两段式的降低，说明海相有机质初次热解气的生成具有阶段性，而且 R_o<2.0% 时有机质的生气速度明显大于 R_o>2.0% 时的生气速度。从理论上讲，只要有机质中有氢元素的存在，有机质的生烃作用就不会结束。从图 3-19 海相有机质 H/C 比随成熟度的演化趋势来看，海相有机质生烃结束的理论成熟度界限可能会达到 R_o=4.0%～5.0%。

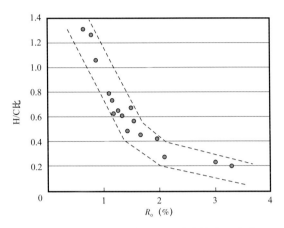

图 3-19　海相有机质 H/C 比随成熟度的演化

表 3-8　样品基本信息

样品来源	编号	盆地或区域	样品名称	岩性	地层	TOC（%）	R_o（%）
中国	1	华北	下马岭	页岩	元古宇	11.90	0.65
	2	塔里木	塔参1	泥岩	奥陶系	0.26	0.80
	3	塔里木	和4	泥岩	奥陶系	0.56	1.55
	4	塔里木	塔东1	泥岩	奥陶系	1.13	1.96
	5	塔里木	英东2	泥岩	奥陶系	0.66	1.50
	6	塔里木	库南1	泥岩	奥陶系	1.67	2.10
	7	四川	宁209-2	页岩	志留系	3.66	3.00
	8	四川	威201-6	页岩	寒武系	2.61	3.30
美国	9	Denver	Bruggers 3-7	页岩	奥陶系	1.80	1.35
	10	Denver	Excelsior 1-24	页岩	奥陶系	2.65	1.44
	11	Denver	Wilmot 1-21-2	泥灰岩	奥陶系	4.78	1.16
	12	Denver	Wilmot 1-21-3	泥灰岩	奥陶系	4.50	1.20
	13	Denver	AJ 545	页岩	白垩系	2.29	1.65
	14	Denver	McA-5	页岩	白垩系	2.01	0.87
	15	Denver	K1（Wahigan）	页岩	泥盆系	4.32	1.10
	16	Denver	K3（Ferrier）	页岩	泥盆系	5.44	1.30

2. 海相有机质结构随成熟度的变化

有机质生气潜力不但与有机质的元素组成相关，而且与有机质的化学结构密切相关。在有机质演化过程中，有机质结构中的侧链（包括脂肪链和其他含杂原子官能团）不断地从芳环上脱落，芳环不断缩合，直到有机质完全石墨化。因此，有机质结构的演化更能揭示有机质的生烃机理和过程。图3-20是利用傅里叶红外技术对表3-8中不同成熟度海相有机质化学结构的分析图谱。一般情况下，有机质的傅里叶红外图谱具有三个特征峰带：（1）2800～3000cm^{-1}区域是脂肪链伸展振动的吸收峰；（2）1600～1800cm^{-1}区域是含氧官能团（包括羧基、羟基、羰基等）和芳环上C—C键或C═C键伸展振动的吸收峰；（3）700～900cm^{-1}区域是芳环上C—H键弯曲振动的吸收峰。

从图3-20中可以发现，脂肪链的吸收峰（2800～3000cm^{-1}）在R_o<1.35%阶段降低的速度明显快于R_o>1.35%阶段。脂肪链吸收峰在R_o<1.35%阶段的快速降低与传统理论中的生油窗的成熟度范围一致。因此，在这一成熟度范围内，脂肪侧链的快速减少主要与优势生油密切相关。而在威201-6样品（R_o=3.3%）中已经检测不到脂肪侧链，说明有机质已经不能按照传统的脂肪链断裂的方式生烃。含氧官能团的吸收峰强度在R_o<0.8%时非常明显，R_o=0.8%的样品中含氧官能团的峰强度降低了很多，之后缓慢减少，到R_o=2.0%时含氧官能团的吸收峰强度已经很微弱。说明有机质二氧化碳气体主要在R_o<0.8%阶段生成。芳环上C—H键弯曲振动峰随成熟度的演化比较复杂，其峰强度在R_o<2.0%时大致随成熟度的增加而增强，之后呈现明显的减弱趋势。芳环上C—H键弯曲振动峰强度随成熟度先增加后降低的演化规律原因如下：在低演化阶段，芳环上连接着比较多的脂肪侧链，芳环上C—H键数量比较少，因而芳环上C—H键弯曲振动峰强度较弱，随着有机质进一步演化，芳环上连接着比较多的脂肪侧链断裂，生成油气。芳环上的脂肪侧链减少，相应芳环上C—H键数量增加，芳环上C—H键弯曲振动峰强度增强。随着有机质的进一步演化，芳环缩合，石墨化作用增强，有机质结构中芳环减少，相应芳环上的C—H键数量减少，芳环上C—H键弯曲振动峰强度减弱。

为了定量表征有机质结构的演化与生烃过程的关系，定义有机质以下3个红外结构参数，通过分析这些参数随有机质成熟度的演化来揭示有机质的生烃机理。（1）I_1为脂肪侧链伸展振动吸收峰（2800～3000cm^{-1}）面积与芳环C—C键或C═C键伸展振动吸收峰（1608cm^{-1}）面积的比值，可以作为评价脂肪侧链生烃贡献的参数；（2）I_2为含氧官能团伸展振动吸收峰（1710cm^{-1}）面积与芳环C—C键或C═C键伸展振动的吸收峰面积的比值，I_2可以反映连接在芳环上的含氧官能团的演化特征；（3）I_3为芳环上C—H键弯曲振动的吸收峰（700～900cm^{-1}）面积与芳环C—C键或C═C键伸展振动的吸收峰面积的比值，该参数可以反映有机质的石墨化程度。

I_1随成熟度的演化可以分为3个阶段（图3-21）。R_o<1.3%时，I_1值随成熟度的增加快速减小；R_o=1.3%～2.0%时，I_1值随成熟度的增加中等幅度减小；R_o>2.0%时，I_1值随成熟度的增加非常缓慢减小，到R_o=3.0～3.5%时I_1值接近于0。I_1值随成熟度的上述变化规律说明以下问题：如果说R_o<1.3%时I_1值快速减小是由于有机质大量生油引起。R_o>1.3%时，I_1值随成熟度的增加的两段式变化说明海相有机质生气具有阶段性，R_o>2.0%

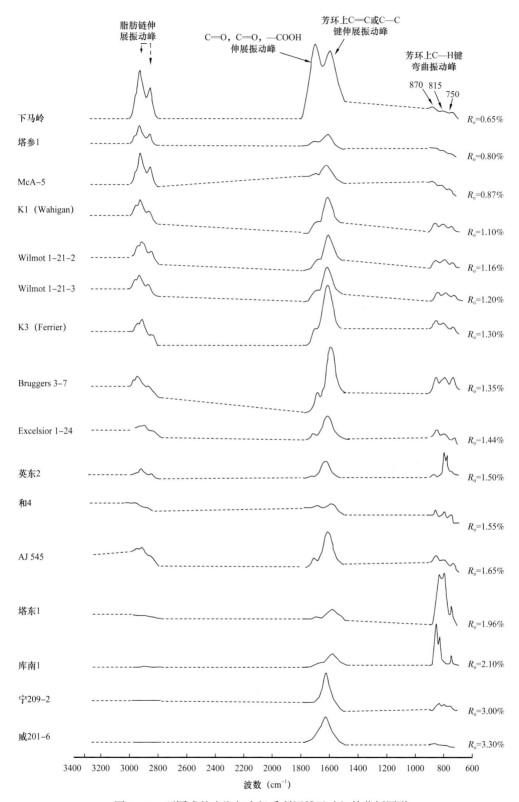

图 3-20　不同成熟度海相有机质利用傅里叶红外分析图谱

时海相有机质的生气速度非常低，其生气结束的成熟度界限应该在 R_o=3.0～3.5%。这一结论与本章第一节用分步加热模拟实验对松辽盆地陆相有机质初次热解气的模拟实验结果一致。

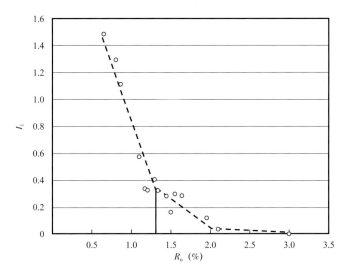

图 3-21　海相有机质 I_1 值随成熟度增加的变化

图 3-22 显示了 I_2 值随成熟度增加的变化。I_2 值随成熟度的变化与有机质演化过程中二氧化碳的生成密切相关。I_2 值在 R_o<0.8% 时剧烈减小，说明大部分二氧化碳气体在 R_o<0.8% 阶段生成，之后二氧化碳的生成速率明显降低。

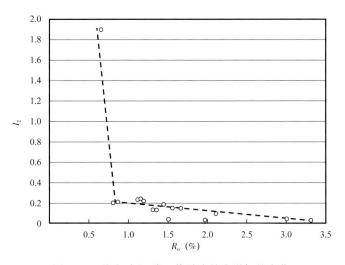

图 3-22　海相有机质 I_2 值随成熟度增加的变化

图 3-23 显示了 I_3 值随成熟度增加的变化情况。I_3 值在 R_o<2.0% 阶段的增加是由于脂肪链从芳环上脱落，导致芳环上的 C—H 键增加。R_o>2.0% 阶段，由于芳环的缩合和石墨化作用，芳环上的 C—H 键较少，引起 I_3 值减小。当 R_o 到达 3.5%，I_3 接近于 0，说明有机质的石墨化程度非常高，有机质的生气作用结束。

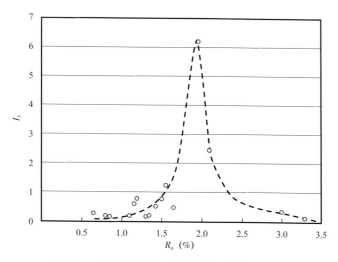

图 3-23 海相有机质 I_3 值随成熟度增加的变化

3. 不同成熟度海相有机质初次热解气模拟实验

为了更准确地确定海相有机质的生气结束的成熟度界限，从表 3-8 中的 16 个样品中选择了 8 个不同成熟度的有机质样品进行分步热模拟实验，按照成熟度从低到高的顺序，样品编号依次为 1#、15#、16#、5#、4#、7#、8#。图 3-24 显示了它们的最大初次热解气量。其中，$R_o<1.5\%$ 的样品采用分步模拟实验的方法进行最大初次热解气量确定，而 $R_o>1.5\%$ 的样品采用 2℃/h 的升温速度、连续加热方法确定样品的最大初次热解气量。从图中可以看出，海相有机质（Ⅱ型）的最大初次生气量随着成熟度的增加而减少。$R_o<2.0\%$ 的样品，最大初次热解生气量随成熟度降低比较快。$R_o>2.0\%$ 的样品，最大初次热解生气量随成熟度降低非常慢。$R_o=3.3\%$ 的 8# 样品，其最大生气量只有 1.16mL/g TOC。因此，把海相有机质的生烃结束的成熟度界限定在 $R_o=3.5\%$ 是有依据的。上述不同成熟度海相有机质最大初次热解生气量随成熟度的变化与本章第二节对松辽盆地陆相（Ⅰ型）有机质采用分步模拟实验得到初次热解生气量随成熟度变化的实验结果一致。

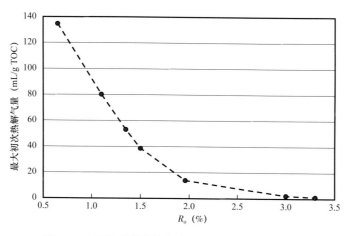

图 3-24 不同成熟度海相有机质最大初次热解气量

4. Ⅰ型、Ⅱ型有机质生烃模式

通过对Ⅰ型低成熟度的陆相样品和Ⅱ型不同成熟度的样品初次热解气的实验模拟，可以确定Ⅰ型、Ⅱ型有机质生气结束的成熟度界限为 $R_o=3.5\%$；Ⅰ型、Ⅱ型有机质最大初次热解生气量不会超过 130mL/g TOC，主生气阶段为 $R_o<2.0\%$，$R_o>2.0\%$ 后的生气量只占 10%～15%。

结合本章第一节来源于不同盆地低成熟度样品的生油模拟实验结果，可以建立如图 3-25 所示的Ⅰ型、Ⅱ型有机质生烃模式。由于有机质来源、形成环境、有机组成不同，Ⅰ型、Ⅱ型有机质的生油量有很大的不同，生油量最高可以达到 700～800mg/g TOC，最低只有 300mg/g TOC。图 3-25 中不同成熟度（0.5%～1.3%）有机质的累计生油量按照图 3-8 的转化率模式进行计算。

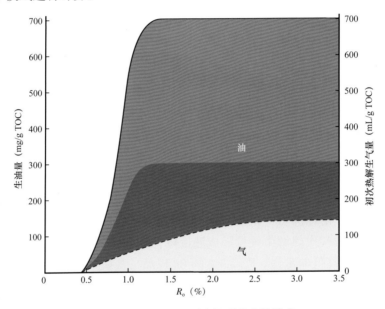

图 3-25　Ⅰ型、Ⅱ型有机质的生烃模式

二、Ⅲ型有机质（煤）的生烃模式

1. 煤生气成熟度上限

随着热演化程度的增高，有机质不断地生成烃类，直到石墨化阶段。因此，理论上煤生气"死亡线"是存在的。但前人关于煤生气结束界限的认识并不一致，戴金星（1995）早期的研究提出煤成气结束的上限在 R_o 为 2.0%；韩德馨等（1990）认为 R_o 为 2.5%，王云鹏等提出的界限是 R_o 为 3.0%。随着勘探的不断深入，在更高的成熟区（$R_o>3.0\%$）也发现了较大规模的煤成气资源（如松辽盆地徐家围子深层）。因此，关于煤系烃源岩生气结束的界限尚需进一步研究。

目前，关于煤生气结束界限的研究方法如下：（1）根据煤中有机元素组成随煤成熟度的变化；（2）根据演化过程中煤结构的变化；（3）根据煤模拟生气实验结果。以下将基于这三种方法来探讨煤生气的结束界限。

1）煤演化过程中元素组成变化

煤演化过程是碳元素不断富集、氢元素不断减少的过程（Tissot 和 Welte，1984）。因此，从理论上讲，煤中只要还含有氢元素，就有生气能力。不同学者对煤演化过程中元素组成进行了研究（钟蕴英等，1989；Teichmuller，1974；Tissot 和 Welte，1984），Teichmuller（1974）统计认为，煤在成熟度达到 5.5% 时，氢含量还有 1.6%～1.8%，H/C 比为 0.2；Durand 等（1983）对从泥炭阶段至无烟煤和超无烟煤的元素组成进行了统计，从泥炭阶段到超无烟煤阶段，煤的 H/C 比从 1.0 以上降低到 0.2 左右；从泥炭到褐煤，煤的 H/C 比变化较慢；从硬煤到无烟煤阶段，H/C 比则迅速降低，说明煤生气主要是从褐煤阶段开始。韩德馨等（1996）认为煤在演化过程中 H 元素的含量随着演化程度的增高逐渐降低，但当其成熟度达到 2.5% 后，煤中 H/C 比、O/C 比基本接近一个恒定值。由于 H、O 是煤成气（包括煤成 CO_2）的主要元素，H/C 比、O/C 比保持不变，说明在 $R_o > 2.5\%$ 后煤的生气速度明显降低。

图 3-26 显示了世界不同地区煤的 H/C 比随 R_o 的变化关系。从图中可以看出，煤中 H/C 比随 R_o 的变化可以分为三段：在 $R_o < 2.0\%$ 以前，H/C 比由 1.0 迅速降低到 0.45，H/C 比随 R_o 的降低速率为 0.275；当 R_o 为 2.0%～6.0% 时，H/C 比由 0.45 比较缓慢地降低到 0.2，H/C 比随 R_o 的降低速率为 0.0625；当 $R_o > 6.0\%$ 时，H/C 比的降低速率更低，H/C 比随 R_o 的降低速率为 0.025。煤中 H/C 比随 R_o 的上述变化规律说明，R_o 在 2.0%～6.0% 时，煤还具有一定的生气能力。如果不考虑煤结构的变化，单以 H/C 比的变化来衡量生气速度，此阶段煤的生气速度只占主生气阶段（$R_o < 2.0\%$）的 1/4～1/5；而当 $R_o > 6.0\%$ 时，煤的生气能力更低，此阶段煤的生气速度只占主生气阶段的 1/10～1/11。

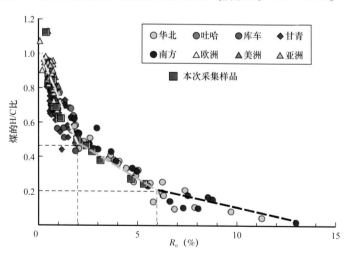

图 3-26 不同成熟度系列煤 H/C 比与成熟度 R_o 值的关系（据 Mi 等，2015）

从理论上讲，煤生气"死亡线"一直要持续到石墨化阶段。煤演化过程中的 H 元素的变化具有阶段性，说明煤生气具有阶段性，主生气阶段在 $R_o = 2.0\%$ 以前；在 $R_o > 2.0\%$ 以后，H 元素随煤成熟度的增加而减少的速率大大降低，说明煤在此阶段随演化程度增加生气速度降低，但 H 元素的含量仍为褐煤阶段的 45% 左右，因此，煤在 $R_o > 2.0\%$ 以后的生气潜力可能不容忽视。

2）煤演化过程中结构的变化

煤的详细结构目前还不十分清楚，一般认为煤的结构是以大块蜂巢状的环状结构为主体，加上各种环周的官能团。煤的各种环周官能团总体上可以分为含氧官能团和烷基侧链两类。传统有机质生烃理论认为煤成气的生成过程是这些官能团从环状结构上断裂，并进一步裂解成更小分子的气体，同时环状主体结构进一步缩合。因此，煤结构的演化能揭示煤的生气机理和过程。目前关于有机质结构分析的方法有固体核磁、红外光谱、激光拉曼技术等，前二者在实际工作中的应用更为广泛。

图 3-27 显示了利用核磁共振技术对第二章表 2-4 中 19 个不同成熟度系列煤样的结构分析结果，其中左侧为煤样的核磁共振原始谱图，右侧为用 PeakFit 软件处理的分解谱图。对不同成熟度煤样核磁共振图谱解析结果发现，含氧官能团（羧基、羟基）峰在 R_o 为 0.87% 的样品中基本消失，这与模拟实验低温阶段生成的气体成分中二氧化碳含量高于烃类气体的结果相一致。这是由于在煤的演化过程中，含氧官能团先于脂肪侧链断裂；当 $R_o<3.0\%$ 时，图谱中有比较明显的甲基峰和亚甲基峰，而当 $R_o>3.0\%$ 时，图谱中的亚甲基峰消失，脂肪侧链只剩下甲基峰；R_o 为 5.32% 的样品已经检测不到任何脂肪侧链。图 3-28 显示了不同成熟度煤的脂肪碳比（脂肪碳 / 芳香碳）与成熟度的关系，可以看出：当 $R_o<2.0\%$ 时，脂肪碳比降低最快；当 $R_o>2.0\%$ 时，脂肪碳比缓慢降低；到 R_o 为 5.32% 时，脂肪碳比接近 0，说明此时煤中的碳基本为芳香碳。

结合不同成熟度煤元素分析的结果可以看出，虽然煤在 $R_o=5.32\%$ 时，其中的脂肪碳全部消失，在其中的芳环中还存在一定的氢，H/C 比大于 0（为 0.2～0.25），理论上还具有一定的生气能力。从图 3-26 中可以发现，实际地质条件下从 $R_o>6.0\%$ 芳环进一步缩合石墨化的速率很慢，在这一过程中即使可以生成天然气，天然气的生成速率也非常慢，此时形成的天然气对油气资源意义不大。除非在一些极端特殊的地质环境（快速演化）下，煤在成熟度达到 5.32% 之后热演化过程中形成的天然气才具有资源意义。因此，认为煤生气结束的成熟度界限定在 $R_o=5.0\%\sim5.5\%$ 可能较为合适。

3）不同成熟度煤的生烃模拟实验

生烃模拟就是通过快速高温的实验过程来模拟地质条件下有机烃源岩低温慢速的生烃过程，其理论依据是温度—时间补偿原理。对不同成熟度的煤样进行生气模拟实验可以揭示煤生气结束的成熟度上限。第二章图 2-14 显示了对采自鄂尔多斯盆地 6 个不同成熟度煤样模拟最大生气量随成熟度增加的变化结果。可以发现，成熟度严重影响煤生气能力，R_o 小于 2.0% 时，煤最大生气量降低非常快，说明煤的主生气区间在 R_o 为 2.0% 以前。R_o 大于 2.0%，煤模拟最大生气量随成熟度的降低速率减小，说明煤的生气速度降低。R_o 为 5.3% 时，煤样的最大生气量仅为 4.37mL/g TOC。这一结果与根据煤结构演化确定的煤生气结束界限（$R_o=5.0\%\sim5.5\%$）的结论基本一致。但是，煤结构演化的研究结果表明：$R_o=5.3\%$ 时，煤的结构中已经不存在脂肪侧链。按照脂肪链断裂生烃的传统生烃理论，煤在此阶段应该不具有生气能力，而模拟实验结果并非如此。此阶段煤生成气体可能是由于费托合成作用。原因是煤在整个演化过程中始终有二氧化碳生成，当 R_o 大于 5.0% 时，煤已进入石墨化阶段，其结构的演化主要是芳环的缩合，在芳环缩合的过程中会有氢气的生成。氢气和煤演化过程中生成的二氧化碳会在烃源岩体系内发生费托反应，生成烃类气

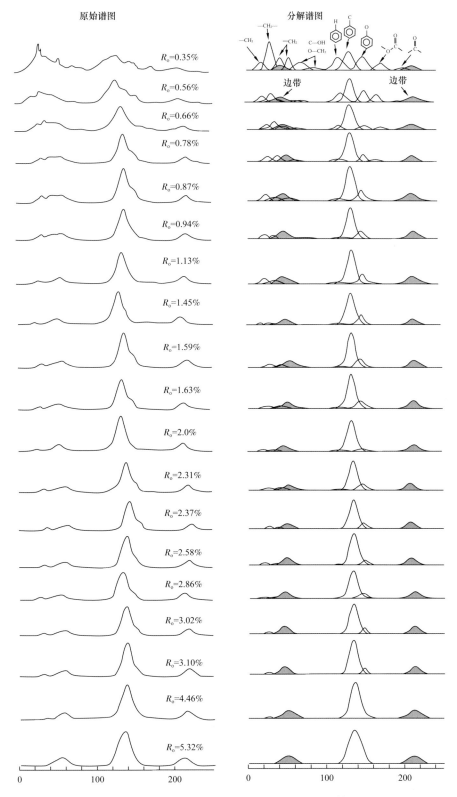

图 3-27　不同成熟度煤核磁共振分析图谱（据 Mi 等，2015）

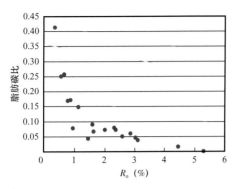

图 3-28　不同成熟度煤核磁分析脂肪碳比
与成熟度的关系图

体。但由于费托反应氢气的转化率非常低（Zhang 等，2013），煤通过费托合成生成的烃类气体非常有限。因此，把煤生气结束的成熟度界限定为 5.5% 也是很合理的。

2. 煤最大生气量确定

确定煤的最大生气量通常有模拟实验法和理论计算法两种方法。本节将通过这两种方法来确定煤的最大生气量。

1）模拟实验法

生烃模拟实验方法根据模拟体系的封闭程度分为开放体系、封闭体系和半开放体系三种。半开放体系最关键的问题是对排烃系统开放度的控制，目前在技术上已经可以实现，但实验过程中，流体压力是以水为介质进行模拟的，由于在高温高压条件下流体介质（水）处于超临界状态，会与有机质发生反应生成大量的二氧化碳，从而使烃类气体生成量大大降低。因此，半封闭体系不适用于煤最大生气量的研究。目前实验室模拟通常还是在开放体系或封闭体系中进行。虽然如此，不同学者采用不同的模拟体系对煤的生气量的研究方面存在比较大的差别。

第一章呈现的相关实验结果表明：升温速度对不同温度煤模拟生气量实验结果有非常大的影响。开放体系一般升温速度太快，煤的生气量明显降低（表 1-2）；而封闭体系实验温度太高，甲烷就会发生裂解，反而使煤的生气量降低（图 2-12）。

为了研究煤的最大生气量，经过大量的实验对比，采用分步恒温生气模拟方法可以获得煤的最大生气量。具体步骤如下：先在 2h 内把煤样加热到 300℃，然后恒温 3 天，对其生成的气体进行定量和分析后，对模拟残渣再进行下一个温度点的模拟，之后再对生成的气体进行分析定量。如此反复对不同温度点的模拟残渣进行模拟，把每次分析得到的天然气量相加就可以得到煤的最大生气量。该方法的最大优点是通过逐步加热分析的方法可以避免低温条件下生成的烃类气体在高温时发生分解，使煤的生气量降低。图 3-29 显示了通过该方法得到的鄂尔多斯盆地侏罗系延安组煤在不同成熟度的生气量。从图中可以看出，刚进入成熟阶段的煤的最大生气潜力可以达到 310～320mL/g TOC。

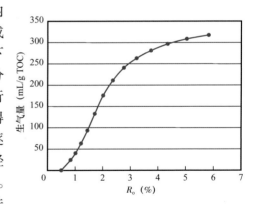

图 3-29　利用分步恒温方法得到的煤在不同
成熟度的生气量

2）理论计算法

理论上讲，煤中只要还含有氢元素，就会有生气能力。大量的统计数据表明：在有机成熟度非常高的阶段（$R_o > 5.0\%$），煤中仍含有少量的氢（图 3-28），说明煤在此阶段仍然具有一定的生气能力。根据不同成熟度的煤中 H/C 比的变化，计算可得到煤在不同演化阶段的生气量（表 3-9）。当 H/C 比 =0.2 作为煤生气结束界限时，理论最大生气量为

300～320mL/g TOC。恒温模拟实验结果也证明了煤的最大生气能力可达 320～330mL/g TOC 以上（图 3-29）。常规采用的程序升温模拟实验过程的升温速度越慢，煤在不同演化阶段的生气量越接近根据 H/C 比计算的煤的生气量。因此，煤总生气量可达 300～320mL/g TOC，其中在 $R_o>3.0\%$ 时生气量为 100～130mL/g TOC，比之前认为的总生气量 200mL/g TOC 增加 50%～60%。

表 3-9　根据 H/C 比计算得到的煤在不同演化阶段的生气量

R_o（%）	H/C 比	残余生气潜力（mL/g TOC）	累计生气量（mL/g TOC）	累计生气率（%）	总产率（%）
0.5	0.90	356	0	0	0
1	0.72	280	76	21.4	19.51
1.3	0.64	245	111	31.11	28.36
1.5	0.61	232	124	34.78	31.71
2	0.54	202	155	43.42	39.59
3	0.44	157	199	55.93	50.99
4	0.36	121	235	66.08	60.24
5	0.28	84	272	76.36	69.62
6	0.22	56	300	84.17	76.73
8	0.13	14	342	96.01	87.53
10	0.10	0	356	100	91.17

由此可见，煤生气结束的成熟度界限可以达到 $R_o=5.5\%$，煤的最大生气量为 300～320mL/g TOC。与前人的研究成果相比，这种生气结束界限下延、生气潜力增加的"双增加"模式对天然气资源量评价具有非常重要的意义。

3. 煤生烃模式

模拟实验残渣成熟度标定以后，不必进行动力学计算，就可以直接把模拟实验结果推演到地质条件下。其中，煤在不同成熟度生成的液态烃量是根据模拟实验中不同温度模拟残渣用二氯甲烷抽提结果和前人的研究成果而定。一般正常腐殖煤的最大生油量不超过 50mL/g TOC。图 3-30 显示了根据实验结果结合理论计算结果得到煤的生烃模式。以上研究表明：煤在演化过程中以生气为主、以生油为辅；煤生气结束的成熟度界限可达 $R_o=5.5\%$，但主生气期在 $R_o<2.0\%$，$R_o>2.0\%$ 时煤生气速度明显降低。当 $R_o>5.0\%$ 时，虽然煤的元素组成中还含有一定量的氢，但煤的化学结构中不再含有脂肪侧链，氢元素只可能存在于芳环结构，理论上煤在此阶段还有一定量生气潜力，但此时不再是通过典型的脂肪链断裂方式生气，而是通过其他方式（如费托合成）生气，且速率非常慢，对天然气资源量的贡献已经没有实际意义。

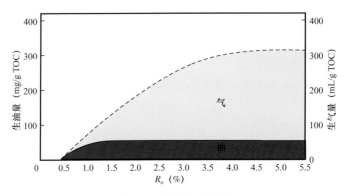

图 3-30　煤的生烃模式

小　结

（1）大量的模拟实验结果表明：倾油型有机质（Ⅰ型、Ⅱ型）的最大初次热解气量一般不超过 130mL/g TOC，生气高峰为 $R_o < 2\%$，而生气结束的成熟度界限为 $R_o = 3.5\%$。低成熟倾油型有机质在不同演化阶段的累计生油量可以利用氢指数来粗略计算，计算公式见式（3-2）。

（2）常规煤最大生气量为 300～320mL/g TOC，生气高峰为 $R_o < 2\%$，而生气结束的成熟度界限为 $R_o = 5.5\%$。腐殖煤的生油量一般不超过 50mg/g TOC。煤生气结束界限下延、生气潜力增加的"双增加"模式对天然气资源量评价以及深层天然气勘探都具有指导意义。

参 考 文 献

程克明 . 1994. 吐哈盆地油气生成［M］. 北京：石油工业出版社 .

戴金星 . 1995. 中国含油气盆地的无机成因气及其气藏［J］. 天然气工业，15（3）:22-27.

戴金星，邹才能，陶士振，等 . 2007. 中国大气田形成条件和主控因素［J］. 天然气地球科学，18（4）：473-484.

傅家谟，刘德汉，盛国英 . 1992. 煤成烃地球化学［M］. 北京：科学出版社 .

关德师 . 1987. 煤和煤系泥岩产气率实验结果讨论 // 煤成气地质研究［M］. 北京：石油工业出版社 .

韩德馨，1996. 中国煤岩学［M］. 北京：中国矿业大学出版社 .

黄第藩，李晋超，周贡虹，等 . 1984. 陆相有机质演化和成烃机理［M］. 北京：石油工业出版社 .

黄第藩，秦匡宗，王铁冠，等 . 1995. 煤成油的形成和成烃机理［M］. 北京：石油工业出版社 .

李丽，王新洲 . 1985. 褐煤煤化作用的模拟实验［J］. 石油与天然气地质，6（2）：121-126.

刘德汉，傅家谟，秦建中，等 . 1985. 苏桥地区残殖煤的发现——兼论煤成气、煤成油的判别和我国煤成油的前景［J］. 地球化学，4：314-322.

汤达祯，许浩，陶树 . 2016. 非常规地质能源概论［M］. 北京：石油工业出版社 .

夏新宇 . 2002. 油气源对比的原则暨再论长庆气田的气源：兼答《论鄂尔多斯盆地中部气田混合气的实例》［J］. 石油勘探与开发，29（5）：101-105.

张惠之 . 1986. 不同煤岩组分、干酪根和原油热模拟实验对比［C］// 中国地质学会，中国矿物岩石地球化学学会，中国石油学会. 第三届有机地球化学学术讨论会论文摘要汇编.

钟蕴英，关梦嫔，崔开仁，等，1989. 煤化学［M］. 徐州：中国矿业大学出版社.

Boreham C J，Horsfield B，Schenk H J. 1999. Predicting the quantities of oil and gas generated from Australian Permian coals，Bowen Basin using pyrolytic methods［J］. Marine & Petroleum Geology，16（2）：165–188.

Durand B，Paratte M. 1983 . Oil potential of coals：A geochemical approach［J］. Geological Society London Special Publications，12（1）：255–265.

Jarvie D M，Lundell L L. 2001. Amount, type and kinetics of thermal transformation of organic matter in the Miocene Monterey formation［M］. in：Isaacs CM, Rullkotter, eds. The Monterey formation：From rocks to molecules. New York. Columbia University Press.

Mi J K，Zhang S C，Chen J P，et al. 2015. Upper thermal maturity limit for gas generation from humic coal［J］. International Journal of Coal Geology，152：123–131.

Teichmüller M. 1974. Uber neue Macerale der Liptinit Gruppe und die Entstehrung des Micrinnits［J］. Fortschr. Geol.Rheinld.u. Westf., 24,37–64.

Tissot B P，Welte D H. 1984. Petroleum formation and occurrences［M］.Berlin：Springer Verlag.

Zhang S C，Mi J K，He K. 2013. Synthesis of hydrocarbon gases from four different carbon sources and hydrogen gas using a gold-tube system by Fischer–Tropsch method［J］. Chemical Geology. 349–350, 27–35.

第四章　原油与天然气裂解及影响因素

　　根据经典的油气生成模式，随着埋深或热演化程度的增加，固体有机质（或干酪根）会发生热解生烃作用。深成热解阶段早期，Ⅰ型、Ⅱ型干酪根通常以生油为主，伴随少量的干酪根裂解气生成；进入深成热解阶段后期，早期生成并残留在烃源岩中的液态烃会裂解生成湿气；进入后成作用阶段，湿气会进一步发生裂解生成甲烷（干气）（Tissot 和Welte，1984）。同时，早期生成并运移进入储层中的原油，在持续增加的热应力驱动下，同样会发生裂解生气。这种在热应力的作用下，由Ⅰ型、Ⅱ型干酪根直接裂解或原油裂解生成的天然气，即所谓的油型气。中国沉积盆地具有多旋回性和烃源岩类型的多样性，决定了天然气成因类型的复杂性（张水昌等，2004；戴金星，2009）。油型气在中国虽然没有煤成气所占比例那么高，但它也是大中型气田天然气的重要组成部分，尤其在海相含油气盆地中大量分布，如塔里木盆地东部地区部分气藏、川东北飞仙关组鲕滩气藏以及四川盆地深层寒武系—震旦系古油藏裂解气藏等。特别是在中国四川盆地的古老地层发现的大量页岩气，主要是由残留油裂解生成。

　　近年来，随着深层油气勘探的日益推进，传统生烃理论在解释深层勘探新发现方面似乎面临许多新的挑战。例如，沉积有机质或干酪根在晚期能否生气和生气潜力的问题。早期的观点认为干酪根裂解气生成时限与原油生成基本一致，但生烃模拟和动力学的研究似乎表明干酪根裂解生气可延伸至更高的成熟演化阶段（Pepper 和 Corvi，1995）。Ⅰ型、Ⅱ型干酪根核磁分析结果表明，尽管高—过成熟阶段干酪根结构中长脂肪链含量明显降低，但仍含有一定量的短支链的脂肪结构（赵文智等，2011）。这说明，深层—超深层处于高—过成熟阶段的干酪根具有生气物质基础。最近有研究提出干酪根的生气下限可延至R_o=3.5% 的阶段（Mi 等，2017）。同时，不同地区深层油气相态往往存在较大的差异，如四川盆地深层少见油藏，多见裂解气藏；塔里木盆地深层却普见油藏，且原油物性多变；渤海湾盆地深层仍存在凝析油藏等。是什么原因导致原油稳定存在的深度有如此大的差异呢？实际上，原油的裂解过程包含着一系列复杂的化学反应，这些反应发生的难易及进行的程度是受动力学控制的。Tissot 和 Welte（1984）基于一系列盆地原油稳定性的分析，提出 Douala 盆地和 Uinta 盆地的原油大量裂解生气的温度分别为 135℃（2500m）和 150℃（5800m）。Price 却认为，一些 7000m 以下的超深钻井中重质饱和烃的发现，说明该温度要低于实际的原油裂解气大规模生成时的温度界限。这些矛盾或难以解释的现象的出现，很大程度上阻碍了油气资源的预测和勘探。要阐明这些问题，就有必要深入了解原油热裂解的反应机制和控制因素。

　　由于天然气的生成是在漫长地质时间中发生的，要真实地观察这一过程难以实现。近年来，随着实验室模拟技术的不断进步，使得在可行的时间内再现油气的生成过程成为可能。目前，用来进行生烃模拟实验的装置主要包括三种：MSSV、封闭的反应釜体系和黄金管热模拟装置。干酪根和原油裂解生气动力学研究的基本原理是阿伦尼乌斯方程（反应

速率常数 $k = Ae^{\frac{-E_a}{RT}}$ ），通常假定生气过程满足一级反应，即 $\mathrm{d}_c/\mathrm{d}_t = -kc$。通过提高反应温度以达到提高反应速率的目的，基于热解过程中的组分及同位素定量分析，可以详细探讨干酪根和原油裂解的生气潜力、机理和动力学过程等。

第一节　不同性质原油的裂解及控制因素

一、原油的热稳定性

关于原油热稳定性的研究开始于 20 世纪 90 年代初期。一般都是利用原油在不同的设备中进行裂解生气实验研究，由于采用的原油样品不同，关于原油热稳定和生气潜力的研究结果往往有比较大的差别。随着大量不同条件下的原油裂解模拟实验的进行，研究者们逐渐认识到原油的热稳定性受控于众多因素，主要包括原油的性质或组成、流体压力和围岩介质条件等。根据不同性质原油裂解动力学参数的地质推演可以发现，轻质油或凝析油的热稳定性要高于重质原油和正常原油，正常原油裂解的温度门限在 180～190℃。蜡含量高的原油裂解的平均活化能要高于硫含量高的原油（Horsfield 等，1992；Pepper 和 Dodd，1995；Schenk 等，1997；张水昌等，2013）。

原油来源于生烃母质的热成熟作用，不同的有机质或干酪根类型决定了其生成原油的组分和成分分布。高氢指数的有机质（如 I 型干酪根）通常能生成饱和烃含量较高的原油，低氢指数的有机质则倾向于生成芳烃和沥青质含量高的原油。成分的差异，不仅会引起原油一些宏观性质（如密度、含蜡量和含硫量等）的差异，还使其具有不同的热稳定性及热解生气特征。表 4-1 给出了不同 API 度原油发生裂解反应的动力学参数，一般来说，轻质或中质油（API 度高）相对于重质油（API 度低）更难发生裂解。此外，高蜡含量的原油裂解生气的平均活化能显然要高于高硫含量的原油。

表 4-1　不同 API 度原油发生裂解反应的动力学参数（据何坤，2008）

原油类型	API 度	活化能 E（kcal/mol）	频率因子 A（s^{-1}）
中质油	—	230.0	3.79×10^{18}
	24.5	198.9	1.00×10^{19}
	26.5	169.6	1.7×10^{12}
重质油	9.4	182.5	2.60×10^{13}
	12.4	198.9	4.20×10^{14}
	15.2	226.1	3.00×10^{16}
	15.5	205.0	4.8×10^{15}
	16.8	244.1	6.80×10^{17}

张水昌等（2013）对几种不同组成海相原油的组成特征及裂解生气的动力学参数进行了研究。结果发现，轻质组分含量最高的轻质油和凝析油具有最高的热稳定性，重质组分和不稳定化合物含量较高的重质油裂解生气的活化能较低。一般地质升温条件下，正常海相原油大量裂解（原油裂解转化率=62.5%）对应的温度范围为190～210℃（图4-1）。

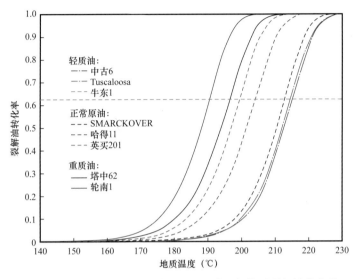

图 4-1　不同组成海相原油在 2℃/Ma 升温条件下裂解转化曲线

Tsuzuki 等（1999）在研究 Sarukawa 原油的裂解时，将原油的组成分为 7 种组分：气态烃（C_1—C_5）、轻质饱和烃（C_6—C_{14} 饱和烃部分）、轻质芳烃（C_6—C_{14} 芳烃部分）、重质饱和烃（C_{15+} 饱和烃部分）、重质浓缩芳烃、重质非浓缩芳烃及焦炭部分，研究发现，不同碳数的饱和烃和芳烃的热稳定性存在如下关系：气态烃（C_1—C_5）＞轻质饱和烃（C_6—C_{14} 饱和烃部分）＞轻质芳烃（C_6—C_{14} 芳烃部分）＞重质芳烃（C_{15+} 饱和烃部分）＝重质饱和烃（C_{15+} 饱和烃部分）。作为原油中另一种重要的组成，NSO 化合物（包括胶质和沥青质）的含量对原油的稳定性也具有重要的影响。相比于较稳定的 C—C 键，由这些杂原子（尤其是 S）组成的共价键（如 C—S 键和 S—S 键等）由于具有更低的键能，其断裂所需的热应力要弱得多，也更容易发生。Vandenbroucke 等（1999）在研究北海 Elgin 区域原油的二次裂解动力学模型时，首先根据成分的化学性质，将原油分为如下几个组分：胶质及沥青质（C_{14+}NSO 化合物）、C_{14+} 不稳定芳烃类（含烷基侧链芳烃和环烷烃稠环芳烃组分）、C_{14+} 多环稠环芳烃及甲基芳烃类、沥青焦、轻质芳香类（C_6—C_{13}）、C_{14+} 异构 / 环烷类饱和烃、C_{14+} 正构烃类、轻质饱和烃类（C_6—C_{13}）及气体部分（C_3—C_5）。基于他给出的动力学参数，可以推演得到不同 C_{14+} 组分在同样升温条件下的裂解转化曲线（图4-2）。Behar 等（2008）在研究原油裂解时，根据得到的动力学参数分布特征，也对 C_{14+} 组分进行了分类，即裂解反应的活化能分布的 3 个主要区域：高活化能部分（64～70kcal/mol）对应于饱和烃裂解及轻烃的生成；中间部分（50～54kcal/mol）对应于 NSO 化合物及大部分不稳定芳烃组分的热分解反应；低活化能部分（<50kcal/mol）对应于芳烃裂解生成多聚芳环和类焦炭物质的过程。显然，达到同样的裂解转化率时，NSO 类化合物和不稳定芳烃化合物所需的地质温度或深度最低。

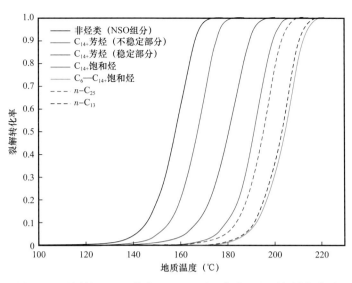

图 4-2 不同的 C_{14+} 组分在 2℃/Ma 升温条件下的裂解转化曲线

实际上，不稳定 NSO 化合物不仅更容易裂解，其相应的共价键发生断裂的同时还会形成一系列含杂原子自由基，进而引发链烃裂解的自由基链反应。不稳定含硫化合物也一直被认为是促进油气生成的活性组分，干酪根分子中弱的 C—S 键在热解作用早期能发生均裂生成 S 自由基，促进后期油气的生成（Lewan，1998），热化学硫酸盐还原反应（TSR）中生成的中间产物 S 或 H₂S 也常能引发 TSR 反应（Orr，1977；Zhang 等，2008）。

原油裂解成气过程是一个复杂的化学反应过程，原油中不同类型的单体化合物，如烃类与非烃类、烷烃与芳烃，它们在裂解反应过程中的热动力学行为也存在很大差异。作为原油的主要组分，烃类的热稳定性很大程度上决定了原油裂解反应的热动力学行为，不同类型的烃类（主要包括烷烃、环烷烃及芳烃）在原油的热演化过程中常经历不同的化学反应途径。相对来说，正构烷烃裂解反应的指前因子和活化能明显要高于芳烃，根据分子反应的碰撞理论，同样温度条件下，前者发生有效碰撞的分子数要高于后者，但需要克服的能垒也高于后者。根据不同单体化合物裂解的动力学参数，可推演得到地质条件下的裂解转化曲线（图 4-3）。显然，不含支链或短支链芳烃的热稳定性要高于烷烃，长支链芳烃的热稳定性较低。这是由于含长支链芳烃的 β 位 C—C 键的离解能通常要低于烷烃中的 C—C 键，因此含长支链芳烃发生裂解优选断开支链，形成稳定性较高的甲基芳烃和烷烃。

二、原油裂解生气潜力与原油性质的关系

为了探讨不同性质原油裂解生气潜力，对不同性质的原油（表 4-2）和储层沥青抽提物在黄金管体系相同的实验条件（升温速度为 2℃/h，流体压力为 50MPa）下进行了裂解生气模拟实验。图 4-4 显示了几种不同组成原油在黄金管热解实验条件下裂解生气量随温度的演化情况。单位质量的轻质油的裂解生气量最大，轻质原油完全裂解生成的气态烃产量最高可达 800mL/g TOC；正常油次之，完全裂解生成的气态烃产量最高可达 600～700mL/g TOC；重质原油的最大裂解生气量一般在 600mL/g TOC 以下，而烃源岩抽提物的最高裂解生气量一般在 300mL/g TOC 以下。

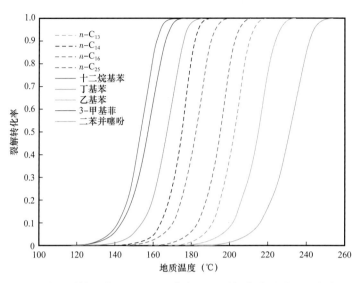

图 4-3　不同类型单体化合物地质升温条件下的裂解曲线（升温速度为 2℃/Ma）

表 4-2　裂解原油性质

原油名称	原油类型	层位	密度（g/cm³）	含蜡量（%）	饱和烃含量（%）	芳烃含量（%）	非烃＋沥青质含量（%）	含硫量（%）
英买 201	正常原油	奥陶系	0.86	4.37	30.91	48.45	20.64	0.86
东河塘 11	正常原油	石炭系	0.87	10.02	80.00	15.00	5.00	0.79
中古 6	轻质油	奥陶系	0.78	10.15	78.56	20.54	0.9	0.07
牛东 1	凝析油	震旦系	0.76	22.24	95.90	2.34	1.76	0.04
塔中 62	重质原油	志留系	0.93	9.8	49.20	9.60	22.2	0.22
轮南 1	重质原油	奥陶系	0.97	3.0	29.00	31.00	40	1.50

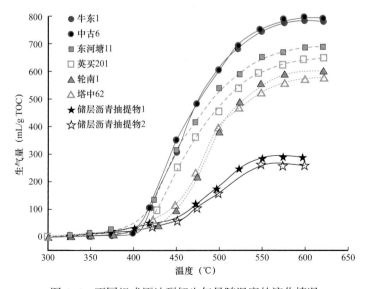

图 4-4　不同组成原油裂解生气量随温度的演化情况

通过进一步分析发现，原油裂解最大生气量与饱和烃含量呈现明显正相关，与重质组分含量呈负相关（图 4-5）。例如，来源于英买 201 井和东河塘 11 井的正常油，它们的密度近似（0.86～0.87g/cm³），但东河塘 11 原油饱和烃的含量高达 80%，其最大裂解生气量明显高于英买 201 井的原油。

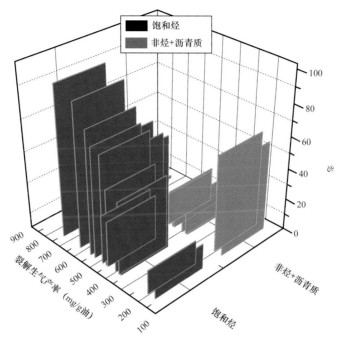

图 4-5　原油完全裂解生成烃类气体产量与饱和烃含量和非烃沥青质含量的关系

从化合物裂解反应的机制，可以知道具有较高氢含量的饱和烃（尤其是烷烃）在裂解过程中以 C—C 键的断裂为主，最终生成小分子烃类和气态烃类。而芳烃和非烃类化合物对烃类气体的贡献主要来自支链结构的断裂，同时它们会发生芳环的稠合作用，并最终生成重质沥青。通过拟合，可以得到原油裂解生气量 M_1（单位为 mg/g 油）与族组成的相关性关系式：

$$裂解生气产量\ M_1 = 95.2\ln（饱和烃含量/芳烃含量）-$$

$$564.9 \times（非烃+沥青质含量）+a（常数）$$

裂解实验结果也表明，原油开始裂解的温度与原油性质密切相关，储层抽提物开始裂解的温度明显低于油藏中的原油。重质油开始裂解的温度不但低于正常油，更低于轻质油。

三、烃源岩内残留油裂解

烃源岩生成的原油除了排出烃源岩、进入油藏，还有一部分残留在烃源岩中。这些残留油随着烃源岩演化程度的增加同样会裂解生气（Tissot 和 Welte，1984）。根据赋存形态或位置的差异，有学者又将液态烃分为源内分散液态烃和源外聚集液态烃两种类型（赵文智等，2006，2011）。所谓聚集液态烃，通常指以足够规模聚集形式保存在储层中的液态烃类，如油藏中的原油。受控于原始有机质类型、成熟演化和成藏过程等的影响，不同盆地或地区聚集原油或液态烃在组成上存在较大差异。根据经典的油气生成模式，随着埋深或热演化程度的增加，早期烃源岩内生成、之后排出的原油或残留的液态烃会进一步裂解生成烃类气体。油藏中的原油在后期发生裂解生气也是目前发现的大型海相碳酸盐岩天然气藏的主要生气途径，如四川盆地安岳寒武系—震旦系发现的天然气藏（魏国齐等，2015；Zhang 等，2018）。此外，源内残留的液态烃或沥青也可作为重要的生气母质（Kotarba 等，2002），其后期裂解对页岩气的聚集具有重要贡献（Jarvie 等，2007）。同时，有研究表明，两类不同赋存形式的液态烃在生气潜力和生气时限上也存在一定的差异（何坤等，2013）。

1. 源内残留烃含量

干酪根生成的油气，一部分会排出烃源岩进入输导层，并在合适的圈闭中聚集形成工业油气藏，另一部分仍然残留在烃源岩中。残留烃在深埋条件下经过高温会进一步裂解形成天然气，是深层天然气的主要来源之一。赵文智等（2006，2011）在"接力生气"模式中特别强调了源内残留的分散液态烃对后期天然气生成的重要作用。这些残留液态烃主要赋存在烃源岩中较为微小的孔隙中，不易受到构造活动等外力作用的影响而散失，保存条件良好，对后期生成天然气十分有利。

源内残留烃的含量，直接决定了后期深埋条件下的生气数量。由于目前还缺乏一套系统的岩石含烃量检测方法，使得残留烃定量成为地球化学界争议较大的问题（Cooles 等，1986；Pepper 和 Corvi，1995；Jarvie 等，2007；Stainforth，2009；赵文智等，2011）。在传统的烃源岩评价研究中，通常将岩石热解参数中的游离烃（S_1）或者氯仿沥青"A"作为残留烃。随着页岩油气的发现，烃源岩评价精度进一步提高，这两个参数已经不能满足烃源岩残留烃定量评价的需要。由于在实验分析过程中，S_1 并不能检测到挥发性较强的轻组分，而且在 300℃（检测的最高温度）下，部分重组分也不能完全脱附而被检测到，因此 S_1 只能代表残留烃的一部分；氯仿沥青"A"主要代表残留烃的中等—重组分，在样品处理和分析过程中，轻组分大量挥发散失，常规分析中能检测到的主要是 C_{13} 以后的组分，C_{13} 以前的几乎完全消失，因此氯仿沥青"A"也只是残留烃的一部分（图 4-6）。

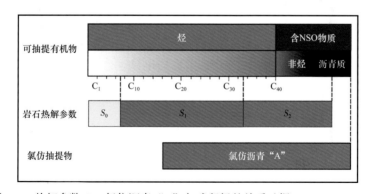

图 4-6　热解参数 S_1、氯仿沥青"A"与残留烃的关系（据 Bordenave，1993）

油气生成普遍经历了干酪根—中间产物—油气的过程。关于中间产物的类型，Behar 等（2008）通过模拟实验证实，中间产物主要是一些极性较强的富含 N、O、S 等杂原子的化合物，这些化合物可溶于正戊烷和二氯甲烷等有机溶剂。可溶于正戊烷的化合物，其含量大体与 S_1 相当，溶于二氯甲烷的非烃类化合物，其含量与氯仿沥青"A"相当

（图 4-7）。由此可见，S_1 和氯仿沥青 "A" 均主要代表了干酪根向油气转化过程中的中间产物，以富含杂原子的非烃沥青质为主，而一些挥发性较强的烃类组分则可能大量散失而未能被完整检测。一般 S_1 的量只有氯仿沥青 "A" 的一半。地质条件下真正的残留烃量比氯仿沥青 "A" 量更高，原因是一般在利用索氏抽提获取氯仿沥青 "A" 过程中，轻烃组分都会散失，即使在抽提过程中轻烃不会散失，但往往拿到的岩心样品都在岩心库里放置了很长时间（有时长达一二十年），绝大部分轻烃已经散失。

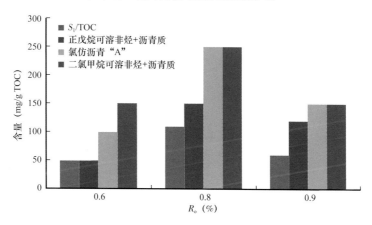

图 4-7　S_1 和氯仿沥青 "A" 与可溶有机质含量的关系

2. 源内滞留烃组成特征

虽然目前关于 I 型、II 型烃源岩的排烃（油）效率（50%～80%）的研究成果差异比较大，但不可否认的是，除了排出烃源岩的油，烃源岩中还残留一定量的原油。这些残留油随着烃源岩的进一步演化会裂解成气，残留油裂解生气是高—过成熟阶段页岩气的主要贡献来源。模拟实验表明，原油的裂解生气量与原油的组成密切相关。图 4-8 和图 4-9 分别显示了海相及陆（湖）相原油与其烃源岩抽提物的族组成对比情况。无论是海相烃源岩，还是湖相烃源岩，其中残留油与油藏中的原油的组成有明显的不同。烃源岩中的残留油表现为非常高的非烃和沥青质含量（45%～50%），而排出烃源岩聚集成藏的原油中的饱和烃与芳烃含量非常高。对于油藏中未经过次生变化的原油，其饱和烃的含量一般都在40% 以上，最高可达 90%。

3. 源内滞留烃裂解生气动力学

组成上的特殊性决定了烃源岩中残留烃的裂解生气过程与油藏中的原油存在差异。同时，由于赋存环境或围岩介质条件的不同，源内残留烃和油藏中正常原油的裂解行为也可能存在差异。泥页岩烃源岩中通常富含具催化活性的黏土矿物，会加速有机质的热解生烃和原油的裂解生气。因此，利用全岩热解的方法研究源内残留沥青的原位裂解，更接近其真实的地质演化过程。何坤等（2014）选取了海相原始和抽提后泥岩样品，通过全岩升温热解实验针对源内残留沥青的裂解生气动力学开展了研究。用于模拟实验的烃源岩样品取自四川盆地广元地区的矿山梁地区露头，为二叠系大隆组黑色泥岩，基本地球化学特征见表 4-3。

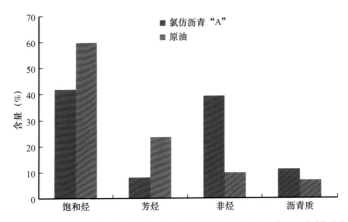

图 4-8　海相烃源岩氯仿沥青 "A" 与原油组成对比（270 个样品）

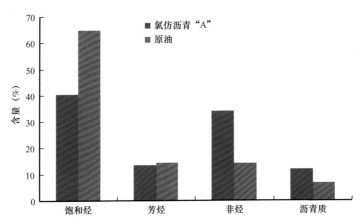

图 4-9　陆相烃源岩氯仿沥青 "A" 与原油组成对比（652 个样品）

表 4-3　矿山梁泥岩样品的岩石热解、氯仿沥青 "A" 含量和组成

TOC（%）	岩石热解参数					氯仿沥青"A"含量（%）	族组成（%）			
	T_{max}（℃）	S_1（mg/g）	S_2（mg/g）	HI（mg/g）	OI（mg/g）		饱和烃	芳烃	非烃	沥青质
12.87	440	2.27	26.92	209	9	1.734	3.96	53.84	34.02	8.18

结果发现，矿山梁原始和抽提后泥岩样品热解烃类气体最大产量分别为 28.49mg/g 烃源岩和 19.48mg/g 烃源岩（图 4-10）。前者烃类气体产量明显较高，表明烃源岩中残留沥青的裂解对天然气的生成具有重要的贡献。

烃类气体产量的快速增加与总油量的开始降低是一致的，表明封闭体系中烃类气体的生成很大程度上归因于液态油的二次裂解。同时，烃类气体生成活化能具有较宽的分布范围（196～280kJ/mol），如图 4-11 所示。封闭体系中烃类气体生成过程涵盖了干酪根裂解生气、热解生油及油裂解生气整个阶段。此外，抽提样品生成烃类气体和甲烷的活化能均低于原始泥岩，其中抽提样品和原始泥岩生成烃类气体（C_1—C_5）的平均活化能分别为 230.3kJ/mol 和 244.1kJ/mol；生成甲烷的平均活化能分别为 245.8kJ/mol 和 249.1kJ/mol。

这很可能是由于残留沥青原位裂解的活化能要高于干酪根初次裂解，而前者对烃类气体生成的具有重要贡献。

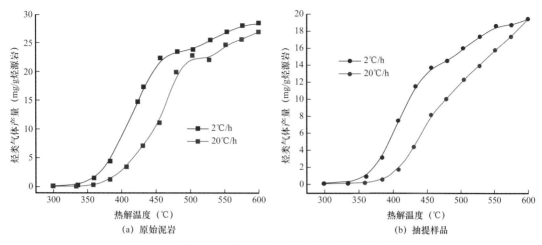

图 4-10　泥岩和抽提样品升温热解过程中烃类气体产量

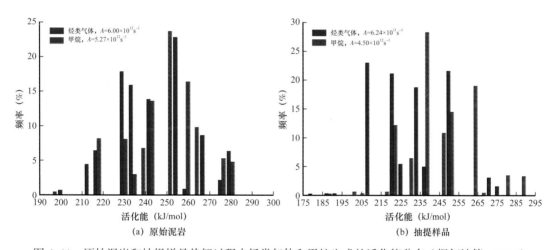

图 4-11　原始泥岩和抽提样品热解过程中烃类气体和甲烷生成的活化能分布（据何坤等，2014）

　　泥岩热解过程中生成烃类气体产量相对于抽提后样品的增加量应归因于残留沥青的贡献。可近似计算得到升温热解过程中残留沥青的生气曲线（图 4-12），成熟烃源岩中的残留沥青对烃源岩后期热演化生气具有较大的贡献。例如，在 2℃/h 升温热解过程中，残留沥青最大烃类气体体积产率和质量产率分别为 12.9mL/g 烃源岩和 9.2mg/g 烃源岩，约占泥岩总生气量的 32.3%。

　　图 4-13 给出了计算得到的矿山梁泥岩中残留沥青原位裂解的动力学参数。残留沥青原位裂解的平均活化能为 234.1kJ/mol，略低于源内原油裂解（238.7～241.6kJ/mol）。不同学者对烃源岩与油藏内原油裂解的模拟实验结果表明，地质条件下油藏内原油的裂解温度比源内残留油的裂解温度一般高 30～50℃。源内与油藏内原油裂解温度产生如此大的差异，除了烃源岩残留油含有含量明显偏高的重质组分，还可能与源内黏土矿物催化作用有关。

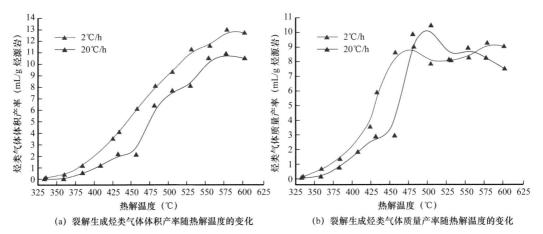

(a) 裂解生成烃类气体体积产率随热解温度的变化　　(b) 裂解生成烃类气体质量产率随热解温度的变化

图 4-12　矿山梁泥岩中残留沥青不同升温速度下裂解生成烃类气体的体积产率和
质量产率随热解温度的变化（据何坤等，2014）

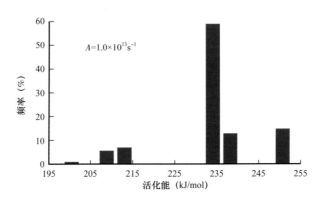

图 4-13　矿山梁泥岩残留沥青原位裂解的活化能分布（据何坤等，2014）

4. 源内滞留烃裂解生气模式

原油的单独裂解和全岩热解分别代表油藏中原油和源内残留烃的热演化过程。模拟实验表明，残留油的热稳定性要低于油藏中聚集的原油。结合 Braun 和 Burnham（1990）的排烃曲线和油生成以及源内沥青裂解的动力学参数，通过地质推演，可以得到一般地质升温条件（2℃/Ma）下源内残留沥青、源外原油裂解随地质温度和 R_o 的演化模式（图 4-14）。其结果表明，源内残留沥青原位裂解生气的温度比油藏中原油要低约 30℃，二者开始裂解对应的地质温度分别约为 140℃和 170℃，对应的 R_o 分别约为 1.1% 和 1.6%。上述研究成果与国际上不同学者对源内的残留油的研究结果一致（图 4-15）。

实际地质过程中，残留烃裂解气的贡献可能比上述实验结果更大。由于矿山梁样品的成熟度 R_o=0.7%，在这样的成熟度烃源岩中，残留烃量不是最大，一般烃源岩残留烃量达到最大时对应的成熟度 R_o=1.0%～1.1%。而原油完全裂解的成熟度界限为 R_o=2.2%～2.3%，即由于烃源岩残留烃中重烃含量高，其完全裂解程度界限为 R_o=2.0%。在 R_o=1.0%～2.0% 或高成熟阶段（R_o=1.3%～2.0%）仍有原油排出，也就是说，烃源岩中的最大残留油并不能完全裂解成气，而是有一部分仍是以液态烃的形式排出。具体烃源岩中的最大残留油有多少会裂解成气，还需要大量的研究去加以验证。

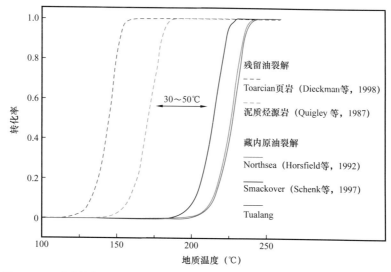

图 4-14　不同学者关于残留沥青和油藏内原油转化率随地质温度的变化研究

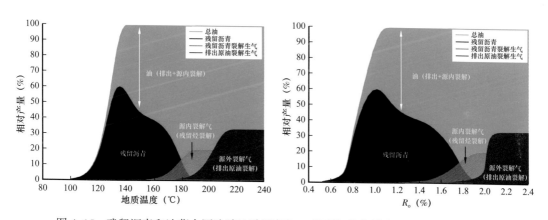

图 4-15　残留沥青和油藏内原油随地质温度和 R_o 的裂解演化模式（据何坤等，2013）

四、原油裂解的影响因素

不同性质的原油裂解实验结果表明，原油裂解受原油本身性质的影响非常大，重质原油比正常油和轻质原油更容易裂解。同时，原油的裂解会受到许多外界条件的影响。从不同性质的原油裂解结果可以看出，温度不仅决定了原油裂解的速率，还会影响某些组分裂解反应的途径及产物的分布。实际上，除了温度，其他的一些介质条件，如压力、水及水中的离子类型和浓度、黏土矿物等都能在一定程度上影响甚至控制原油的裂解过程。

1. 压力的影响

由于原油裂解生气过程中伴随有体积的改变，因此压力的影响不容忽视。之前原油裂解的模拟实验表明：体系压力的增加会引起裂解反应活化能的增加或裂解气产率的降低（Tsuzuki 等，1999）。这是由于裂解反应是以气相反应的形式进行，压力的增加会引起反应体系中自由基浓度的降低，继而减缓自由基链反应的速率。

Fabuss 等曾研究各种烷烃及环烷烃的裂解速率随压力的变化，结果发现，饱和烃的裂解速率对压力的响应存在一个极大值，当压力小于400bar时，烷烃的裂解速率随压力的增加而增大；当压力大于400bar时，压力的增加将抑制烷烃的裂解。之后的实验结果也证实，正构烷烃在不同压力下的裂解行为符合关系式：速率常数 $k=k'p^{1/2}/(1+k''p)$。

实际上，原油开始大量裂解的温度通常≥170℃，假设地温梯度为3℃/100m，地表温度为20℃，则该温度范围对应深度的流体压力应≥500bar。因此，对于实际地质条件下，原油的裂解通常发生在高压条件下，即随着压力或深度的增加，油藏中原油的裂解会受到一定程度的抑制。

但是相对于温度，压力对烷烃裂解速率的影响要微弱很多（Behar等，1997）。表4-4中显示了 $n-C_{25}$ 裂解反应的速率常数随温度和压力的变化情况。虽然埋深引起的压力效应要弱于温度效应，但这种影响也往往不能忽视，尤其是对于超压地层中的原油裂解。实际上，除了对原油裂解速率存在影响，压力的改变也很可能会改变裂解反应的动力学参数。

表4-4 不同温度和压力条件下 $n-C_{25}$ 裂解反应的速率常数（据Watanabe等，2001）

速率常数（s^{-1}）	350℃	375℃	400℃	425℃
k_{120}bar	7.40×10^{-7}	5.4×10^{-6}	4.3×10^{-5}	2.7×10^{-4}
k_{400}bar	12.3×10^{-7}	9.3×10^{-6}	—	—
k_{800}bar	8.60×10^{-7}	6.8×10^{-6}	—	—

因此，对于实际地层中发生裂解的烃类或原油，压力的增加不仅会抑制裂解反应的进行，同时还会引起反应的活化能及频率因子的增加。

2. 水的影响

众所周知，在储层的空隙及油藏中的油或气水边界上都存在大量的地层水，同时，在矿物（如氢氧化物及层状硅酸盐矿物等）内部，还存在大量的层间吸附水和结构水。水广泛影响着大量的地质过程，如岩石风化、区域变质，岩石孔隙的形成及层控矿床形成等。早在1964年，Jurg和Eisma就发现了高温条件下水能影响有机质热解产物的组分分布，他们在温度为200～275℃、膨润土存在的条件下分别进行了有水和无水的二十二烷酸的裂解实验，并最终分别得到了具有不同正构/异构烷烃分布的产物。Hoering（1984）的研究则进一步证实水参与了有机质的热解反应，他用 D_2O 代替 H_2O 进行实验，并发现D进入热解产物的分子结构中。除此之外，还有大量的文献对有机质热解过程中水的作用进行了讨论（Hesp和Rigby，1973；Siskin和Katritzky，1991；Helgeson等，1993；Lewan，1997；Schimmelmann等，2001；Seewald，2003）。这些热解实验都无一例外地表明水能参与有机分子的反应，进而影响油气的生成速率及特征，但不同的研究关于水究竟是提高还是降低了原油或有机分子的稳定性似乎存在不同观点。Lewan（1997）在研究水对油气生成的影响时，提出有水体系中，水会与有机分子发生反应提供氢，促进早期生成的沥青自由基在 β 位发生加氢裂解生成小分子烃类；同时来源于水的氢也会在裂解反应发生前捕获有机分子自由基，从而抑制自由基链反应的进行，即水的存在能提高原油和烃类的稳定性。Price（1993）提出，正是水的抑制效应导致了高成熟度的烃源岩中烃的保存。Hesp和 Ribgy（1973）通过反应釜中的高温（255～375℃）热解实验观察也曾发现，水的加入能使油热解生气的速率降低一个数量级。然而，基于黄金管模拟实验的结果似乎表明，水的加入促进了二次裂解气的生成（He 等，2011；张水昌等，2013）。早期的模拟实验采用的都是封闭的反应釜等不能加压的热解体系，水在高温下产生的较高的饱和蒸汽压不可避免会对烃类或原油的裂解存在影响。相对而言，黄金管具有较好的延展性，能向反应体系中传递一致的外加压力从而消除水的饱和蒸汽压的影响。

He 等（2011）基于黄金管模拟装置，开展了不同条件下的烃类有水热解实验（图 4-16）。可以发现，水的加入明显提高了烃类气体的产率。此外，水的加入导致了大量 CO_2 的生成并明显提高了 H_2 产率。这表明，高温条件下水可能与烃类发生了反应并为气体产物的生成提供了 H 和 O。而有水体系，烯烃产率的明显增加预示烯烃很可能是水—烃反应的中间产物，并在水的加氢生气过程中发挥了重要作用。水—烃—蒙脱石共存体系的气体产率明显高于无水和单独加水热解体系。这表明，蒙脱石的加入促进了水—烃反应或水的加氢生气作用。值得注意的是，无水条件下对烃类裂解不表现出催化效应的碳酸盐岩矿物的加入，也明显提高了有水条件下烃类裂解生气产率。尽管大量研究表明，无水条件下碳酸盐岩矿物对原油或烃类的裂解不表现出催化效应或表现一定的抑制效应。水—碳酸钙—烃类热解体系的气体产率也明显高于无水和单独有水热解体系，甚至略高于水—蒙脱石—烃类热解体系。同时，相对于无水热解体系，单独加水和水—蒙脱石热解体系异构烃相对产率明显增加，而水—碳酸盐热解体系异构化指数（iC_4/nC_4）明显降低。众所周知，热裂解生成的正构烃和异构烃产物分别代表自由基和正碳离子反应机理。产物中异构烃相对含量的差异，表明两种矿物存在下的有水热解体系水的加氢生气机制存在明显差异。

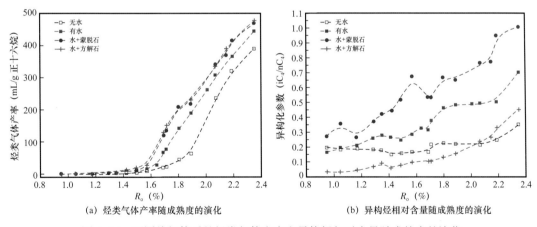

图 4-16　不同热解体系的烃类气体产率和异构烃相对含量随成熟度的演化

前人研究针对水—烃反应提出了三种不同的机制：（1）水或水来源的氢通过捕获烃类均裂生成的自由基生成小分子烃类并实现加氢作用（Lewan，1997）；（2）水离解或酸催化形成 H^+ 与烯烃甚至烷烃发生正离子和异构化反应实现加氢（Leif 和 Simoneit，2000；Schimmelmann 等，2001）；（3）水直接与烯烃或不饱和键发生加成或氧化反应（Leif and Simoneit，2000；Schimmelmann 等，2001；Seewald，2003）。He 等（2018）基于量子化学理论，计算了不同有机分子与水反应的能垒。计算结果表明，水与烯烃 C_nH_{2n+2}（n=2～4）

反应的活化能为 39.6～41.8kcal/mol［A_f=（1.01～3.25）×$10^{10}s^{-1}$］，要明显低于水与烷烃和非烃反应。这证实，烯烃在有水体系具有较高的反应活性，很容易与水发生加成或氧化反应生成含氧化合物。在高温下烯烃会与水发生氧化或加成反应，经历醇类、酮类、羧酸类中间演化过程，最后生成小分子正构烷烃、CO_2 和 H_2。H^+ 和 1-丁烯（1-C_4H_8）发生加成反应及 C_4 正离子异构化反应的活化能分别为 2.5kcal/mol 和 31.6kcal/mol。单独有水热解体系异构烷烃相对含量（iC_4/nC_4）明显高于无水体系，且随着热演化或水—烃反应程度的增加，两者差异逐渐增大。这表明，高温有水热解体系生成的异构烃很可能来源于烯烃或烷烃的正离子加氢和后续的异构化作用。碱性矿物水镁石有水热解体系气体产率的明显偏低，证实正离子反应而非自由基反应机理主导了单独有水热解过程中的生气作用（He 等，2018）。

相对来说，水与烷烃直接反应生成甲烷和醇类的能垒较高（76.5～100.0kcal/mol），反应速率较低（300℃时速率常数 $\ln_k$ 仅为 −66.7～−43.2）。但是烃类发生均裂反应裂解生成的烃类自由基，可与水发生加氢和氧化反应。热力学计算结果显示，在 25～650℃ 和 50MPa 条件下，反应 $R \cdot CH_3 + H_2O \longrightarrow R—OH + CH_4$（$R \cdot$ 为烃类自由基）的吉布斯自由能为 −63.2～−45.7kcal/mol，证实该加氢途径在热力学上具有可行性。同时，重水—烃类—水镁石体系甲烷 D 的明显富集，也预示水与烃类先期均裂生成自由基的直接反应，是实现水加氢生气作用的一种潜在途径。C—S 键的键能或均裂生成自由基的能垒明显低于 C—C 键（Tang 等，2000），导致水与含硫有机物反应较水与烷烃反应更容易。这很可能是高硫有机质有水热解生成高产量硫化氢，但烃类气体产率增加不明显的主要原因（Lewan，1997；Cai 等，2017）。

因此，高温条件下水—烃加氢生气作用主要归因于正离子反应机制，一定程度上存在自由基反应的贡献。然而，地质温度条件下（低于 250℃），自由基反应在水—有机质反应过程中很可能起到更重要的作用。

综上所述，地层中赋存的油气绝不可能是简单的干酪根或者有机质的单独热解作用生成的，地表下的化学环境（如水、矿物和过渡金属）对油气的生成具有重要的影响。也许正是这些有机—无机相互作用，如水与有机分子的反应、黏土矿物和过渡金属的催化作用等，引起或控制着油气的生成和聚集。

3. 黏土矿物的催化作用

无机矿物在生油岩和储集层中普遍存在，它们对有机质的热解生烃可能存在的影响很早便引起了地球化学家的关注。大量的地质观察及热解实验的结果都表明，具有较大比表面积和较多酸活性中心的蒙脱石常显示出较好的催化性能，其他黏土矿物（包括伊利石和高岭石）的催化作用则很微弱，而碳酸盐甚至表现出一定的抑制作用。但是考虑到原油裂解通常发生在较深的地层中，此时黏土矿物的作用是否存在，难免受到质疑。众所周知，地层中唯一具催化活性的蒙脱石矿物在埋深成岩过程中会发生结构及成分的转变，逐渐发生伊利石化。相对于具可膨胀层和更多表面活性酸位的蒙脱石，层间不含或含很少量 Brønsted 酸位的伊利石的催化活性通常很低，因此在成岩过程中，随着蒙脱石的伊利石化，其催化活性似乎应降低。实际上，在蒙脱石伊利石化早期的脱水作用、四面体取代（Al^{3+} 替代 Si^{4+}）的发生以及增加的层间电荷，都将导致矿物表面 Brønsted 酸位的增多，因此早期形成的无序的或有序的 R_1 型伊/蒙混层相对纯的蒙脱石往往具有更高的催化活性。针对不同深度地层中黏土矿物催化活性的分析结果也证实了这一点（Johns 和 Mckallip，1989）。对于进入高度有序的伊/蒙混层（R_3 型）以及伊利石矿物，其对原油或烃类裂解的催化作用则十分微弱甚至不具有催化作用。

地质观察和实验研究都表明，蒙脱石的加入会一定程度降低烃类或原油裂解反应的活化能，从而加速原油裂解气的生成（Pan 等，2010）。使用塔里木盆地哈德 11 井的原油进行了有无黏土矿物以及黏土矿物（蒙脱石）负载了 Fe^{3+} 或 Al^{3+} 离子的 400℃恒温热解实验，实验过程中反应体系的压力为 25MPa。其中，选用黏土矿物为工业合成的蒙脱石 K10，比表面积为 240m^2/g，其化学成分及孔分布特征见表 4–5。蒙脱石表面的 Fe^{3+} 或 Al^{3+} 的负载是在水溶液中进行的，首先取一定量的蒙脱石 K10 加入 0.5mol/L 或 1.5mol/L 的铁或铝的硝酸盐溶液中，在 80℃的水浴条件下，用磁力搅拌器持续搅拌 24h，然后将混合液反复离心冲洗数次，并将得到的沉淀在 150℃条件下烘干，最终即可得到具不同表面酸位强度的蒙脱石样品。

表 4–5　蒙脱石 K10 的成分组成及孔分布特征

各化学成分质量分数（%）								微孔分布（mL/g）		
SiO$_2$	Al$_2$O$_3$	Fe$_2$O$_3$	CaO	MgO	Na$_2$O	K$_2$O	烧失量	0～80 nm	0～24 nm	0～14 nm
73.0	14.0	2.7	0.2	1.1	0.6	1.9	6.0	0.36	0.30	0.26

模拟实验研究表明，黏土矿物尤其是蒙脱石的加入，会一定程度降低烃类或原油裂解反应的活化能，从而加速原油裂解气的生成（Pan 等，2009，2010）。而蒙脱石之所以对原油的裂解能表现出一定的催化效果，主要是由于黏土矿物表面存在大量具催化活性的酸位，这包括能催化羧酸的脱羧基反应的 Lewis（L）酸位及促进烃类裂解的 Brønsted（B）酸位。何坤等（2011）曾选用了工业合成的具理想比表面积的酸性层状黏土矿物蒙脱石 K10，以及负载不同类型或浓度的金属离子的 K10，分别进行了哈德 11 原油的催化裂解。氨气吸附及催化活性表征的结果表明，负载不同类型或浓度离子的 K10 的两种表面酸位的强度存在如下关系：

Lewis 酸位：

$$1.5M\ Fe^{3+}\text{–}K10 > 1.5M\ Al^{3+}\text{–}K10 > 0.5M\ Fe^{3+}\text{–}K10 > K10$$

Brønsted 酸位：

$$1.5M\ Al^{3+}\text{–}K10 > 1.5M\ Fe^{3+}\text{–}K10 > 0.5M\ Fe^{3+}\text{–}K10 > K10$$

图 4–17 显示了不同热解体系最终得到的气体产物的分析结果。显然，黏土矿物的加入促进了原油的裂解和烃类气体的生成，且提高了气体的干燥系数。值得注意的是，原油的裂解速率与黏土矿物表面的 B 酸位强度呈明显的正相关，与 L 酸位强度关系不大。蒙脱石存在热解体系中异构产物相对含量的明显增加，也证实催化作用主要归因于 B 酸位提供 H^+，从而促进烃类或原油的正碳离子裂解反应。

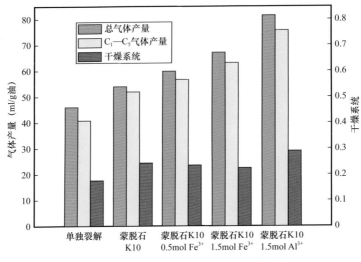

图 4-17　不同热解体系最终得到的气体产物量

影响原油裂解生气的因素非常多，除了原油本身（原油的组成和性质），流体介质的性质对原油裂解影响也非常大。其中，最主要的是硫酸盐的热还原作用（TSR），TSR 不但能促进原油裂解生气，而且是含油气盆地高含 H_2S 气体的主要来源。H_2S 不但是一种有毒气体，而且会对油气的开发带来很大的困难。关于 TSR 对原油裂解以及 H_2S 生成的影响将在本书第五章进行详细讨论。

第二节　烃类气体的裂解

无论是排出烃源岩聚集成藏的原油，还是烃源岩中的残留油，随着热动力的增强，都会裂解生成气体。同样，有机质生成的天然气，不管是源内的吸附气，还是油藏中的天然气，都会发生分解。重烃气体在较高的温度或热应力条件会进一步裂解生成甲烷和固体沥青（炭）。裂解作用对天然气的储量和地球化学性质都有影响，而甲烷的热稳定性对天然气在深度上的勘探部署具有更重要的意义。

一、重烃气体的裂解

1. 生烃模拟实验中重烃气体的裂解

目前，关于重烃气体的裂解，很少有人进行过专门的实验研究，这方面的研究多是根据有机质在封闭体系（黄金管体系）生烃模拟实验结果中重烃气体含量的变化进行探讨。Hill 等（2003）基于模拟实验发现重烃气在成熟度高于 2.3% 时，会发生裂解生成甲烷气。图 4-18 显示了第三章表 3-2 中朝 73-87 井青山口组的干酪根模拟生成重烃气体产率随模拟温度的变化情况。

以慢速升温（2℃/h）的模拟实验结果为例，可以发现乙烷、丙烷、丁烷、戊烷产率随温度的变化规律相似，呈现先增加后降低的总体规律。各种重烃气体组分产率随模拟温度升高反而降低，就是由裂解造成的。乙烷、丙烷、丁烷、戊烷产率降低对应的温度点分

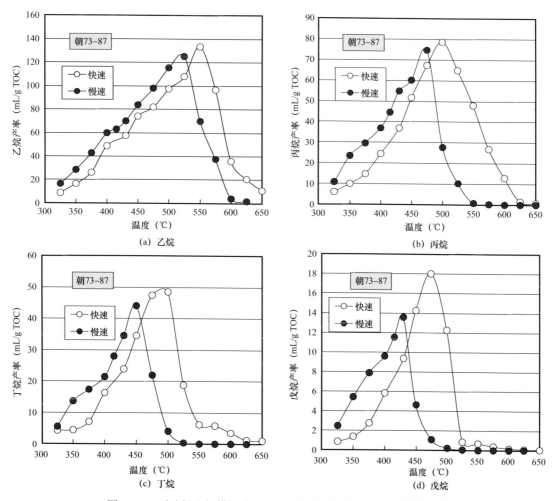

图4-18 干酪根生烃模拟实验生成重烃气体产率随模拟温度的变化

别为525℃、475℃、450℃、425℃，对应的EasyR$_o$分别为3.40%、2.43%、1.98%、1.58%。按照第二章对中国石油勘探开发研究院黄金管模拟实验设备20℃/h升温速度不同温度模拟残渣的标定结果R$_o$=0.444exp（0.00406T）-0.781，上述温度对应的R$_o$分别为2.96%、2.27%、1.98%、1.71%。

同时，可以发现乙烷、丙烷、丁烷及戊烷的最大产率在慢速升温时要比快速升温时低。这也是由裂解造成的，原因是慢速升温条件意味着模拟生成的重烃气体在两个模拟温度的区间受热时间更长，导致重烃气体在还未达到目标温度时就有一部分发生裂解。对比图4-18中各重烃气体产率随温度的变化曲线，乙烷、丙烷、丁烷及戊烷产率的降低速率越来越大。说明重气体组分更容易裂解。

Tian等（2008）基于黄金管体系原油裂解产物定量分析，计算发现乙烷裂解的平均活化能为72.78kcal/mol，指前因子为$1.0 \times 10^{15} s^{-1}$。基于上述模拟实验过程中的重烃气演化特征，也可以通过动力学分布计算得到乙烷（C$_2$）和C$_3$—C$_5$裂解的活化能分布（图4-19）。可以发现，乙烷裂解的平均活化能为72.1kcal/mol，C$_3$—C$_5$裂解的平均活化能为67.0kcal/mol，明显低于乙烷。

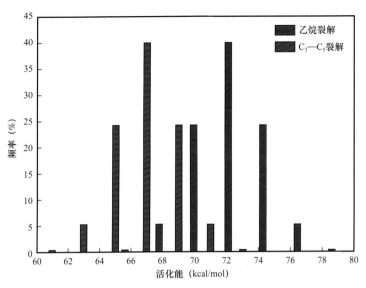

图 4-19　重烃气裂解的活化能分布（指前因子为 $1.0 \times 10^{15} s^{-1}$）

2. 乙烷裂解模拟实验

为了鉴定根据生烃模拟实验结果确定的重烃的裂解界限，更好地标定不同实验温度下乙烷裂解的相对量，选用专门配制的乙烷与氮气混合气体在黄金管体系内进行了升温裂解实验，升温速度为 20℃/h。选用上述混合气体的目的有两个：（1）由于氮气为目前已知双原子分子中最稳定的，其分解温度在 3000℃ 以上，在此次的实验温度 800℃ 以下根本不会发生分解；（2）正是由于氮气不容易分解，选择氮气作为参比气体，可以更好地标定不同温度条件下乙烷的裂解量。乙烷与氮气混合气体经气相色谱分析组成为乙烷 87.98%，氮气 12.02%，其中不含有任何其他烃类气体。表 4-6 中列出了不同温度条件下残余气体的组成。从实验结果来看，在 500℃ 以前，虽然有一定量的甲烷和丙烷生成，但乙烷的含量并没有明显降低，乙烷含量始终保持在 87% 以上，说明乙烷并没有大量裂解。到 525℃，乙烷的含量降低到 80.66%，说明乙烷在 500~525℃ 之间开始大量裂解。对应的 R_o 为 2.12%~2.56%，而按照第二章模拟残渣的标定对应的为 R_o 分别为 1.96%~2.25%。与上述生烃模拟实验得到乙烷大量裂解对应的 R_o=3.0%~3.4% 有一定的差距。这主要是因为在生烃模拟实验过程中除了乙烷裂解，还存在一个由油或重烃气体裂解生成乙烷的过程。乙烷的裂解和生成在一定的温度范围内（525~550℃）同时存在。在这一温度范围的生烃模拟实验过程中，乙烷的生成速率大于裂解速率，导致生烃模拟实验过程中乙烷总量还在不断增加。按照上述实验结果，认为乙烷大量裂解的成熟度界限为 R_o=2.1%~2.5%。

图 4-20 是氮气与乙烷混合气体加热到不同温度时黄金管内壁的照片。575℃ 以前黄金管内壁没有明显的变化，从 575℃ 开始，黄金管内壁存在明显的黑色沉淀。这些黑色

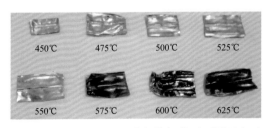

图 4-20　氮气与乙烷混合气体加热到不同温度时黄金管内壁的照片

沉淀经能谱分析为单质炭（图 4-21），这并不是说明乙烷在 575℃才开始裂解，而是表明 525～575℃之间主要是裂解成甲烷。按照上述实验结果，认为乙烷大量裂解的成熟度界限为 $R_o=2.3\%$。

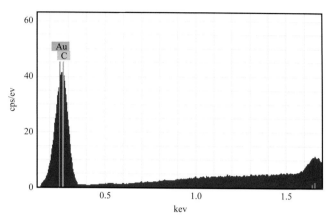

图 4-21　甲烷裂解固体产物能谱图（775℃）

根据物质平衡的原理，1mol 的原始气体中含有 175.96 个碳原子，按表 4-6 中的数据计算，在 550℃的反应产物中的碳原子数量为 126.71，二者的差值为 49.25。而在这一温度点黄金管内壁上并没有明显的炭沉积，这说明反应过程中可能还有其他物质生成。至于这些物质到底是什么，还需要进一步研究。实验过程中甲烷及其他烃类气体的生成及同位素分馏机理将在后面相关章节进行讨论。

表 4-6　乙烷与氮气混合气体在不同温度条件下残余气体的组成

温度（℃）	气体组成（%）								
	CH_4	C_2H_6	C_3H_8	i-C_4	n-C_4	i-C_5	n-C_5	H_2	N_2
450	0.07	87.86	0.07	0	0	0	0	0	12.00
475	0.18	87.74	0.09	0	0	0	0	0	11.99
500	0.27	87.13	0.13	0	0.33	0.01	0.01	0.15	11.98
525	0.36	80.66	0.12	0	0.11	0.01	0.03	0.16	18.56
550	6.41	58.99	1.11	0.06	0.37	0.05	0.1	0.29	32.61
575	37.13	35.12	1.68	0.15	0.36	0.05	0.08	0.32	25.12
600	69.91	15.31	0.73	0.04	0.1	0.01	0.02	0.46	13.42
625	82.48	7.48	0.27	0.02	0.05	0.01	0.01	0.82	8.87

二、甲烷的裂解

相对来说，甲烷具有较高的热稳定性，在无特殊氧化剂存在的条件下，通常升温或恒温热解实验条件（300～650℃）下很少观察到甲烷的裂解。在生烃模拟实验过程中，为了探讨甲烷裂解的可能性和活化能，笔者曾选取了高—过成熟Ⅲ型有机质样品在石英管中开展了 400～900℃温度范围内的升温热解实验。可以观察到,实验快速升温条件下,当热解温度高于 700℃时,甲烷产率出现了明显降低,表明甲烷发生了裂解(图 4-22)。基于实验结果对甲烷裂解的动力学参数进行计算(图 4-23),发现其活化能主要分布在 78～96kcal/mol 范围内,平均活化能为 88.02kcal/mol,明显高于重烃气,说明甲烷在地质条件下具有极高的热稳定性。如果按 $EasyR_o$ 法计算,甲烷大量裂解对应的成熟度正好对应于 $EasyR_o$ 法可以计算的成熟度的最大值 4.68%。按照对成熟度的标定方法,700℃对应的成熟度为 5.92%。与 $EasyR_o$ 方法的计算结果有非常大的差异。这主要是由于 $EasyR_o$ 法能标定的最大成熟度只有 4.68%。

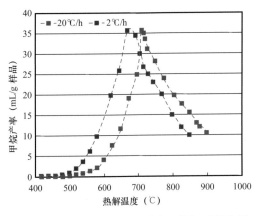

图 4-22 过成熟Ⅲ型有机质高温热解过程中甲烷产率演化

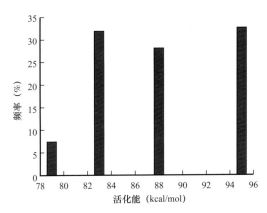

图 4-23 甲烷裂解活化能分布(指前因子为 $6.35 \times 10^{13} s^{-1}$)

基于不同类型有机质生气及不同性质原油裂解生气实验,根据原油不同组分气体产率变化和动力学参数,进行地质推演,可建立原油及不同气体组分裂解生气模式。可以发现,在 2℃/Ma 的升温速度条件下,原油完全裂解的温度为 220℃,其中非烃、沥青质裂解的温度要明显低于饱和烃和芳烃,轻质芳烃和饱和烃的热稳定性明显高于其他液态组分。重烃气裂解的温度要高于 220℃,乙烷裂解的温度高于 230℃。甲烷开始裂解的温度要高于 350℃,对应的成熟度要高于 5.0%,也就是说,在目前的勘探深度条件(10000m 以内)下,甲烷发生热裂解的可能性较低。当然,如果存在特殊的氧化还原条件,如强烈的 TSR 作用,也可能存在甲烷降解作用。

第三节 不同烃类组分的热演化模式

大量的模拟实验表明,不同组成的原油裂解生气潜力差异非常大,同时通过第二章不同类型有机质的生烃模拟实验结果以及第四章不同烃类组分裂解的模拟实验结果,结合动力学计算结果以及模拟实验不同温度的成熟度标定结果,就可以建立不同烃类的裂解演化模式。随着温度的升高和热动力的增加,有机质生成的不同性质烃类也会发生进一步裂解。不仅原油和重烃气体会发生裂解,甲烷也会发生裂解生成单质炭。图 4-24 显示了根据模拟实验结果恢复到地质条件下不同类型烃类的分级演化模式。

传统的有机质生烃理论认为,虽然不同类型有机质的生烃过程存在差别,有机质的

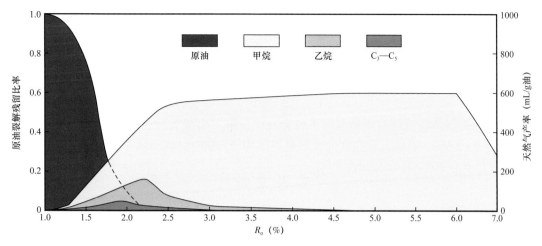

图4-24 原油及其不同组分裂解生气演化模式

生油窗的成熟度为 R_o=0.5%～1.3%。在生油窗内，不同阶段有机质生成的烃类性质、组成等都不相同，它们的热稳定性不同，裂解生气潜力也明显不同。例如，生油窗早期有机质生成原油密度大、重质组分含量高，更容易发生分解；而生油窗晚期生成的油密度小、轻质组分含量高，热稳定性强。因此，地质条件下，原油的裂解和生成并不是一个完全独立的过程。重质油或源内残留油在 R_o=1.1% 就会发生裂解，而整个原油裂解的成熟度界限为 R_o=2.2%～2.3%。天然气的生成一直伴随着有机质的生烃演化过程。相对于原油裂解生气，有机质（特别是 I 型、II 型有机质）的初次热解生气量比较少，一般不超过 130mL/g TOC。虽然，原油性质不同，其裂解生气潜力有所不同，原油的最大裂解生气量可以达到600mL/g 油。对于不同的天然气组分，甲烷的热稳定性最强，开始大量裂解对应的熟度界限为 R_o=5.9%～6.0%；乙烷次之，开始大量裂解对应的熟度界限相当（R_o 在 2.3% 左右）；C_3—C_5 开始大量裂解对应的熟度界限为 R_o=1.9%～2.0%。但是，重烃气体完全裂解的成熟度应该非常高。目前，发现的天然气不管是何种来源，其中都含有一定量的重烃气体。在更高的热动力条件下，除了重烃气体裂解，甲烷在开始大量裂解前的聚合作用也可以生成重烃气体。因此，根据甲烷裂解模拟实验结果，把重烃气体完全裂解的成熟界限定在甲烷大量裂解的成熟界限是有科学依据的。

上述裂解模式的另一个重要意义是对天然气勘探从深度或烃源岩成熟上给出了明确的界限。甲烷大量裂解的成熟度界限为 R_o=5.9%～6.0%，在 R_o>6.0% 的页岩中进行页岩气勘探没有意义。由于有机质（特别是 I 型、II 型）在 R_o>3.5% 时生气作用结束，因此，在成熟度为 R_o=3.5%～6.0% 的区域进行页岩气的勘探要非常慎重。

小　　结

（1）原油的热稳定性与原油的组成密切相关。不同碳数的饱和烃和芳烃的热稳定性存在如下关系：气态烃（C_1—C_5）＞轻质饱和烃（C_6—C_{14} 饱和烃部分）＞轻质芳烃（C_6—C_{14} 芳烃部分）＞重质芳烃（C_{15+} 芳烃部分）＝重质饱和烃（C_{15+} 饱和烃部分）。因此，重质油更容易裂解，正常油次之，轻质油或凝析油更难裂解。由于重质组分含量高，烃源岩中的残留油比油藏中的油更容易裂解。

（2）原油裂解生气潜力也与原油组成相关。原油裂解生气潜力与原油饱和烃含量呈正相关关系，而与非烃、沥青质含量呈反比关系。不同性质原油裂解生气潜力从大到小依次为凝析油、正常油、重质油。不同性质原油开始大量裂解的温度随原油密度的增加依次降低。

（3）烃类气体在更高的地质温度下也会发生分解。模拟实验证实乙烷大量裂解的成熟度界限为 $R_o=2.3\%$，甲烷大量裂解的成熟度界限为 $R_o=6.0\%$。

参 考 文 献

戴金星. 2009. 中国煤成气研究 30 年来勘探的重大进展［J］. 石油勘探与开发, 36（3）: 264-279.

何坤. 2008. 油气生成机理及影响因素研究［C］. 北京: 中国石油勘探开发研究院.

何坤, 张水昌, 米敬奎. 2011. 原油裂解的动力学和控制因素研究［J］. 天然气地球科学, 22（2）: 1-8.

何坤, 张水昌, 米敬奎. 2013. 不同硫酸盐引发的热化学还原作用对原油裂解气生成的影响［J］. 石油学报, 34（4）: 720-726.

何坤, 张水昌, 王晓梅. 2014. 松辽盆地白垩系湖相 I 型有机质生烃动力学［J］. 石油与天然气地质, 35（1）: 40-49.

帅燕华, 张水昌, 罗攀. 2013. 地层水促进原油裂解成气的模拟实验证据［J］. 科学通报, 30: 2857-2863.

魏国齐, 杜金虎, 徐春春, 等. 2015. 四川盆地高石梯磨溪地区震旦系—寒武系大型气藏特征与聚集模式［J］. 石油学报, 36（1）: 1-12.

张水昌, 赵文智, 王飞宇, 等. 2004. 塔里木盆地东部地区古生界原油裂解气成藏历史分析——以英南 2 气藏为例［J］. 天然气地球科学, 15（5）: 441-451.

张水昌, 帅燕华, 何坤, 等. 2013. 热化学硫酸盐还原作用的启动机制研究［J］. 岩石学报, 28（3）: 739-743.

赵文智, 王兆云, 王红军, 等. 2006. 不同赋存状态油裂解条件及油裂解型气源灶的正演和反演研究［J］. 中国地质, 33（5）: 952-965.

赵文智, 王兆云, 王红军, 等. 2011. 再论有机质"接力生气"的内涵与意义［J］. 石油勘探与开发, 38（2）: 129-135.

Behar F, Vandenbroucke M. 1996. Experimental determination of the rate constants of the nC_{25} thermal cracking at 120, 400, and 800 bar : implications for high-pressure/high-emperature prospects［J］. Energy & Fuels, 10: 932-940.

Behar F, Lorant F, Lewan M. 2008. Role of NSO compounds during primary cracking of a Type II kerogen and a Type III lignite［J］. Organic Geochemistry, 39（1）: 1-22.

Bordenave M L. 1993. Applied petroleum geochemistry［M］. Paris : Editions Technip.

Burnham A K, Braun R L. 1990. Development of a detailed model of petroleum formation, destruction, and expulsion from lacustrine and marine source rocks［J］. Organic Geochemistry, 16（1-3）: 27-39.

Cai Y W, Zhang S C, He K, et al. 2017. Effects of U-ore on the chemical and isotopic composition of products of hydrous pyrolysis of organic matters［J］, Petrol. Sci. 14: 315-329.

Cooles G P, Mackenzie A S, Quigley T M. 1986. Calculation of petroleum masses generated and expelled from source rocks［J］. Organic geochemistry, 10（1-3）: 235-245.

Darouich T A, Behar F, Largeau C. 2006. Thermal cracking of the light aromatic fraction of Safaniya crude oil-experimental study and compositional modelling of molecular classes [J]. Organic Geochemistry, 37: 1130-1154.

Dieckmann V, Schenk H J, Horsfield B, et al. 1998. Kinetics of petroleum generation and cracking by programmed-temperature closed-system pyrolysis of Toarcian Shales. Fuel 77: 23-31.

Fabuss B M, Smith, J O, Satterfield. 1964. In Advances in Petroleum Chemistry and Refining [M]; Mc Ketta, J., Jr., Ed.; Wiley and Sons: New York, 9 (4): 156-201.

He K, Zhang S C, Mi J K. 2011. Effects of water on the thermal stability of hydrocarbons and the composition and isotope characteristics of the gas products [J]. Mineralogical Magazine 75996.

He K, Zhang S C, Mi J K, Zhang W L. 2018. Pyrolysis involving n-hexadecane, water and minerals: insight into the mechanisms and isotope fractionation for water-hydrocarbon reaction [J]. Journal of Analytical and Applied Pyrolysis, 130: 198-208.

Helgeson H C, Knox A M, Owens C E, Shock E L. 1993. Petroleum, oil field waters, and anthigenic mineral assemblages: Are they in metastable equilibrium in hydrocarbon reservoirs? [J] Geochim. Cosmochim. Acta 57: 3295-3339.

Hesp W R, Rigby D. 1973. The geochemical alteration of hydrocarbons in the presence of water [J]. Erdoel Kohle Erdgas Petrochem, 26 (2): 70-76.

Hill R J, Y C Tang, I R Kaplan. 2003. Insights into oil cracking based on laboratory experiments [J]. Organic Geochemistry, 34: 1651-1672.

Hoering T C. 1984. Thermal reactions of kerogen with added water, heavy water and pure organic substances [J]. Org. Geochem. 21: 267-278.

Horsfield B, Schenk H J, Mills N, et al. 1992. An investigation of the in-reservoir conversion of oil to gas: compositional and kinetic findings from closed-system programmed-temperature pyrolysis [J]. Organic Geochemistry, 19 (1-3): 191-204.

Jarvie D M, Hill R J, Ruble T E, et al. 2007. Unconventional shale-gas systems: The Mississippian Barnett Shale of north-central Texas as one model for thermogenic shale-gas assessment [J]. AAPG bulletin, 91(4): 475-499.

Johns W D, Mckallip T E. 1989. Burial diagenesis and specific catalytic activity of illite-smectite clays from Vienna Basin, Austria [J]. AAPG Bulletin, 73 (4): 472-482.

Jurg J W, Eisma E. 1964. Petroleum hydrocarbons: generation from fatty acid [J]. Science, 144 (3625): 1451-1452.

Kotarba M J, Clayton J L, Rice D D, et al. 2002. Assessment of hydrocarbon source rock potential of Polish bituminous coals and carbonaceous shales [J]. Chemical Geology, 184 (1-2): 11-35.

Leif R N, Simoneit B R T. 2000. The role of alkenes produced during hydrous pyrolysis of a shale [J]. Org. Geochem. 31: 1189-1208.

Lewan M D. 1997. Experiments on the role of water in petroleum formation [J]. Geochimica et Cosmochimica Acta, 61 (17): 3691-3723.

Lewan M D. 1998. Sulphur-radical control on petroleum formation rates [J]. Nature, 391: 164-166.

Mi J K, Zhang S C, Su J, et al. 2018. The upper thermal maturity limit of primary gas generated from marine organic matters [J] .Marine and Petroleum Geology 89: 120–129.

Orr W L. 1977. Geologic and geochemical controls on the distribution of hydrogen sulfide in natural gas. In : Campos, R., Goni, J.(Eds.), Advances in Organic Geochemistry [M] . Enadisma, Madrid, Spain, 571–597.

Pan C C, Geng A S, Zhong N N, et al. 2009. Kerogen pyrolysis in the presence and absence of water and minerals : Amounts and compositions of bitumen and liquid hydrocarbons [J] . Fuel 88: 909–919.

Pan C C, Jiang L L, Liu J Z, et al. 2010. The effects of calcite and montmorillonite on oil cracking in confined pyrolysis experiments, Org. Geochem. 41: 611–626.

Pepper A S, Corvi P J. 1995. Simple kinetic models of petroleum formation. Part III : Modelling an open system [J] . Marine and Petroleum Geology, 12 (4): 417–452.

Pepper A S, Dodd T A. 1995. Simple kinetic models of petroleum formation. Part II : oil–gas cracking [J] . Marine and Petroleum Geology, 12 (3): 321–340

Price L C. 1993.Thermal stability of hydrocarbons in nature : Limits, evidence, characteristics, and possible controls [J] . Geochim Cosmochim Acta, 57 (20): 3261–3280.

Schenk H J, Di Primio R, Horsfield B. 1997. The conversion of oil into gas in petroleum reservoirs. Part 1: Comparative kinetic investigation of gas generation from crude oils of lacustrine, marine and fluviodeltaic origin by programmed–temperature closed–system pyrolysis [J] . Organic geochemistry, 26 (7–8): 467–481.

Schimmelmann A S, Boudou J P, Lewan M D, Wintsch R P. 2001. Experimental controls on D/H and 13C/12C ratios of kerogen, bitumen and oil during hydrous pyrolysis [J] . Org. Geochem. 32: 1009–1018.

Seewald J S. 2003. Organic–inorganic interactions in petroleum–producing sedimentary basins [J] . Nature, 426 (6964): 327–333.

Siskin M, Katritzky A R. 1991. Reactivity of organic compounds in hot water : geochemical and technological implications [J] . Science 254: 231–237.

Stainforth, J G. 2009. Practical kinetic modeling of petroleum generation and expulsion [J] . Marine and Petroleum Geology, 26: 552–572.

Tang Y, Perry J K, Jenden P D, et al. 2000. Mathematical modeling of stable carbon isotope ratios in nature gases [J] . Geochimica et Cosmochimica Acta, 64 (15): 2673–2687.

Tian H, X M Xiao, R W T Wilkins, Y C Tang. 2008. New insights into the volume and pressure changes during the thermal cracking of oil to gas in reservoirs : Implications for the in–situ accumulation of gas cracked from oils [J] . AAPG Bulletin, 92 (2): 181–200.

Tissot B P, Welte D H. 1984. Petroleum formation and occurrences [M] . Berlin : Springer Verlag.

Tsuzuki N, Takeda N, Suzuki M. 1999. The kinetic modeling of oil cracking by hydrothermal pyrolysis experiments [J] . International Journal of Coal Geology, (39): 277–250.

Vandenbroucke M, Behar F, Rudkiewicz J L. 1999. Kinetic modelling of petroleum formation and cracking : implications from the high pressure/high temperature Elgin Field (UK, North Sea) [J] . Organic Geochemistry, 30 (9): 1105–1125.

Watanabe M, Adschiri T, Arai K. 2001. Overall rate constant of pyrolysis of n–alkanes at low conversion level [J] . Industrial and Engineering Chemical Research, 40: 2027–2036.

Zhang T W, Amrani A, Ellis G S, et al. 2008. Experimental investigation on thermochemical sulfate reduction by H₂S initiation. Geochim. Cosmochim. Acta 72, 3518–3530.

Zhang S C, He K, Hu G Y, et al. 2018. Unique chemical and isotopic characteristics and origins of natural gases in the Paleozoic marine formations in the Sichuan Basin, SW China : Isotope fractionation of deep and high mature carbonate reservoir gases : Marine and Petroleum Geology, 89: 68–82.

第五章 硫酸盐热还原作用及影响因素

原油裂解受多种因素的影响，除了第四章提到的影响因素，另一个非常重要的因素是硫酸盐热还原（TSR）作用。TSR 作用不但能加速原油的裂解，而且对有害气体 H_2S 的生成有非常重要的影响。本章通过模拟实验和理论分析，主要探讨了热化学硫酸盐还原作用 TSR 对原油（甚至烃类气体）裂解的影响、反应机理以及 H_2S 的生成动力学特征。

第一节 硫酸盐热化学还原作用下的原油裂解

一、H_2S 的基本特征及来源

H_2S 是天然气中常见的一种成分，带有臭鸡蛋气味，是一种剧毒的危害性气体。人体能够闻到 H_2S 气味的浓度下限为 $0.2\sim0.3mL/m^3$，在 $20\sim30mL/m^3$ 则出现强烈气味，在 $100\sim150mL/m^3$ 时将使人嗅觉麻痹，当吸入浓度在 $1000mL/m^3$（相当于 H_2S 含量为 0.0117%）时，人会在数秒内发生闪电型死亡（戴金星等，2004）。

H_2S 分布十分广泛，城市污水和生活垃圾腐败分解等都会产生 H_2S 气体，但是形成的 H_2S 含量往往不高，对人体健康一般不会构成严重威胁。自然界中绝大多数浓度较高的 H_2S 气体赋存在油气藏中，且分布极不稳定。全球所发现的大多数气藏都或多或少含有 H_2S 气体，其浓度从刚能被检测出到体积浓度的 90% 以上（朱光有等，2004）。H_2S 特殊的化学活性是其在天然气中含量较低的原因之一，但是在适当的条件下，可以形成高浓度的 H_2S 气藏。H_2S 的化学活性极大，对钻具、井筒、集输管线等都具有极强的腐蚀作用，导致重大的安全事故，从而使高含 H_2S 天然气的勘探开发成本提高、风险增大。由于含 H_2S 天然气是天然气资源的重要组成部分，而高含 H_2S 天然气也是硫磺的重要来源之一，因此对 H_2S 的研究在一定程度上受到世界各国的普遍重视。

天然气中的 H_2S 主要有三个来源：（1）原油或干酪根中含硫化合物的热解（TDS）；（2）有机质的生物降解作用（BSR）；（3）原油的硫酸盐热化学还原作用（TSR）。

由于 H_2S 对微生物的毒性和岩石中含硫化合物的数量，决定了生物成因（BSR）和含硫化合物热裂解（TDS）形成的 H_2S 浓度一般不会超过 $3\%\sim5\%$，因此，天然气中高含、特高含 H_2S 的成因目前普遍认为是硫酸盐热化学还原反应。作为高浓度 H_2S（浓度 $>10\%$）天然气最重要的生成途径，TSR 作用一直受到研究者的大量关注。

TSR 作用主要是指由硫酸盐热化学还原作用生成 H_2S，即硫酸盐与烃类（以 $\sum CH$ 代表，即油气）作用，将硫酸盐矿物还原生成 H_2S 及 CO_2 气体（硫酸盐被还原和气态烃被氧化），同时，烃类（原油）被氧化分解。反应方程式如下：

$$\sum CH + CaSO_4 \longrightarrow CaCO_3（或 CO_2）+ H_2S + H_2O$$

TSR 作用是生成高含 H_2S 天然气和 H_2S 型天然气的主要形式，它发生的温度一般大于 120℃。

因此，TSR 作用与烃类的裂解有密切关系。地质条件下，烃类气体（特别是甲烷）发生 TSR 比较难，多数高含 H_2S 的天然气多与原油裂解过程中 TSR 作用有关。

二、TSR 作用机理及影响因素

1. 研究进展

TSR 作用会引起储层流体组分变化以及油气田中酸性气体大量生成，是引发严重经济损失和生产伤亡的一个重要因素，国内外学者一直对此给了极大的关注（Orr，1977；Krouse 等，1988；Worden 等，1995；Heydari 等，1997；Manzano 等，1997；王一刚等，2002；Cai 等，2003，2004；戴金星等，2004；朱光有等，2004，2005；蔡春芳、李洪涛，2005；Zhang 等，2005，2008；张水昌等，2006）。但人们目前对 TSR 作用的了解程度就像其局限分布一样比较有限，且已有的研究多集中在有关发生 TSR 作用的油气藏所表现出来的一些地质现象或其判识标志上（Machel，2001；蔡春芳，李洪涛，2005），如 TSR 反应多发生在膏岩盖层的油气藏中，CO_2、H_2S、沥青为 TSR 反应标志产物，发生 TSR 反应的附近地层中常出现白云石化和黄铁矿或其他金属硫化物矿，以及基于地质观察得出的 TSR 反应发生的界限温度等。这些研究都可用来判断一个油气藏是否发生过 TSR 作用，但是对 TSR 反应机理及控制因素的认识仍不甚清楚，使得研究者在进行勘探前对酸性井分布的预测无能为力（Cross 等，2004）。

事实上有关 TSR 的许多基础性问题仍存在很多争议，由于往往选择了不同的研究对象或研究方法（地质观察或实验室模拟）和条件，不同的研究者得到的结果通常差异较大，尤其是关于 TSR 反应启动机制、控制因素及 TSR 分布预测的研究方面。

从目前的模拟实验来看，为了能比较真实地模拟硫酸盐与烃类的氧化还原反应，大多数研究者选择了在反应物中加入大量低价态硫（单体硫或 H_2S）（Kiyosu 和 Krouse，1989，1993；Goldhaber 和 Orr，1995；Cross 等，2004；Zhang 等，2008），这类物质的存在也成了几乎所有的机制研究中都默认的事实（Machel，2001；Seewald，2003）。这些还原态的硫，常被认为来自干酪根含硫化合物的分解，或埋藏之初曾发生的 BSR 作用（Orr，1982；Kiyosu 和 Krouse，1990，1993；Goldhaber 和 Orr，1995；Seewald，2003；Amrani 等，2008；蔡春芳等，2005）；单体或聚合态硫对烃类发生 TSR 反应的引发作用为研究者广泛接受。然而，在天然的原始油气藏中，这些低价态的硫并非总是大量存在。实际上，也有模拟实验证明 $MgSO_4$ 可单独引发 TSR 反应，而不需要额外加入单体或还原态的硫（Hoffman 和 Steinfatt，1993；Zhang 等，2005；Tang 等，2005；Pan 等，2006），Tang 等把这种优势归结于 Mg^{2+} 的作用（Pan 等，2006）；而 $CaSO_4$ 在 550℃ 高温条件下似乎也可以与 CH_4 启动 TSR 反应（岳长涛等，2005；丁康乐等，2004）。由此可见，TSR 反应的控制因素及启动机制非常复杂，值得进一步的探索。

2. 模拟实验研究

为了探讨 TSR 的反应机理和启动机制，设计了如下三组模拟实验进行研究：

（1）第一组为11种不同性质的矿物水溶液与原油的反应实验。原油采用塔里木盆地轮南凸起的轮南58井（4335.5～4337.5m）正常海相原油，每个黄金管内分别加原油约10mg、各种矿物水溶液150μL，水溶液的摩尔浓度均为1mol/L。选用矿物包括 $MgSO_4$、$CaSO_4$、Na_2SO_4、K_2SO_4、$MgCl_2$、$CaCl_2$、$NaCl$ 以及 $MgSO_4$ 和 $NaCl$ 的混合溶液。由于 $CaSO_4$ 在常温下溶解度较低，因此，该矿物是按同样的摩尔比以粉末状直接加入黄金管，然后加入150μL的水。为对比起见，用原油、原油+水做本底实验。热解采用黄金管和高压釜体系，恒温350℃（误差±0.5℃），压力为50MPa（误差±1MPa），时间分别为48h、96h和192h。

（2）第二组为 $n-C_{16}$ 烷烃与不同类型硫酸盐和不同水介质条件下的反应实验。该组实验包括：不同pH值（3.0，4.0，5.0，7.0）条件下 Na_2SO_4 和 $CaSO_4$ 与单体烃的反应；不同硫酸盐、盐类+硫酸镁与单烃 $n-C_{16}$ 的反应。实验条件如下：恒温360℃，压力为24.1MPa（误差±1MPa），时间均为240h；体系中加入的单体烃、硫酸盐、氯化盐的量均为27mg，水的量为100mg。

（3）第三组为硫酸镁与4种不同性质的原油及3种不同碳数烷烃的反应实验。选择的4个原油样品包括轮南58（LN58）4335.5～4337.5m海相正常原油、轮南2井（LN2）4805.7～4807.9m轻质油、盐湖相的潜2井原油（Q2）和正常淡水沉积相的莎165井原油（Sa165）。3种不同碳数的正构烷烃分别为 $n-C_{10}$、$n-C_{18}$ 和 $n-C_{28}$。实验条件如下：恒温360℃，压力为50MPa（误差±1MPa），反应时间分别为48h、96h和192h。

3. 实验结果与讨论

1）不同矿物的影响

众所周知，含膏岩层的地层水中存在各种硫酸盐及氯化盐类。为了弄清这些不同盐类在TSR反应中所起到的作用，选用这些盐类分别与LN58井原油在黄金管中进行了热解实验，最终得到气体产物的组分及 CH_4 和 H_2S 产量（表5-1和图5-1）。从实验结果可以看出，相对于其他体系，$MgSO_4$ 体系中产生的 H_2S 的量要明显高很多，且随着加热时间的增加，H_2S 产量由4.94mL/g油增加到7.91mL/g油。而无论是溶解度更大的 Na_2SO_4 和 K_2SO_4，还是溶解度很低的 $CaSO_4$，似乎都不能或者很难引发TSR反应。尽管氯化盐类（$NaCl$ 和 $MgCl_2$）的存在对原油加水裂解生成的气体产物组分有一定影响，但与原油在单纯加水裂解体系中一样，产物中未检测到 H_2S。这表明硫酸镁体系中产生的 H_2S 并不是来源于原油本身的含硫化合物的分解，硫酸镁的加入显然引发了原油的TSR反应，而其他几种硫酸盐不能或者很难引发这种氧化还原反应。

表5-1 不同矿物水溶液与轮南原油发生TSR反应产物对比表

热液类型	热解时间（h）	不同气体产率（mL/g油）									
		C_1	C_3	C_2	$i-C_4$	$n-C_4$	$i-C_5$	$n-C_5$	H_2	CO_2	H_2S
H_2O	48	14.07	8.36	8.48	1.88	4.63	2.00	2.75	25.09	6.47	—
	96	14.77	9.55	10.06	2.44	5.61	2.62	3.43	13.00	2.46	—
	192	23.71	13.76	12.31	2.69	5.96	2.62	3.33	21.04	3.28	—

热液类型	热解时间（h）	不同气体产率（mL/g 油）									
		C_1	C_3	C_2	$i-C_4$	$n-C_4$	$i-C_5$	$n-C_5$	H_2	CO_2	H_2S
0.2mol NaCl	48	9.55	4.00	2.99	0.74	1.25	0.73	0.69	13.56	2.79	—
	96	16.61	10.84	12.25	4.05	6.95	4.63	3.86	13.42	4.09	—
	192	26.03	16.21	17.23	5.76	9.31	6.26	4.91	13.66	4.92	—
$MgCl_2$	48	11.57	5.26	4.59	1.90	2.06	1.33	0.92	35.70	11.89	—
	96	5.09	3.01	2.98	1.48	1.26	0.92	0.51	7.96	2.43	—
	192	23.75	14.85	16.99	9.99	9.23	8.86	5.12	19.83	7.07	—
Na_2SO_4	48	8.55	3.90	2.79	0.64	1.15	0.63	0.59	12.56	2.19	—
	96	16.91	9.84	11.25	3.55	5.95	4.03	3.96	12.42	3.09	—
	192	27.03	15.21	16.23	5.26	8.31	6.06	4.01	13.16	4.12	—
K_2SO_4	48	7.95	3.20	2.29	0.72	1.20	0.70	0.59	12.56	2.29	—
	96	15.61	9.54	11.05	3.55	6.45	4.13	3.36	13.02	3.59	—
	192	26.53	16.71	17.73	5.06	8.61	5.56	4.61	13.26	4.42	—
$CaSO_4$	48	12.24	3.99	2.76	1.46	0.96	0.76	0.40	44.54	9.07	0.17
	96	21.75	11.00	9.39	4.14	3.83	2.82	1.70	0.98	8.43	0.28
	192	27.04	15.69	17.29	8.88	9.52	8.34	5.04	31.72	10.80	1.38
$MgSO_4$	48	34.56	8.27	4.74	0.98	1.34	0.48	0.41	5.88	0.92	4.94
	96	40.05	14.77	11.83	4.34	5.09	3.04	2.08	1.67	1.13	6.73
	192	58.15	25.61	23.87	10.03	13.47	9.11	6.92	7.14	0.00	7.91
$MgSO_4$ +0.2mmol NaCl	48	43.50	14.92	11.94	1.85	4.78	1.60	2.15	5.35	0.34	24.95
	96	44.73	17.91	16.38	2.96	8.26	3.26	4.32	4.42	1.01	25.79
	192	51.44	24.38	22.91	5.01	12.86	5.89	7.19	4.96	0.77	32.59
$MgSO_4$ + 0.3mmol NaCl	48	38.28	11.92	9.17	1.25	3.40	0.96	1.27	3.90	0.57	24.83
	96	44.14	16.40	13.21	2.27	5.91	2.35	3.05	4.75	0.95	33.89
	192	55.29	25.15	22.14	4.21	12.07	4.72	6.07	2.96	5.90	47.10
$MgSO_4$ + 0.4mmol NaCl	48	36.91	12.37	10.27	1.51	4.48	1.51	2.23	3.58	1.12	23.61
	96	42.09	16.30	13.77	2.49	6.78	2.79	3.71	3.64	2.23	45.97
	192	75.18	33.85	26.23	4.29	13.19	4.93	7.17	2.64	16.36	38.03

注："—"代表未检测到。

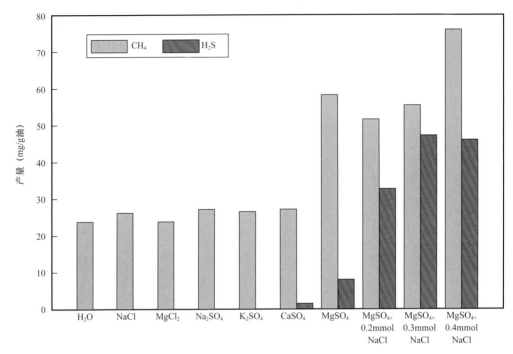

图 5-1　不同热解体系的 CH₄ 和 H₂S 产量对比

从表 5-1 和图 5-1 中可以发现，当在硫酸镁体系中加入一定量的可溶盐（NaCl）时，气体产物中的 H₂S 的含量显著增加，是单纯硫酸镁体系的 5～7 倍。随着盐含量的增加，同样时间得到的产物中 H₂S 含量或 CO₂ 含量也出现增加的趋势，这表明溶液中离子浓度的增加似乎有利于启动和加速 TSR 反应。

2）水介质条件对烃类发生 TSR 的影响

不同盐类分别与 LN58 井原油在黄金管体系中的热解实验结果表明，阳离子类型的不同或溶液中离子浓度的高低很可能影响或决定 TSR 反应的难易或快慢。为了进一步探讨离子类型和浓度的影响，分别选取了不同阳离子的硫酸盐和不同阳离子的可溶盐＋硫酸镁，与正构烷烃（n-C_{16}）进行同样条件的恒温热解实验。除了盐类型，水介质的 pH 值也可能是影响 TSR 反应的一个重要因素。基于热力学和量子化学密度函数理论的计算结果也表明，相对于游离的硫酸根，硫酸氢根似乎更容易引发烃类的 TSR 反应（Ma 等，2008）。基于此，选用不同的弱酸性（pH 值分别为 3.0、4.0 和 5.0）水介质条件，分别进行了硫酸钠、硫酸钙与正构烷烃 n-C_{16} 的热解实验。表 5-2 中列出了不同硫酸盐或不同 pH 值条件下单烃裂解得到的气体产物的分析结果。

与不同盐类分别与 LN58 井原油在黄金管体系中的热解实验结果一样，不同的硫酸盐热解体系得到的总气体产物、单烃及非烃产量存在明显的差异。相对于 CaSO₄ 和 MgSO₄，其他几种硫酸盐似乎更有利于与 n-C_{16} 烷烃发生 TSR 反应。Al₂（SO₄）₃ 体系最终产生的气体总量和 H₂S 量分别达到了 356.91mL/g 烃和 120.80mL/g 烃，比 MgSO₄ 体系相应产量分别高了 6.1 倍和 92.5 倍。同样，当硫酸镁体系中加入可溶的氯化盐时，总气体和 H₂S 量也得到了明显的提高。ZnSO₄、Fe₂（SO₄）₃ 及有 ZnCl₂ 加入的 MgSO₄ 体系中的总气体产量及单烃产量虽然很高，但似乎 H₂S 产量却很低。这是由于 H₂S 极易与 Zn²⁺ 和 Fe³⁺ 发生反应，生成难溶硫化物，在这些体系的反应后残余物中，可肉眼观察到的大量黄褐色甚至是黑色的固体，也证明了难溶物的生成。实际上，这些体系的产物中存在的高含量的 CO_2 也表明，这些体系中发生了强烈的 TSR 反应。而 $Fe_2(SO_4)_3$ 体系的产物中未能检测到 CO_2，主要是因为其能与 Fe^{2+} 迅速反应，生成固态的菱铁矿，而后者可由 H_2S 还原 Fe^{3+} 得到。

表 5-2 不同水介质条件下 n-C_{16} 的 TSR 反应

反应条件		总产量（mL/g 烃）	不同气体产率（mL/g 烃）									
			C_1	C_2	C_3	i-C_4	n-C_4	i-C_5	n-C_5	H_2	CO_2	H_2S
$CaSO_4$		35.10	2.29	6.75	6.94	0.48	5.25	0.49	3.81	1.97	7.13	—
$MgSO_4$		50.22	7.61	6.28	7.45	1.63	7.15	1.75	6.24	—	10.82	1.29
$ZnSO_4$		188.99	29.37	18.67	24.06	5.38	18.34	3.56	8.55	1.46	79.18	0.13
$CuSO_4$		259.18	45.97	38.87	43.46	7.87	31.85	5.51	19.80	2.03	25.99	37.83
$Fe_2(SO_4)_3$		209.50	72.85	39.33	35.51	12.59	24.92	6.50	11.22	1.00	—	5.59
$Al_2(SO_4)_3$		356.91	30.85	14.86	11.59	1.56	6.93	1.34	3.58	3.94	161.33	120.80
$MgSO_4+MgCl_2$		159.29	27.04	20.26	19.49	1.73	13.37	1.10	6.36	1.63	15.33	52.99
$MgSO_4+ZnCl_2$		128.51	28.22	12.94	15.14	10.07	11.15	4.91	5.90	1.00	39.07	0.10
$MgSO_4+AlCl_3$		373.11	18.68	10.53	15.33	6.14	8.98	2.67	3.65	8.54	161.98	136.35
$CaSO_4$（不同 pH 值）	3.0	27.00	1.49	7.12	6.31	0.21	4.19	0.25	2.64	0.53	4.20	—
	4.0	34.02	1.56	7.97	6.93	0.20	5.33	0.17	4.13	—	7.72	—
	5.0	28.62	1.78	7.02	6.25	0.23	4.69	0.33	3.41	0.87	4.04	—
Na_2SO_4（不同 pH 值）	3.0	50.22	2.92	8.21	9.45	0.16	11.91	0.27	12.04	1.44	3.77	—
	4.0	51.30	3.34	10.86	10.83	0.10	11.18	0.22	10.17	1.51	3.08	—
	5.0	33.48	1.56	6.47	6.70	0.17	7.38	0.26	6.83	—	4.11	—

注：（1）n-C_{16}、硫酸盐、氯化盐和水的量分别为 27.0mg、27.0mg、27.0mg 和 100mg 左右；
（2）"—"表示未检测到。

$$Zn^{2+}+H_2S \longrightarrow ZnS \downarrow +2H^+$$

$$2Fe^{3+}+3H_2S \longrightarrow FeS_2 \downarrow +FeS \downarrow +6H^+$$

$$Fe^{2+}+CO_2+H_2O \longrightarrow FeCO_3 \downarrow +2H^+$$

然而，即使是在弱酸性溶液中，难溶的硫酸钙和可溶的硫酸钠都没能引发与单体烃的 TSR 反应，气体产物中也没有可检测到的 H_2S 存在。但这并非表明 HSO_4^- 不能与单烃发生氧化还原作用，而很可能是由于体系中的 SO_4^{2-} 浓度并不足够高或 pH 值不足够低，使得 HSO_4^- 浓度过低。实际上，在这之前 Zhang 等（2008）的研究就表明，即使在具强反应活

性的 H_2S 存在的条件下，只有当硫酸钙体系的 pH 值<3 时，TSR 反应才有可能发生。而实际地层水的 pH 值通常在 6.5～8.5，因此酸性环境很可能并不是引发油藏中 TSR 反应的主要原因。

3）原油及烷烃类型对 TSR 的影响

不同类型原油和烃类与水和硫酸镁在黄金管体系加热实验产物的分析结果见表 5-3。对比可以发现，在单独加水热解时，LN2 井和 Q2 原油的产物中检测到了一定浓度的 H_2S，而 Sa15 和 LN58 原油并没有生成可检测到的 H_2S，这是因为前两种原油中硫含量相对较高，而后两种为低硫原油。无论对于哪种原油，$MgSO_4$ 的加入不仅引起了产物中 H_2S 的产生，同时还促进了 CH_4 的生成。H_2S 和 CH_4 产量的明显增加，证实了热解体系中发生了 TSR 反应。但在不同原油加 H_2O 和加 $MgSO_4$ 的热解体系中，H_2S 和 CH_4 的量均存在显著差异，即不同来源的原油在同样的实验条件下发生原油裂解和 TSR 反应的程度都存在差异。含硫量相对较高的原油，无论单独加水热解还是加硫酸盐的 TSR 反应，最终得到的气态烃和 H_2S 量都要明显高于低含硫量的两种原油。这说明，原油的含硫量很可能不仅很大程度上决定了原油裂解的难易，还很可能是控制原油能否发生 TSR 作用的重要因素。

正构烷烃与原油的 TSR 对比实验的结果表明，除了含硫量，原油发生 TSR 反应的程度很可能还取决于原油的组分和成分分布。尽管在单纯加水热解时，单体烷烃最终生成的气态烃的体积要远低于原油，但是它们似乎更容易与 $MgSO_4$ 发生氧化还原反应，产物中更高产量的 H_2S 似乎就说明了这一点。与各类原油相比，正构烷烃 TSR 反应得到的总气态烃和 H_2S 产量都高于 4 种原油，随着热解时间增加，产量的差距更加明显（图 5-3）。显然，相对于原油中其他组分，原油中的链烷烃组分似乎更容易引发 TSR 反应，即高链烷烃含量的原油更易发生 TSR 反应。

表 5-3　不同类型原油和烃类的 TSR 反应的气体产物

原油/烃类型	热液性质	时间（h）	产量（mL/g 油）									
			C_1	C_2	C_3	$i-C_4$	$n-C_4$	$i-C_5$	$n-C_5$	H_2	CO_2	H_2S
LN2	H_2O	48	6.43	4.03	3.82	0.83	1.58	0.51	0.55	8.55	5.47	
		96	12.65	8.53	8.95	3.55	5.52	4.01	3.15	15.57	4.10	0.82
		192	64.36	26.64	51.20	81.02	17.06	40.10	5.43	23.19	15.57	1.20
	$MgSO_4$	48	9.18	5.52	6.33	2.42	3.77	2.53	2.17	2.59	0.34	1.03
		96	26.42	16.19	17.86	6.31	10.27	5.94	4.79	4.58	0.09	1.95
		192	45.50	28.76	29.02	8.05	15.92	6.82	7.18	3.55	1.81	12.99
Q2	H_2O	48	11.84	5.20	5.18	5.50	1.88	2.87	0.69	14.42	9.98	1.02
		96	50.29	18.28	30.24	55.19	8.45	28.88	2.91	27.71	18.85	9.14
	$MgSO_4$	48	20.54	8.31	9.24	4.16	5.23	4.11	4.49	2.20	0.22	6.30
		96	38.92	15.36	15.09	6.51	8.38	6.26	4.23	5.57	0.49	7.30
		192	71.07	31.35	28.31	9.59	11.73	5.56	3.55	9.49	2.41	9.19

原油/ 烃类型	热液 性质	时间 （h）	产量（mL/g 油）									
			C_1	C_2	C_3	$i-C_4$	$n-C_4$	$i-C_5$	$n-C_5$	H_2	CO_2	H_2S
Sa165	H_2O	48	6.61	2.93	5.70	13.54	2.15	6.63	0.98	26.01	5.17	
		96	22.75	10.23	19.10	38.32	7.34	21.22	3.38	27.14	7.14	
	$MgSO_4$	48	9.82	3.96	4.39	1.92	2.84	1.55	1.51	2.21	0.25	4.49
		96	26.70	10.89	10.66	5.75	6.81	4.91	3.98	8.22	0.31	3.99
		192	38.62	21.93	22.67	9.50	13.04	8.13	6.67	6.91	0.18	2.52
LN58	H_2O	48	0.59	1.36	2.23	0.50	1.74	0.87	1.33	3.54	1.40	
		96	3.00	3.57	4.89	3.07	3.58	2.81	2.48	15.97	2.19	
	$MgSO_4$	48	9.22	5.11	5.76	1.80	3.48	2.08	2.15	1.86	0.26	5.09
		96	27.27	14.54	16.20	5.83	10.05	5.88	5.26	3.12	0.32	6.61
		192	29.66	19.94	24.09	8.60	14.61	7.69	6.42	3.80	0.82	7.56
$n-C_{10}$	H_2O	48	0.45	1.78	2.20	0.03	1.81	0.04	1.26	7.33	1.46	
		96	1.17	3.49	4.12	0.27	3.18	0.26	2.00	5.50	2.01	
	$MgSO_4$	48	5.60	5.31	6.15	0.67	5.33	0.55	4.39	0.94	1.45	2.15
		96	16.79	16.17	19.36	3.80	16.06	2.54	10.81	1.20	3.13	13.31
		192	30.67	31.62	37.39	6.88	29.24	4.39	16.93	2.33	9.71	21.15
$n-C_{18}$	H_2O	48	0.46	1.51	1.62	0.03	1.28	0.04	0.97	4.07	1.38	
		96	1.95	5.02	4.99	0.22	3.91	0.30	3.02	12.15	2.47	
	$MgSO_4$	48	8.17	6.54	6.01	0.55	3.45	0.31	1.62	0.78	0.70	2.37
		96	16.68	10.57	10.10	1.52	6.87	1.06	4.44	1.34	1.01	10.33
		192	37.06	33.84	33.37	4.53	22.18	3.30	11.15	5.24	9.83	29.58
$n-C_{28}$	H_2O	48	0.54	1.50	1.21	0.02	0.79	0.03	0.56	14.01	2.55	
		96	1.06	2.94	2.36	0.02	1.41	0.02	0.89	25.56	3.26	
	$MgSO_4$	48	4.62	2.94	2.59	0.31	1.69	0.21	1.12	0.60	0.79	2.68
		96	21.39	12.62	10.70	1.18	6.49	0.72	3.69	1.32	1.62	8.35
		192	31.06	21.44	17.83	2.02	11.92	1.75	7.39	5.37	6.43	25.93

此外，非烃气体 H_2S 和 CO_2 在 TSR 过程中，其生成量具有较好的协同变化关系（图 5-3），CO_2 的产量随着 H_2S 产量增加而增加。由此可见，CO_2 产量可作为辅助判别 TSR 反应程度的一个参数。

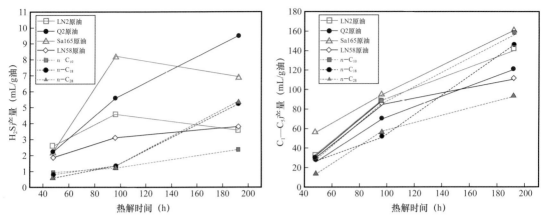

图5-2 不同原油和烷烃的 TSR 气体产物产量随时间的变化关系

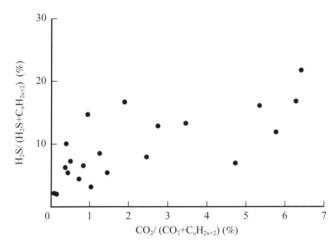

图5-3 H_2S 和 CO_2 含量的关系（$MgSO_4$ 实验组）

三、TSR 作用的反应机制

国内外学者通过的大量岩石学和地球化学研究，建立了大量 TSR 作用和 H_2S 成因判别参数或指标，如油气藏中天然气异常高的干燥系数、H_2S 和 CO_2 含量，储层中含硫矿物的赋存，以及油气藏中有机含硫化合物或 H_2S 硫同位素的富集等。同时，地球化学家也根据地质统计和模拟实验给出了 TSR 启动的温度门限。但由于不同油气藏或勘探区地质条件和实验条件的差异，不同学者给出的温度门限和判识参数（如硫同位素组成）存在较大差异。由于对 TSR 作用诸多认识上的不足，使得油气藏中的 H_2S 预测仍然困扰着目前的油气勘探。充分认识地质条件下 TSR 的反应机制、动力学及控制因素，不仅有利于判别 H_2S 的成因，也将有助于准确预测 H_2S 含量与分布。TSR 作用是地层水中特殊的硫酸盐结构氧化烃类或原油的过程，常与原油的热裂解相伴生。TSR 反应不同于原油裂解过程的自由基反应，TSR 作用势必会改变原油的热稳定性。同时，由于氧化还原反应除了产生还原产物 H_2S，还生成氧化产物 CO_2 和副产物固体沥青等，有机碳源的消耗对最终二次裂解气产量也很可能存在影响。

针对 TSR 的反应机理，美国加州能源与环境研究院的课题组基于模拟实验和理论计算开展了大量的工作（Ellis 等，2006，2007；Zhang 等，2007，2008；Amrani 等，2008；Ma 等，2008），并提出，TSR 反应可以分为两个主要阶段：启动阶段（也称引发阶段）和 H_2S 的自催化阶段。启动阶段是硫酸盐直接氧化烃类的过程，由于往往需要克服较高的能垒，因此被认为是 TSR 作用的决速反应。他们基于密度函数理论的计算，得出 HSO_4^- 和硫酸盐接触离子对（Contact Ion Pairs，CIP）相对于游离的 SO_4^{2-} 更容易启动 TSR 反应，并暗示 CIP 或 HSO_4^- 可能是启动反应中实际可行的氧化剂。He 等（2014）通过黄金管模拟实验同原位激光拉曼技术相结合，证实了模拟实验的高温条件（>300℃）下和地质温度条件（<250℃）下 TSR 反应的氧化剂分别为 HSO_4^- 和 CIP。不同硫酸盐在与烃类的热解中表现出不同的氧化能力，游离的 SO_4^{2-} 的电荷中心位于质点中心，为十分稳定的对称正四面体结构，S—O 键很难发生断裂，难以直接氧化烃类。一旦具有强极化能力的阳离子与游离的 SO_4^{2-} 直接接触（接触离子对），其对称的电子分布受到破坏，特定位置的 S—O 键键能将降低，断裂也变得相对容易。另一方面，温度的增加会促成硫酸盐（如硫酸镁）在水溶液中的双水解反应，并产生一定含量的活性氧化剂 HSO_4^-。当温度高于 300℃时，$MgSO_4$ 溶液拉曼特征吸收峰会发生明显的突变，也证实了高温条件下存在强烈的双水解反应。因此，高温热解体系中，$MgSO_4$ 氧化烃类最直接的氧化剂主要是 HSO_4^-。

$$(1+n) Mg^{2+} + SO_4^{2-} + H_2O \longleftrightarrow nMg(OH)_2 : MgSO_4(1-2n)H_2O(s)\downarrow + (2n)H^+$$

显然，高温模拟实验条件下启动 TSR 反应的直接氧化剂通常是 HSO_4^-。那么，地质条件下启动 TSR 反应的直接氧化剂是 CIP 还是 HSO_4^-？实际上，只有当溶液的 pH 值<3.0 时，体系中的 HSO_4^- 浓度才足够高从而氧化烃类。考虑到实际海相地层水 pH 值通常>5.0，因此实际油藏中引发 TSR 反应的最可行的氧化剂是 CIP。硫酸盐在溶液中存在如下结构演化平衡，即从游离的阴阳离子到水合离子对（SIP）再到接触离子对（CIP）的三步过程：

$$Mg^{2+} + SO_4^{2-} \longleftrightarrow Mg(OH_2)_2SO_4 [2SIP] \longleftrightarrow Mg(OH_2)SO_4 [SIP] \longleftrightarrow MgSO_4 [CIP]$$

通过原位激光拉曼技术对不同温度条件下 $MgSO_4$ 溶液中各种不同结构进行定量检测（图 5-4）。结果表明，$MgSO_4$ 溶液中的 CIP 含量随温度的升高而增加，在实际发生 TSR 的油藏温度条件（80~200℃）下，地层水中的 CIP 含量在高温条件下可达 50%，因此实际油藏中 TSR 引发反应的最可行和最重要的氧化剂应该是硫酸盐的接触离子对结构，而并非游离的 SO_4^{2-} 或者含量不足的 HSO_4^-。

$MgSO_4$ 溶液在升温过程中的拉曼光谱是通过原位激光拉曼技术检测，样品封装在石英管中，对石英管的加热在冷热台上进行；在 980cm^{-1} 处的拉曼峰为 980cm^{-1} 的游离 SO_4^{2-} 和 993cm^{-1} 处的 CIP 结构的叠加，其中峰的解析选用软件 PeakFit v4.12，理论模型为 Gaussian-Lorentzian area model 和 quadratic baseline。CIP 的相对含量的计算公式如下：$[CIP]/CT = I_{993}cm^{-1}/(I_{980}cm^{-1} + I_{993}cm^{-1})$，CT 表示 SO_4^{2-}、SIP、2SIP 和 CIP 的总量。（据 He 等，2014）

同时，硫酸盐溶液中接触离子对的含量往往随着溶液浓度或水/盐比的改变而改变。既然 CIP 是引发 TSR 反应最主要的氧化剂，那么溶液中硫酸盐浓度的改变很可能影响热解体系 TSR 反应的速率。对不同浓度 $MgSO_4$ 在高温条件下的拉曼光谱进行了检测，

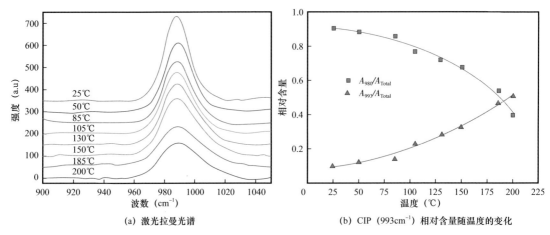

(a) 激光拉曼光谱

(b) CIP（993cm⁻¹）相对含量随温度的变化

图 5-4　2.0mol/L MgSO₄ 溶液拉曼光谱（980cm⁻¹）和 CIP（993 cm⁻¹）相对含量随温度的变化

图 5-5（a）给出了硫酸根在 980cm⁻¹ 处特征峰随浓度的变化。从图 5-5（b）中可以看出，溶液中接触离子对的含量与硫酸盐浓度呈正比。因此，TSR 反应速率随硫酸盐浓度增加的现象很大程度上归因于体系内 CIP 含量的增加。

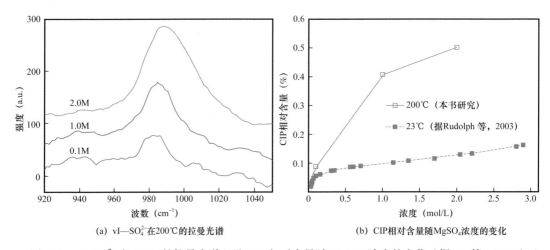

(a) νI—SO_4^{2-}在200℃的拉曼光谱

(b) CIP相对含量随MgSO₄浓度的变化

图 5-5　ν1-SO_4^{2-} 在 200℃的拉曼光谱以及 CIP 相对含量随 MgSO₄ 浓度的变化（据 He 等，2014）

众所周知，由于储层矿物与地层水存在溶解平衡，油田水中常含有大量的溶解盐离子。Cl^-、Na^+、Mg^{2+} 通常是碳酸盐岩储层地层水中除 SO_4^{2-} 之外的主要离子类型，这些离子的类型和相对含量随着地质环境的变化存在较大的差异，溶解盐的存在很可能会改变地层水中活性硫酸盐结构的浓度。$MgCl_2$ 的加入明显引起了特征峰（980cm⁻¹）向高波数的偏移，且这种偏移随着加入盐浓度的增加而加剧，这表明溶液中 CIP 相对含量随 $MgCl_2$ 浓度的增大而增加（He 等，2014）。而 NaCl 的加入似乎对该特征峰的影响不大。因此，地层水中溶解盐，尤其是氯化镁的含量会影响硫酸镁接触离子对的浓度，从而影响实际地质条件下的 TSR 反应。

活性硫酸盐的浓度除了取决于阳离子特征和浓度，也很大程度上受溶液中硫酸根浓度的影响，后者主要来源于地层中膏盐的溶解。实际上，地层水盐度的增加会在一定程度上促进膏盐的溶解，从而提高地层水中 SO_4^{2-} 的浓度（图 5-6）。因此，尽管 NaCl 浓度的增加对地层水中接触离子对的形成没有直接的影响，但是能促进膏盐的溶解，从而间接导致地层水中溶解硫酸盐结构的增加，并最终有利于地下 TSR 反应的进行。

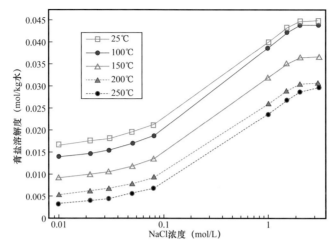

图 5-6　溶解盐（NaCl）浓度对膏盐溶解度的影响（基于 FREEQC 计算）

　　基于拉曼光谱分析结果，可以建立地层水中 CIP 的浓度与温度和地层水中溶解镁离子浓度的关系模型（图 5-7）。要预测地下的含 H$_2$S 天然气分布，最有效的办法就是建立 TSR 反应动力学模型。Ma 等（2008）基于密度函数和过渡态理论的量子化学计算，得到不同硫酸盐结构与烃类反应的能垒。发现 SO$_4^{2-}$ 引发 TSR 反应的活化能要明显高于其他几种硫酸盐结构。尽管当温度较高（＞300℃）时 MgSO$_4$ 的双水解反应会使得溶液中活性硫酸盐结构由接触离子对向 HSO$_4^-$ 大量转化，但［MgSO$_4$］CIP 和 HSO$_4^-$ 启动烃类 TSR 反应的活化能差别不大。因此，可通过 MgSO$_4$ 溶液与原油或烃类的高温热解实验，来研究［MgSO$_4$］CIP 结构对二次裂解气产量和热稳定性的影响以及实际地质条件下的 TSR 反应动力学。基于理论计算和实验动力学计算的结果表明，原油或液态烃发生 TSR 反应的活化能明显低于单独裂解（表 5-4）。

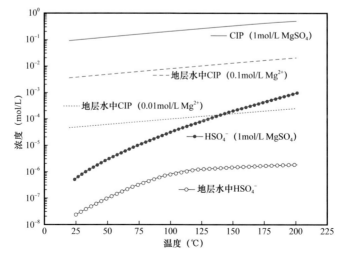

图 5-7　地层水中活性硫酸盐浓度随温度的演化模型（据 He 等，2014）

表 5-4　不同研究者给出的 TSR 反应动力学参数

反应	pH 值	E_a（kJ/mol）	A（s^{-1}）	参考文献
QB3 油 +CaSO$_4$+CaCO$_3$	>9.0	58.1	1.0×10^{15}	He 等，2019
C$_2$H$_6$+SO$_4^{2-}$		77.6	1.47×10^{13}	Ma 等，2008
C$_2$H$_6$+［CaSO$_4$］CIP		62.5		
C$_2$H$_6$+［MgSO$_4$］CIP		56.2		
C$_2$H$_6$+HSO$_4^-$		55.8		
烷烃 +CaSO$_4$	3.0	246.6	1.62×10^{15}	Zhang 等，2012
烷烃 +CaSO$_4$	3.5	246.6	3.98×10^{14}	
葡萄糖 +NaHSO$_4$	1.35	253.5	1.77×10^{16}	Kiyosu，1980
葡萄糖 +H$_2$SO$_4$	0.9	223.5	1.87×10^{16}	
乙酸 +H$_2$SO$_4$		230.7	3.93×10^{16}	Kiyosu 和 Krouse，1990
乙酸 +Na$_2$SO$_4$+S	5.24～6.79	142.1	2.90×10^8	Cross 等，2004

TSR 反应速率与反应的活化能和地层水中活性硫酸盐浓度存在如下关系：$k=k$（T）×［活性硫酸盐浓度］$=A \times \exp$［$-E_a/RT$］×［HSO$_4^-$］（［CIP］）（Zhang 等，2018）。基于之前建立的不同温度条件下地层水中活性硫酸盐（硫酸镁接触离子对 CIP 和硫酸氢根 HSO$_4^-$）浓度的预测模型（He 等，2014），通过不同 Mg^{2+} 含量地层水条件下的地质推演，可以建立如图 5-8 所示 TSR 转化曲线。显然，高 Mg^{2+} 浓度地层水油藏的 TSR 反应较低 Mg^{2+} 浓度油藏更容易进行，门限温度仅为 140℃，远低于原油裂解温度。

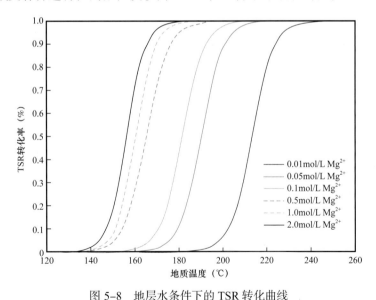

图 5-8　地层水条件下的 TSR 转化曲线

实际上，大量模拟实验或地质观察等研究表明，地质条件下的 TSR 反应速率还受控于其他众多因素。不稳定含硫化合物的含量很大程度上决定了原油发生 TSR 反应的温度门限

（Tang 等，2005），根据不同噻吩含量的链烷烃 TSR 反应动力学的动力学参数，可以通过地质推演得到硫化氢的转化曲线（图 5-9）。可以发现高含硫原油 TSR 反应的温度较低含硫原油可低 30℃。同时，根据实验与理论计算得到原油和气态烃 TSR 反应的动力学参数（He 等，2019），可建立原油、重烃气体及甲烷在不同浓度的 Mg^{2+} 下发生 TSR 作用的地质模型（图 5-10）。可以发现，原油、重烃气体及甲烷在相同浓度的 Mg^{2+} 下发生 TSR 作用的难度依次增加。其中，甲烷在地质条件下发生 TSR 反应的温度通常高于 200 ℃。

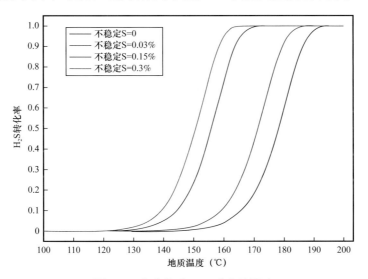

图 5-9　含硫量对 TSR 反应的影响

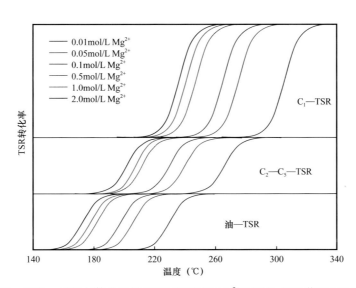

图 5-10　原油、重烃气体及甲烷在不同浓度的 Mg^{2+} 下发生 TSR 作用的地质模型

第二节　稠油热采过程中的 TSR 作用

稠油大多都是经历了生物降解的原油，而且一般硫含量都比较高。由于稠油密度大、黏度高，用常规的采油方法对其进行开采的效果比较差。为了提高稠油的采收率，最常用

的方法是蒸汽热采。然而，由于稠油中较高的硫含量，在蒸汽热采过程中原油同样会发生TSR作用，产生一定量的 H_2S 和 CO_2，这些酸性气体不但会污染环境，还会对采油设备造成腐蚀，以及对人身安全造成危害。因此，选取合适的热采条件对控制稠油开采过程中酸性气体的产生以及降低开采成本非常重要。本节以委内瑞拉稠油为例，通过黄金管模拟实验来探讨稠油热采过程中 H_2S 的形成机理及影响因素。

委内瑞拉是世界上稠油储量最大的国家，稠油的技术可采储量达 $265.7 \times 10^8 bbl$，占世界重油储量的 55.35%（Frances，2016）。中国石油与委内瑞拉国家石油公司共同开发的MPE-3项目位于东委内瑞拉盆地的 Orinoco 稠油带（图 5-11）。稠油产于古近系的 Oficin组下部的未固结砂岩中（Martinius 等，2012）。油源为上白垩统的黑色泥灰岩和页岩（Liliana 等，2015）。上中新统的海相泥岩为油藏盖层（Tocco 等，2002）。在 MPE-3 项目区域油藏埋深为 $439 \sim 1070m$。原油密度为 $1.0158g/cm^3$，地表黏度为 $5516cP$。地层水类型为 $CaCl_2$ 型和 $NaHCO_3$ 型。原油伴生气中的硫化氢含量一般小于 $20mL/m^3$。本次研究过程中选取三个重油样品，原油的族组成和硫含量见表 5-5。三个样品的硫含量相差不大，但都大于 4%，属于高硫油。

表 5-5　原油样品族组成及硫含量

样品名称	饱和烃（%）	芳烃（%）	非烃（%）	沥青质（%）	硫（%）
CJS-138	12.63	38.51	28.02	20.84	4.32
CJS-48	8.57	54.79	21.79	14.85	4.26
CJS-20	12.89	38.53	30.89	17.70	4.12

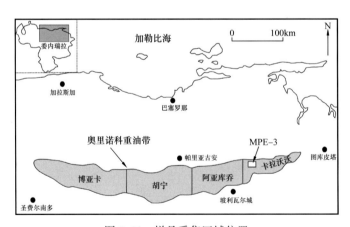

图 5-11　样品采集区域位置

实验在黄金管模拟体系中进行，实验过程中的油水比例为 1:1。实验在一般采取蒸汽热采温度范围（120～300℃）内的两个温度（150℃和250℃）进行。根据一般热采过程蒸汽注入的时间，每个温度点采用 5 个不同的恒温时间，分别为 24h（1 天）、72h（3 天）、192h（8 天）、360h（15 天）和 504h（21 天）进行恒温裂解实验。实验压力根据储层的埋深确定，流体压力为 1200psi。

表 5-6 中列出了三个样品在不同的实验条件下模拟生成的气体产率组成。可以发现，上述稠油在恒温热解过程中除了产生烃类气体，还生成大量的酸性气体（CO_2 和 H_2S）和氢气。其中，CO_2 含量大于 80%。H_2S 含量虽然不高（最高为 5.812%），但是足以对生产、环境和人员安全造成非常大的危害。因此，在委内瑞拉稠油热采过程中所生成的气体必须进行脱硫处理。

图 5-12 和图 5-13 显示了上述三个样品分别在 150℃和 250℃生成不同气体组分的产率随恒温时间的变化情况。可以发现模拟实验温度为 150℃时，所有气体组分的产率随着恒温时间的增加而增加。对于烃类气体，图 5-12 中两个样品热解生成烃类气体随恒温时间增加的变化规律相似，不同恒温时间的烃类气体产率相差不大。而两个样品热解生成 H_2、H_2S 和 CO_2 产率随恒温时间增加的变化规律差异较大。

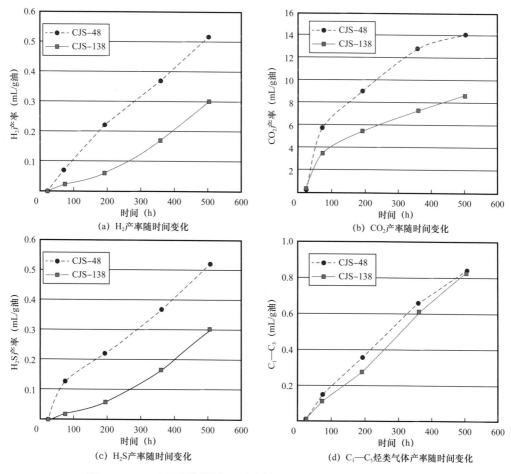

图 5-12　150℃不同恒温室两重油样品所生成不同气体组分的产率

热解模拟实验温度为 250℃时（图 5-13），不同气体组分的产率随着恒温时间增加的变化规律与 150℃时的模拟实验结果则有明显的不同。烃类气体、H_2S 和 CO_2 产率随恒温时间增加而增加，但它们的变化规律差异较大，不同恒温时间的 CO_2 产率相差不大。两个样品所产生的 H_2S 和烃类气体产率随恒温时间增加存在一定的差异。而 H_2 的产率呈现

表 5-6 不同的实验条件下模拟生成的总气体产率和组成

温度(℃)	样品	恒温时间(h)	总气体产率(mL/g油)	百分含量(%)											
				H_2	CO_2	H_2S	CH_4	C_2H_6	C_2H_4	C_3H_8	C_3H_6	$i-C_4$	$n-C_4$	$i-C_5$	$n-C_5$
150	CJS-48	24	0.23	0	95.360	0	3.055	0.966	0.031	0.434	0	0.091	0.063	0	0
		72	6.07	1.141	94.235	2.141	1.662	0.492	0.019	0.239	0	0.036	0.035	0	0
		192	9.83	2.239	91.907	2.239	2.504	0.675	0.014	0.35	0	0.037	0.035	0	0
		360	14.24	2.598	90.167	2.598	3.307	0.818	0.012	0.393	0	0.038	0.037	0.016	0.016
		504	16.00	3.235	88.291	3.235	3.933	0.864	0.01	0.322	0	0.038	0.037	0.017	0.018
	CJS-138	24	0.36	0	95.828	0	2.793	0.892	0.01	0.477	0	0	0	0	0
		72	3.64	0.64	95.764	0.56	2.013	0.621	0.006	0.305	0	0.056	0.035	0	0
		192	5.85	1.026	93.160	1.026	3.323	0.868	0.014	0.443	0	0.07	0.07	0	0
		360	8.25	2.06	88.481	2.06	5.275	1.334	0.011	0.612	0	0.07	0.097	0	0
		504	10.10	2.97	85.941	2.97	6.04	1.397	0.009	0.521	0	0.075	0.077	0	0
250	CJS-20	24	13.13	0.96	92.737	0.96	3.677	1.024	0.042	0.387	0.015	0.069	0.065	0.034	0.030
		72	15.47	4.266	87.691	2.361	3.854	1.099	0.046	0.466	0.012	0.067	0.066	0.04	0.032
		192	17.08	5.11	85.407	3.111	4.83	0.966	0.024	0.346	0.010	0.073	0.05	0.039	0.034
		360	18.01	3.944	85.084	4.2394	5.055	1.101	0.009	0.358	0.008	0.062	0.064	0.038	0.038
		504	19.00	3.421	84.421	5.2641	5.395	1.101	0.007	0.309	0.006	0.022	0.028	0.011	0.015
	CJS-48	24	14.15	2.767	90.797	0.8675	3.802	1.14	0.058	0.362	0.008	0.076	0.069	0.029	0.024
		72	15.59	4.593	86.807	2.693	4.175	1.137	0.031	0.324	0.01	0.095	0.075	0.033	0.027
		192	17.74	5.743	83.74	3.742	5.312	1.015	0.003	0.198	0.002	0.087	0.071	0.038	0.049
		360	18.77	4.965	82.68	5.095	5.692	1.12	0.001	0.236	0.001	0.075	0.058	0.034	0.043
		504	19.35	4.212	82.291	5.812	6.18	1.132	0.001	0.174	0.001	0.068	0.071	0.024	0.034

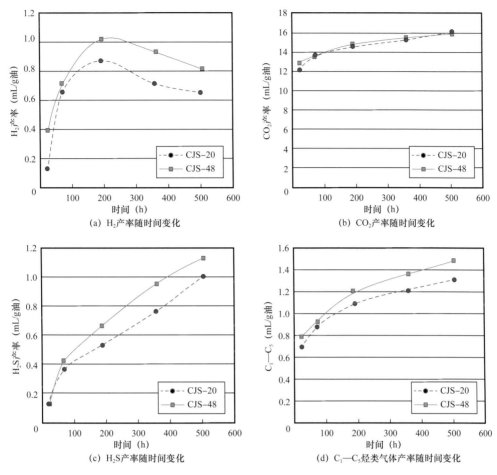

(a) H_2产率随时间变化   (b) CO_2产率随时间变化

(c) H_2S产率随时间变化   (d) C_1—C_5烃类气体产率随时间变化

图 5-13   250℃不同恒温室两重油样品所生成不同气体组分的产率

先增加后降低的变化规律。H_2 产率在恒温 192h 后随恒温时间增加而降低，可能与在此温度下 H_2 与 CO_2 之间的费托合成反应有关。由于 CO_2 的产率非常高，H_2 与 CO_2 之间的费托合成反应不会导致 CO_2 的产率降低。

对比上述模拟实验结果可以得到如下认识：随着模拟温度的增加，生成的酸性气体（特别是 H_2S）的产率增加，随着注气时间的增加，热采过程的 H_2S 产率也在增加。但是，上述三个样品中硫的总含量相差不大，而 H_2S 的产率却有明显的不同，这可能与不同原油样品中的含硫化合物的存在方式不同有关。

为了探讨不同稠油热采过程中 H_2S 的形成机理，对 CJS-48 井原油在 250℃恒温不同时间热解残留油不同族组分中的硫含量进行了分析（表 5-7）。图 5-14 显示了不同族组分中的硫含量随恒温时间的变化情况。可以看出，随着恒温时间的增加，残留油中的总硫含量和芳烃中的硫含量不断减少，而非烃和沥青质中的硫含量不断增加。上述结果表明，原油热采过程中 H_2S 的生成与芳烃中的硫含量密切相关。例如，来源于 CJS-138 井原油中的总硫含量（4.32%）略高于 CJS-48 井原油中的总硫含量（4.26%）（表 5-5），而在 150℃的模拟实验条件下 CJS-48 井原油裂解产生的 H_2S 却高于 CJS-138 井原油（图 5-15）。这主要是由于 CJS-48 井中芳烃含量（54.79%）远高于 CJS-138 井的原油（38.51%）。而非烃和沥青质中硫含量随恒温时间延长而增加可能与部分含硫芳烃组分转化为非烃和沥青质相关。

表 5-7　CJS-48 井原油 250℃恒温不同时间热解残留油族组成及各族组分中的硫含量

样品名称	组分	热解残留油及不同族组分中的硫含量（%）				
		残留油	饱和烃	芳烃	非烃	沥青质
原始油	族组分		8.57	54.79	21.79	14.85
	硫含量	4.26	0	6.13	2.18	2.88
恒温 24h	族组分		12.91	51.54	20.14	15.40
	硫含量	4.23	0	6.44	2.36	2.85
恒温 72h	族组分		14.84	49.73	19.49	15.95
	硫含量	4.19	0	6.59	2.44	2.76
恒温 192h	族组分		15.03	47.04	19.12	18.81
	硫含量	4.15	0	6.75	2.49	2.65
恒温 360h	族组分		14.92	46.30	19.28	20.49
	硫含量	4.13	0	6.82	2.54	2.50
恒温 504h	族组分		10.92	44.30	22.43	22.34
	硫含量	4.10	0	6.99	2.28	2.25

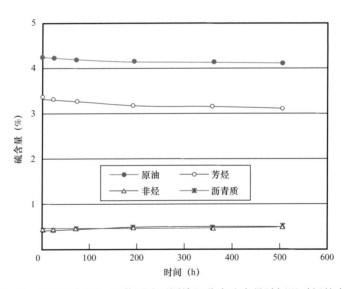

图 5-14　250℃下 CJS-48 井原油不同族组分中硫含量随恒温时间的变化

　　为了更深入地探讨 H_2S 的生成与芳烃的哪种化合物有关，对 CJS-48 井原油在 250℃下恒温不同时间的残留油的芳烃组分进行全二维气相色谱—飞行时间质谱分析。图 5-16 显示了恒温 1 天和恒温 21 天的芳烃中含硫化合物对比结果。很明显，与恒温 1 天的残留油相比，恒温 21 天的残留油中噻吩类化合物的含量明显降低，苯并噻吩类化合物的含量减少最大，说明 H_2S 的生成受原油中苯并噻吩含量影响最大。

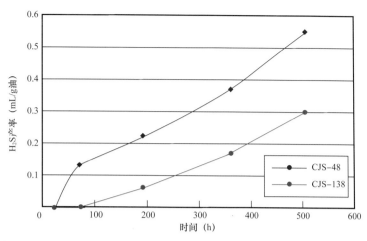

图5-15 芳烃含量不同的两个油样在相同实验条件（150℃，1000psi）下 H₂S 产率对比情况

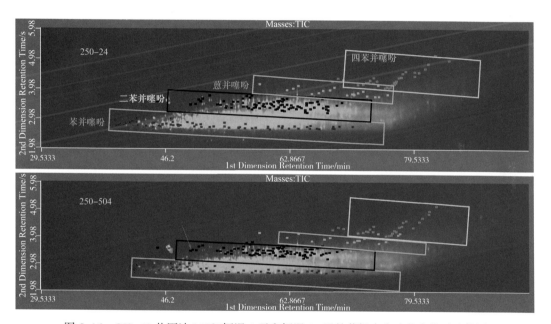

图5-16 CJS-48 井原油 250℃恒温 1 天和恒温 21 天的芳烃中含硫化合物对比结果

小　结

（1）TSR 作用能明显加速原油裂解生气，导致原油裂解温度降低 40～50℃。

（2）高温实验条件和地质条件下引发 TSR 作用的氧化剂分别为硫酸氢根和硫酸盐接触离子对。TSR 反应的温度受控于多种因素，包括原油含硫量、地层水中溶解硫酸盐类型和浓度等。其中，原油含硫量越高，发生 TSR 作用的活化能和门限温度越低；地层水中 Mg^{2+} 浓度的增加会导致 TSR 氧化剂 $MgSO_4$ 接触离子对含量增加，从而加速 TSR 反应。

（3）委内瑞拉稠油热采过程产生气体中 H₂S 浓度随热采温度的升高而增加，H₂S 的产生与原油芳烃含量（特别是噻吩类化合物）密切相关。

参 考 文 献

蔡春芳, 李洪涛 . 2005. 沉积盆地热化学硫酸盐还原作用评述 [J] . 地球科学进展, 20 (10): 1100–1105.

戴金星 . 1985. 中国含硫化氢的天然气分布特征, 分类及其成因探讨 [J] . 沉积学报, 3 (4): 109–120.

戴金星, 胡见义, 贾承造 . 2004. 关于高硫化氢天然气田科学安全勘探开发的建议 [J] . 石油勘探与开发, 31 (2): 1–5.

丁康乐, 李术元, 岳长涛, 钟宁宁 . 2005. 硫酸盐热化学还原反应的研究进展 [J] . 石油大学学报, 29 (1): 150–155

王一刚, 窦立荣, 文应初, 等 . 2002. 四川盆地东北部三叠系飞仙关组高含硫气藏 H_2S 成因研究 [J] . 地球化学, 31 (6): 517–524.

岳长涛, 李术元, 丁康乐, 钟宁宁 . 2005. 影响天然气保存的 TSR 反应体系模拟实验研究 [J] . 中国科学 (D 辑: 地球科学), 35 (1): 48–53.

张水昌, 朱光有, 梁英波 . 2006. 四川盆地普光大型气田 H_2S 及优质储层形成机理探讨——读马永生教授的 "四川盆地普光大型气田的发现与勘探启示" 有感 [J] . 地质论评, 52 (2): 230–235.

朱光有, 张水昌, 李剑 . 2004. 中国高含硫化氢天然气的形成及其分布 [J] . 石油勘探与开发, 31 (3): 18–21.

朱光有, 张水昌, 梁英波 . 2005. 硫酸盐热化学还原反应对烃类的蚀变作用 [J] . 石油学报, 26 (5): 48–52.

Amrani, A, Zhang T W, Ma Q S, et al. 2008. The role of labile sulfur compounds in thermochemical sulfate reduction [J] . Geochimica et Cosmochimica Acta 72, 2960–2972.

Cai C F, Worden R H, Bottrell S H, et al. 2003. Thermochemical sulphate reduction and the generation of hydrogen sulphide and thiols (mercaptans) in Triassic carbonate reservoirs from the Sichuan Basin, China [J] . Chem. Geol. 202, 39–57.

Cai C F, Xie Z Y, Worden R H, et al. 2004. Methane–dominated thermochemical sulphate reduction in the Triassic Feixianguan Formation East Sichuan Basin, China : towards prediction of fatal H_2S concentrations [J] . Mar. Petrol. Geol. 21, 1265–1279.

Cross M M, Manning D A C, Bottrell S H, Worden R H. 2004. Thermochemical sulphate reduction (TSR) : experimental determination of reaction kinetics and implications of the observed reaction rates for petroleum reservoirs [J] . Organic Geochemistry 35, 393–404.

Frances J H, 2016 Geology of bitumen and heavy oil : An overview. Journal of Petroleum Science and Engineering. Http ://dx.doi.org/10.1016/j.petrol.11.025.

Goldhaber M B, Orr W L, 1995. Kinetic controls on thermochemical sulfate reduction as source of sedimentary H_2S. In : Vairavamurthy, M.A., Schoonen, M.A.A. (Eds.), Geochemical Transformations of Sedimentary Sulfur [J] . American Chemical Society, Washington, DC, 412–425.

He K, Zhang S C, Mi J K, Hu G Y. 2014. The speciation of aqueous sulfate and its implication on the initiation mechanisms of TSR at different temperatures [J] . Applied Geochemistry, 43: 121–131.

He K, Zhang S C, Mi J K, et al. 2019. Experimental and theoretical studies on kinetics for thermochemical sulfate reduction of oil, C_{2-5} and methane [J] . Journal of Analytical and Applied Pyrolysis, 139: 59–72.

Heydari E. 1997. The role of burial diagenesis in hydrocarbon destruction and H_2S accumulation, Upper Jurassic

Smackover Formation, Black Creek field, Mississippi [J] . AAPG Bulletin 81: 26-45.

Hoffman G G, Steinfatt I. 1993. Thermochemical sulfate reduction at steam flooding processes-a chemical approach [R] . American Chemical Society, Washington, DC (United States) .

Kiyosu Y. 1988. Chemical reduction and sulfur-isotope effects of sulfate by organic matter under hydrothermal conditions [J] . Chem. Geol, 30: 47-56.

Kiyosu Y, Krouse H R. 1989. Carbon isotope effect during abiogenic oxidation of methane [J] . Earth and Planetary Science Letters 95: 302-306.

Kiyosu Y, Krouse H R. 1990. The role of organic-acid in the abiogenic reduction of sulfate and the sulfur isotope effect [J] . Geochemical Journal 24: 21-27.

Kiyosu Y, Krouse H R. 1993. Thermochemical reduction and sulfur behavior of sulfate by acetic acid in the presence of native sulfur [J] . Geochem. 27: 49-57.

Krouse HR, Viau CA, Eliuk LS, Ueda A and Halas S. 1988. Chemical and isotopic evidence of thermochemical sulfate reduction by light hydrocarbon gases in deep carbonate reservoirs [J] . Nature, 333: 415-419.

Liliana L, Salvador L M, John K V. 2015. Evidence for mixed and biodegraded crude oils in the Socororo field, Eastern Venezuela Basin. Organic Geochemistry. 82: 12-21.

Ma Q S, Ellis G S, Amrani A, et al. 2008. Theoretical study on the reactivity of sulfate species with hydrocarbons [J] . Geochimica et Cosmochimica Acta 72, 4565-4576.

Machel H G. 2001. Bacterial and thermochemical sulfate reduction in diagenetic settings old and new insights [J] . Sedimentary Geology 140: 143-175.

Manzano B K, Fowler M G, Machel H G. 1997. The influence of thermochemical sulfate reduction on hydrocarbon composition in Nisku reservoirs, Brazeau fiver area, Alberta, Canada. Organic Geochemistry 27: 507-521.

Martinius A W, Hegner J, Kaas I, Bejarano C, et al. 2012. Sedimentology and depositional model for the Early Miocene Oficina Formation in the Petrocedeño Field (Orinoco heavy-oil belt, Venezuela) [J] . Marine and Petroleum Geology, 35 (1): 354-380.

Orr W L. 1977. Geologic and geochemical controls on the distribution of hydrogen sulfide in natural gas [M] . In : Campos, R., Goni, J. (Eds.), Advances in Organic Geochemistry [J] . Enadisma, Madrid, Spain, 571-597.

Orr W L. 1982 . Rate and mechanism of non-microbial sulfate reduction [C] // Geological Society of America Meeting.

Pan C C, Yu L P, Liu J Z, Fu J M. 2006. Chemical and carbon isotopic fractionations of gaseous hydrocarbons during abiogenic oxidation [J] . Earth and Planetary Science Letters 246: 70-89.

Rudolph W W, Irmer G, Hefter G. 2003. Raman spectroscopic investigation of speciation in MgSO4 (aq) [J] . Physical Chemistry Chemical Physics, 5 (23): 5253-5261.

Sassen R. 1988. Geochemical and carbon isotopic studies of crude oil destruction, bitumen precipitation and sulfate reduction in the deep Smackover Formation [J] . Organic Geochemistry, 12: 351-361

Seewald J S. 2003. Organic-inorganic interactions in petroleum-producing sedimentary basins [J] . Nature, 426: 327-333.

Tang Y C, Ellis G S, Zhang T W, Jin Y B. 2005. Effect of aqueous chemistry on the thermal stability of hydrocarbons in petroleum reservoirs, Geochim [J] . Cosmochim. Acta 69: 559–568.

Tocco R, Alberdi M. 2002. Organic geochemistry of heavy/extra heavy oils from sidewall cores, Lower Lagunillas Member, Tia Juana Field, Maracaibo Basin, Venezuela [J] . Fuel, 81 (15): 1971–1976.

Worden RH, Smalley PC, Oxtoby NH. 1995. Gas souring by thermochemical sulfate reduction at 140 ℃ [J] . AAPG Bulletin, 79 (6): 854–863.

Zhang S C, Zhu G Y, Liang Y B, et al. 2005. Geochemical characteristics of the Zhaolanzhuang sour gas accumulation and thermochemical sulfate reduction in the Jixian Sag of Bohai Bay Basin [J] . Org. Geochem. 36: 1717–1730.

Zhang T W, Ellis G S, Wang K S, et al. 2007. Effect of hydrocarbon type on thermochemical Sulfate Reduction [J] . Organic Geochemistry, 38: 897–910.

Zhang T W, Amrani A, Ellis G S, et al. 2008. Experimental investigation on thermochemical sulfate reduction by H_2S initiation. Geochim [J] . Cosmochim. Acta 72: 3518–3530.

第六章　流体压力对有机质生烃的影响

第一节　压力对生烃作用的研究进展

传统理论认为，有机质生烃主要受温度和时间的影响（Lopatin，1971；Waples，1980；Tissot 和 Welte，1984；Sun 等，2005，2006；Qiu 等，2010）。最早一般认为压力对有机质生烃作用并没有明显的影响，基本可以忽略不计（Tissot 和 Welte，1984；Allen 和 Allen，1990）。然而，在实例观测中，一方面在很多盆地（如北海盆地、美国 Unita 盆地、加拿大 Sable 盆地，以及中国莺歌海盆地和准噶尔盆地）中证明了超压对有机质热演化的抑制作用；另一方面在很多盆地（如中国琼东南盆地、美国绿河盆地和澳大利亚西北陆架区）中证明超压对镜质组反射率等有机质热演化参数未产生可识别的影响。因此，不同学者又重新研究压力对有机质生烃作用的影响。

所谓的压力异常，通常是指储层或烃源岩中的流体压力小于或大于静水压力。流体压力小于地层静水压力时为低压异常（负压异常）；流体压力大于地层静水压力时为高压异常（又称超压异常，如图 6-1 所示）。地层压力异常通常用压力系数（地层流体压力与静水压力的比值）来描述。在油气勘探领域，压力系数 <0.8 时为异常低压地层，压力系数 >1.2 时为异常高压地层，压力系数 = 0.8～1.2 时为正常压力地层。一般低压异常多见于天然气层中，如鄂尔多斯盆地上古生界的天然气藏有大部分呈现低压异常。压力异常在油气藏或烃源岩中都可能存在，通常在研究压力对生烃的影响作用时都是指高压异常。

超压系统是沉积盆地中由超压烃源岩层（主要为欠压实泥／页岩或生烃强度较高的烃源岩）、流体输导层和封闭层构成的具有统一压力梯度的三维地质体。超压发育受多种因素控制，根据产生超压的过程，可以将超压发育机理划分为三种：（1）由压应力引起的孔隙体积减小的增压过程，包括压实不均衡（垂直负载应力）和构造应力（侧向挤压应力）；（2）孔隙流体体积增大引起的增压过程，包括水热增压、黏土矿物脱水、生烃作用和原油裂解生气等；（3）流体流动和浮力的增压作用，包括重力水头、浮力等。由此可划分为若干超压成因类型，如压实不均衡型超压、生烃型超压、成岩型超压和构造挤压型超压等。在实际沉积盆地中，由单一因素引起的超压很少，很多盆地发育的超压是多种成因机制共同作用的结果。据统计，国内外超压盆地中，生烃作用、压实不均衡及二者的共同作用是盆地超压发育的主要成因机制。

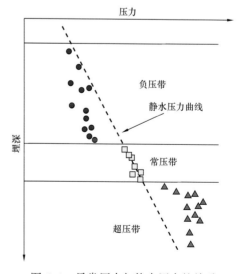

图 6-1　异常压力与静水压力的关系

关于超压对有机质生烃的作用在 20 世纪七八十年代就开始研究。但是不管是从地层压力地质实测资料统计，还是通过模拟实验，关于超压对有机质生烃的影响并没有一个完全统一的认识。目前，关于超压对有机质生烃作用的影响分为超压／压力抑制了有机质的转化、超压／压力对有机质生烃无明显影响、超压／压力对有机质生烃有促进作用、超压／压力对有机质转化的影响具有阶段性和差异性四种观点。

一、超压／压力抑制了有机质的转化

McTavish（1978）首先报道了北海盆地超压地层内镜质体演化受到抑制的现象，随后 Price（1985）等相继报道了在超深井 R_o=2.0%～5.0% 的地层中仍有中—高浓度的液态烃（C_{15+}）存在，即使当 R_o 高达 7.0%～8.0% 时，仍可检测到有液态烃（C_{15+}）存在（Price 等，1993）。在中国南海北部莺歌海盆地乐东 3-1-1A 井新近系超压地层内有机质的演化也存在类似情况。中国渤海湾盆地东濮凹陷盐岩的强封闭和古近系烃源岩生烃联合控制形成的超压，对烃类的热裂解产生了较强的抑制作用。为了解释超压抑制有机质演化这一地质现象，Price 等（1992）用 II 型干酪根泥岩样品进行了系统实验，结果显示，在温度一定的情况下，压力增加抑制了有机质演化（包括烃类的生成和热裂解）。实验研究进一步表明，外加压力使镜质组反射率演化变慢，并且加水热解的抑制效应似乎更加显著。多位学者（Bustin 等，1986；Braun 和 Burham，1990；Mastalerz 等，1993）通过不同的模拟实验也证明了压力升高抑制有机质演化和生烃作用。

二、超压／压力对有机质生烃无明显影响

Monthioux 等（1986）对未熟 III 型干酪根烃源岩样品进行热压模拟实验，结果表明，增加压力对有机质的演化没有影响，至少在实验所加的压力范围内，压力的影响是可以忽略的；Landais 等（1994）发现，压力的增加对干酪根的生烃速率也几乎没有影响；Huang（1996）的实验结果也表明在实验压力范围（50～200MPa）内，镜质组的热降解速率变化不大。现有一些超压盆地油气勘探已经印证了上述实验结果。Law（1989）报道了美国绿河盆地 Merna 和 WagonWheel 两口井的超压段内并未出现人们所预想的异常现象。澳大利亚 Barrow 盆地 BarrowDeep-1 井侏罗系 2650m 以下发育的超压对有机质的演化未产生可识别的影响，虽然该超压地层中 R_o 值也是异常低，但 He 等（2002）通过其他有机质演化成熟度指标（如 $Pr/n\text{-}C_{17}$ 和 $Ph/n\text{-}C_{18}$）的研究认为该区有机质演化正常，R_o 低值异常很可能是由测试样品富氢所致，与该区超压的发育无关，或超压未对有机质的演化产生可识别的影响。郝芳等（2004）也发现琼东南盆地 YA21-1-2 井，超压对有机质热演化的各个方面均未产生可识别的影响。

三、超压／压力对有机质生烃有促进作用

Schenk 等（1997）在封闭体系对不同压力条件下的原油裂解实验结果证明，压力增加能促进原油的裂解。除了这一报道，关于压力对有机质生烃有促进作用的文献报道还比较少。但是目前的模拟实验多是研究压力异常对生烃过程的影响，而对原油裂解过程压力的影响研究得比较少。

四、超压/压力对有机质转化的影响具有阶段性和差异性

超压/压力对有机质演化的影响具有阶段性和差异性，表现如下：（1）超压/压力的影响程度是有机质演化程度的函数；（2）超压/压力效应对有机质演化发生显著影响需要达到某一最小值，即门限值；（3）在有机质演化不同阶段发育的超压对生烃的影响不同；（4）同一超压系统内，不同类型有机质对超压的响应具有差异性。

前人通过实验研究发现，在碳化作用发生的第一阶段（温度为 $120\sim400\,℃$），压力的影响是可以忽略的；但是在碳化作用的第二阶段（温度为 $400\sim600\,℃$），压力的作用便凸现出来，在这个阶段压力对有机质脱挥发分化学反应的速率影响显著；在碳化作用的第三阶段（温度为 $600\sim1000\,℃$），增加压力有利于芳构化反应生成的 H_2 等小分子脱除，从而提高了脱挥发分作用的反应速率，可促进有机分子定向重排。Mastalerz 等（1993）的实验也观察到类似现象。这可能是由不同实验温度下发生的化学反应及化学反应速率和产物组成不同造成的。Hill 等（1996）的实验则表明，压力在一定范围内促进有机质的热演化，更高时对有机质热演化起抑制作用，可用分子碰撞理论来解释：压力较低时，有机质分子间的碰撞频率随压力升高而增加，促进了有机质的转化；压力更高时，笼蔽效应增强，有机质向油气转化的反应受到抑制。

超压/压力作用的阶段性也表现在超压/压力效应发生显著作用需要达到门限值。Price 等（1992）指出，随着有机质热演化程度的加深，压力的作用效应不是连续的，而是量子式的产生作用，即当压力达到某一门限值后（这一门限值会随温度的变化而变化），压力才开始发生显著作用。模拟实验和超压盆地油气勘探实践已证实了这一推断，但是，门限值与实验条件和超压盆地的地质状况关系密切，如何将不同实验条件下得到的压力作用门限值应用到实际超压盆地中也是一个值得探讨的问题。

超压/压力作用的阶段性还表现在不同演化阶段发育的超压在某种程度上对应着不同成因类型的超压，如欠压实成因的超压一般发育于成岩期间（即干酪根热解前期），而生烃成因的超压一般发育于深层成岩阶段（即热解期间或热解后期），这种超压对有机质的转化影响不同。这在欠压实型超压发育的莺歌海盆地和生烃型超压发育的澳大利亚 Barrow 盆地表现比较明显。

另一方面，由于有机质向油气转化的过程由一系列平行而连续的反应构成，且不同类型有机质的化学反应具有不同的活化能分布，在成熟作用中释放出的烃类组成及数量有明显差异，因此，超压/压力对不同类型有机质转化的影响具有差异性。

Fabuss 等通过模拟实验研究不同分子量正构烷烃的裂解时发现，在 400bar 以下，随着压力增加，不同分子量的正构烷烃的裂解速率增加；在 400bar 以上，随着压力增加，不同分子量的正构烷烃的裂解速率降低（图6-2）。Behar（1996）在温度为 $325\sim425\,℃$、不同压力条件下，对 $n\text{-}C_{25}$ 的恒温裂解实验也得到相似的结论。

模拟实验和勘探实践证明，超压对有机质演化和生烃作用确实存在影响。一些学者也试图通过不同的数学模型来建立超压对有机质生烃和有机质反射率的影响（Carr 等，1999；Zou 等，2001；Guo 等，2011）。但是，由于考虑的因素不同，他们的模型只适应于具体的盆地，并没有普适性。而且，实际的勘探发现，超压的抑制作用一般都形成在生油地层或Ⅰ型、Ⅱ型烃源岩中的生油演化阶段，而煤系中或高—过成熟阶段很少发现超压抑

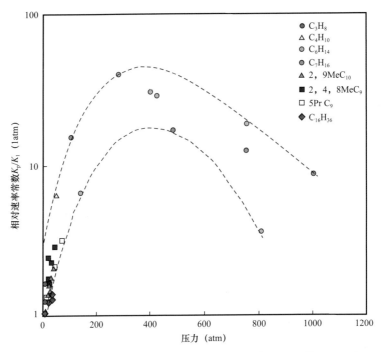

图 6-2　压力对不同饱和烃裂解常数的影响（据 Behar 等，1996）

制的地质现象。很显然，目前还缺乏能够系统解释模拟实验和观测结果的超压环境有机质热演化理论，需要进行大量系统的模拟实验和地质观察研究。

第二节　压力对煤生气作用的模拟实验研究

Carr 等（1999）曾仔细研究前人的模拟实验过程，认为不同学者模拟实验结果产生差异有两方面的原因：（1）实验条件的差异导致，超压一般是指流体压力超过静水压力，而有的研究者实验过程中采用的压力是静岩压力或垂直压力（Bustin 等，1986；Mastalerz 等，1993），有的采用流体压力代表超压（Monthioux 等，1986；Sajo 等，1986；Price 和 Wenger，1992；Landais 等，1994；Schenk 等，1997）。（2）没有弄清楚压力对有机质的成熟和生烃作用机理，有机质热解过程中有水与无水、热解温度、干酪根类型、有机质成熟度等因素对实验都有影响。笔者认为另一个更为重要的原因是不同学者模拟过程中选择的实验压力（流体压力）范围比较窄，实验压力点少。本书研究利用黄金管体系，在 5 个不同流体压力（10～100MPa）条件下，分别对煤进行生气模拟实验，通过对不同条件下气体产率、气体碳同位素、残渣的元素组成和反射率的分析，探讨压力对煤生气的影响，并通过实际资料与实验结果的对比，探讨不同实验结果之间以及实验结果与实际资料之间产生差异的原因。

一、样品特征

样品为松辽盆地营城煤矿晚白垩统沙河子组煤，沙河子组煤是松辽盆地深层天然气的主要烃源岩（李景坤，1999；Mi 等，2010）。煤岩组成如下：壳质组含量为 10% 左右，镜质组含量为 85%～90%，丝质组含量为 2%～3%。R_o=0.57%；有机碳含量为 63.57%。实验前，样品粉碎至 80 目，并用二氯甲烷索氏抽提 24h。

二、模拟实验及方法

1. 实验过程

该次煤生气模拟实验过程中采用的黄金管实验体系有 20 个反应釜体，每个反应釜体具有独立的温度控制系统。黄金管模拟实验设备的工作原理在第一章有详细论述，这里不再赘述。模拟实验分别在 10MPa、25MPa、50MPa、75MPa 和 100MPa 共 5 个流体压力条件下进行。实验过程中的温度程序如下：2h 把样品从室温加热到 300℃，恒温 30min，然后以 20℃/h 的升温速度把样品加热到设置的温度，停止加热，待反应釜体自然降温到室温，从反应釜体中拿出黄金管，进行下一步的分析。

2. 气体定量与分析

气体的绝对定量过程如下：先把模拟好的黄金管放入特制的气体收集装置，然后用真空泵对该收集装置抽真空，当体系真空度达到一定值（＜10^{-3}bar）时，记录体系的压力值（p_1），关掉真空泵，用气体收集装置上自带的旋钮式的钢针刺破黄金管，再记录下整个系统的压力值（p_2），利用 $V=(p_2-p_1)V_o/p_o$ 可计算出模拟生成气体的总体积。其中，V_o 是收集装置的总体积，p_o 为分析当天的大气压。

气体组分的分析采用 Wasson-Agilent 7890 型气相色谱仪进行分析。气体组分分析温度程序如下：从室温加热到 68℃，恒温 7min，然后以 10℃/min 的升温速度加热到 90℃，恒温 1.5min，再以 15℃/min 的升温速度加热到 175℃，恒温 5min。

3. 气体碳同位素分析

气体产物的稳定碳同位素通过 Thermo Delta V Advantage 测定。其中，GC 色谱柱为 DB-1MS 毛细管柱（内径 0.25mm），分析采用程序升温，从 33℃以 8℃/min 升温至 80℃，再以 5℃/min 升温至 250℃；载气为高纯 He，流速为 1.0mL/min；进样口温度为 200℃。仪器通过已知同位素的标准甲烷气进行标定，各组分的分析误差在 ±0.5‰以内。

三、实验结果

1. 气体产率

实验结果表明，在 5 个压力的最高模拟温度（650℃）下，煤模拟实验总气体产率分别为 179.66mL/g 煤、160.57mL/g 煤、148.81mL/g 煤、175.58mL/g 煤和 175.20mL/g 煤，总烃类气体产率分别为 114.06mL/g 煤、101.08mL/g 煤、95.63mL/g 煤、122.26mL/g 煤和 124.56mL/g 煤。图 6-3 和图 6-4 分别显示了煤在 5 个不同流体压力条件下总气体产率和总烃类气体产率随模拟温度的变化情况。可以看出：在不同的温度条件下，无论是总气体，还是烃类气体，随着流体压力的增加，产率并不是单一地增加或减少，而是随着压力的增加先减少再增加。可见，压力对煤生气并不是只具有抑制或促进作用，而是在较低压力条件（＜50MPa）下，压力的升高会抑制气体的生成；当压力达到一定的界限（＞50MPa），压力增高反而会促进煤生气；压力更高（＞75MPa）时，压力增加对煤生气并无明显影响。

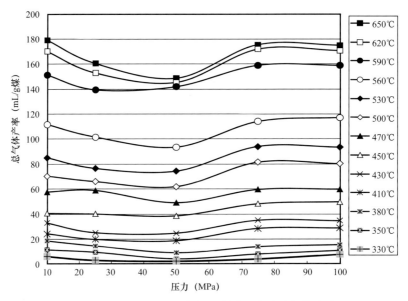

图 6-3　不同温度压力条件下煤模拟实验总气体产率

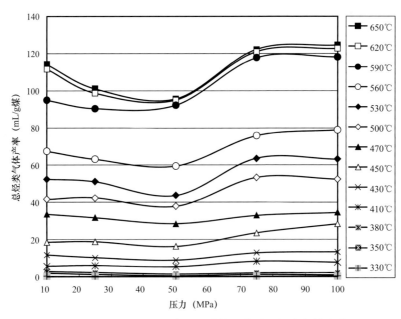

图 6-4　不同温度压力条件下煤模拟实验总烃类气体产率

图 6-5 显示了不同压力条件下，煤模拟重烃气体产率随模拟温度的变化情况。从图中可以发现，不同压力条件下，重烃气体产率均首先随着温度的增加而增加，在 470℃ 达到最大值后，随着温度增加逐渐减少。这主要是由于高温条件下，重烃气体进一步裂解成甲烷。可以看出：压力对煤热解形成重烃气体（＜470℃）和总烃气体形成具有相似的影响，

而图 6-5 右侧（>470℃）不同压力条件下残留重烃气体的曲线间的变化幅度比不同压力条件下生成重烃气体（<470℃）的曲线间的变化幅度宽，说明压力对重烃气体裂解的影响与对重烃气体生成的影响可能并不完全相同。虽然模拟生成的重烃气体量相对较少，分析相对误差较大，>470℃后重烃气体产率随压力的变化足以说明压力对重烃气体的裂解也有影响。这一结果也可能暗示着压力对更重的烃类（原油）的裂解也有较大的影响。

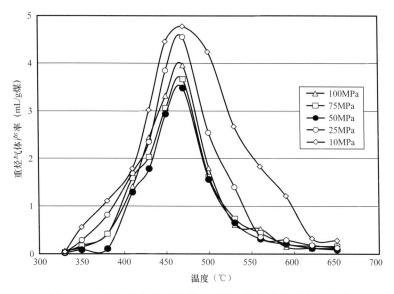

图 6-5　不同压力条件下煤模拟重烃气体产率与温度的关系

表 6-1 显示了不同压力条件下每克煤在不同模拟温度下裂解生成的气体体积。可以看出，压力对无机气体生成的影响比有机气体的生成更加复杂。不同压力条件下每克煤在最高模拟温度生成的氢气量随着压力的增加逐渐减少（10.54mL/g 煤 → 5.6894mL/g 煤 → 2.073mL/g 煤 → 1.495mL/g 煤 → 0.496mL/g 煤），说明压力增加能抑制 H_2 的生成；CO_2 的生成量虽然随压力的增加也有一定的减小（49.62mL/g 煤 → 49.55mL/g 煤 → 48.60mL/g 煤 → 47.53mL/g 煤 → 46.87mL/g 煤），但变化幅度非常小，也说明压力对 CO_2 的形成影响非常小；H_2S 的生成量随压力的增加与总烃类气体的变化规律基本一致，随着压力的增加，单位质量的煤生成的 H_2S 的量首先减小，压力为 50MPa 时生成量最少，然后又随着压力的升高其生成量逐渐增加。不同非烃气体产量随压力增加的不同变化规律说明它们的形成机理不同。

2. 气体碳同位素特征

为了进一步探讨流体压力对模拟生成地球化学特征的影响，该次研究对不同温度压力条件下模拟生成气体的碳同位素进行了分析。图 6-6 显示了不同流体压力条件下甲烷碳同位素随流体压力的变化规律，虽然不像甲烷量变化那么明显，但也呈现与烃类相一致的变化规律。在 450℃以前，甲烷碳同位素随流体压力的变化规律比较复杂，但当煤开始大量生气后（>450℃），在相同的温度点，随流体压力增加，甲烷碳同位素呈现先变轻后变重的规律（表 6-2）。甲烷碳同位素的这种变化规律正好与烃类气体产率随压力增加呈现"高—低—高"的变化规律相匹配。

表 6-1　不同温度和压力条件下煤模拟生成气体组成

流体压力 （MPa）	温度 （℃）	组成（mL/g 煤）									
		CH_4	C_2H_6	C_3H_8	$i-C_4$	$n-C_4$	$i-C_5$	$n-C_5$	H_2	CO_2	H_2S
10	330	0.183	0.034	0.001	0.003	0.003	0	0	0	5.648	0
	350	1.240	0.458	0.073	0.019	0.005	0.002	0	0.272	8.05	1.171
	380	1.626	0.691	0.199	0.119	0.054	0.039	0.007	0.668	12.61	2.515
	410	3.751	1.099	0.469	0.113	0.061	0.038	0.008	1.088	15.68	1.991
	430	8.635	2.084	0.684	0.135	0.07	0.039	0.008	1.555	17.63	2.000
	450	14.07	3.348	0.817	0.155	0.084	0.04	0.008	1.762	18.09	2.221
	470	28.74	3.894	0.712	0.109	0.047	0.013	0.003	2.016	19.82	2.307
	500	37.25	3.846	0.346	0.038	0.007	0.001	0	3.206	23.12	2.541
	530	49.74	2.609	0.063	0.003	0.001	0	0	3.988	26.13	2.622
	560	65.56	1.792	0.035	0.006	0.001	0	0	5.635	35.67	3.003
	590	93.63	1.178	0.029	0.003	0.002	0	0	8.010	44.86	3.615
	620	111.2	0.315	0.004	0.001	0	0	0	9.543	45.62	3.445
	650	113.8	0.269	0.004	0	0	0	0	10.54	49.62	5.427
25	330	0.159	0.017	0.003	0	0	0	0	0	2.684	0
	350	0.852	0.223	0.051	0.007	0.003	0	0	0.068	7.065	1.11
	380	1.386	0.522	0.21	0.049	0.022	0.011	0	0.232	10.51	1.57
	410	4.205	1.181	0.293	0.068	0.056	0.089	0.008	0.369	11.57	1.913
	430	7.881	1.624	0.541	0.092	0.058	0.024	0.005	0.421	12.44	2.013
	450	14.91	2.891	0.777	0.103	0.056	0.02	0.004	0.832	18.41	2.012
	470	27.10	3.647	0.717	0.133	0.04	0.011	0.001	1.382	23.56	2.258
	500	39.80	2.395	0.123	0.012	0.006	0.004	0.001	0.981	20.16	2.454
	530	49.65	1.352	0.032	0.009	0.006	0	0	1.47	21.54	2.537
	560	62.74	0.348	0.007	0	0	0	0	1.832	33.69	3.013
	590	90.07	0.279	0.007	0	0	0	0	4.275	41.74	3.125
	620	98.48	0.174	0.004	0	0	0	0	5.537	45.29	3.445
	650	100.9	0.126	0.002	0	0	0	0	5.689	49.55	4.303

流体压力（MPa）	温度（℃）	组成（mL/g 煤）									
		CH_4	C_2H_6	C_3H_8	$i-C_4$	$n-C_4$	$i-C_5$	$n-C_5$	H_2	CO_2	H_2S
75	330	0.218	0.025	0.001	0.003	0	0	0	0	3.648	0
	350	0.929	0.146	0.022	0.001	0	0	0	0.036	6.656	0.136
	380	1.557	0.355	0.052	0.003	0.003	0.001	0	0.684	10.68	0.561
	410	6.657	1.398	0.169	0.009	0.011	0.002	0.001	0.869	18.63	0.723
	430	10.43	1.785	0.231	0.008	0.013	0.001	0.001	1.441	19.89	0.889
	450	20.87	2.828	0.216	0.007	0.008	0.001	0.001	1.123	22.51	0.946
	470	29.19	3.488	0.171	0.002	0.002	0	0	1.192	24.5	1.001
	500	51.74	1.577	0.038	0.001	0.002	0	0	1.354	25.41	1.365
	530	62.91	0.727	0.015	0	0	0	0	1.427	27.38	1.586
	560	75.33	0.427	0.007	0	0	0	0	1.524	33.05	3.679
	590	117.5	0.203	0.003	0	0	0	0	1.883	35.03	4.366
	620	120.9	0.156	0.003	0	0	0	0	1.558	45.1	4.230
	650	122.1	0.153	0.001	0	0	0	0	1.495	47.53	4.301
100	330	0.290	0.043	0.012	0.005	0.002	0.001	0	0	6.143	0
	350	0.707	0.133	0.001	0	0	0	0	0	9.727	0.332
	380	1.733	0.363	0.052	0.003	0.004	0	0	0	12.71	0.556
	410	6.278	1.208	0.144	0.032	0.019	0.004	0.001	0	20.24	0.853
	430	10.88	2.169	0.240	0.01	0.011	0.001	0.001	0	20.3	0.923
	450	24.98	3.071	0.234	0.009	0.008	0.001	0	0.123	20.56	0.703
	470	30.41	3.744	0.21	0.002	0.003	0	0	0.111	24.25	0.973
	500	50.58	1.403	0.116	0.221	0.048	0.008	0.001	0.351	26.13	1.365
	530	62.44	0.595	0.018	0.001	0.001	0.001	0	0.281	28.92	1.181
	560	78.34	0.513	0.011	0	0	0	0	0.13	35.25	2.885
	590	118.0	0.141	0.001	0	0	0	0	0.488	37.42	2.921
	620	122.6	0.115	0.001	0	0	0	0	0.483	44.57	3.000
	650	124.4	0.11	0	0	0	0	0	0.496	46.87	3.324

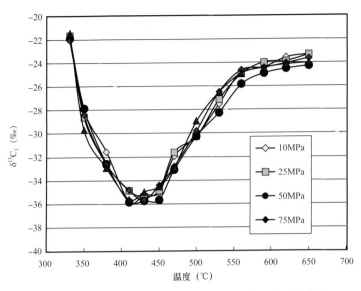

图 6-6 不同压力条件下煤在不同温度点生成甲烷碳同位素

表 6-2 不同温度压力条件下生成甲烷碳同位素

单位: ‰

温度（℃）	10MPa	25MPa	50MPa	75MPa	100MPa
330	−21.71	−21.65	−21.89	−22.08	−21.46
350	−27.99	−28.63	−27.87	−28.41	−29.71
380	−31.58	−32.62	−32.61	−32.64	−32.96
410	−35.82	−34.87	−35.82	−34.84	−35.61
430	−35.21	−35.37	−35.72	−35.66	−34.97
450	−35.04	−34.85	−35.65	−34.42	−34.53
470	−31.98	−31.61	−33.13	−32.83	−32.95
500	−30.23	−30.27	−30.25	−29.81	−28.98
530	−27.52	−27.12	−28.25	−26.48	−26.501
560	−24.74	−24.96	−25.84	−24.63	−24.91
590	−24.41	−23.98	−24.92	−24.43	−24.43
620	−23.56	−23.86	−24.52	−24.06	−24.15
650	−23.31	−23.33	−24.28	−23.63	−24.01

3. 模拟残渣反射率

成熟度（R_o）是一个反映有机质演化程度和生烃潜力的参数。表 6-3 中列出了不同温度压力条件下模拟残渣镜质组反射率。在 450℃以前，煤热解残渣的反射率没有明显的差别；450℃之后，煤热解残渣的反射率产生了比较明显的差别，随着压力的增加，煤热解残渣的反射率呈现"高—低—高"的变化规律。正是由于煤热演化（R_o）随压力增加的上述的变化规律，煤热解生气量随压力变化也呈现相似的变化规律。但总体来说，压力增加对煤模拟生烃过程中模拟残渣的反射率影响非常微弱，这种微小的差异往往被测定误差所掩盖。而且模拟实验过程中由于升温速度太快，高温条件下，煤产生了强烈收缩，模拟残渣在显微镜下很难找到均一镜质体（图6-7），导致模拟残渣反射率的测定结果不准确。相同温

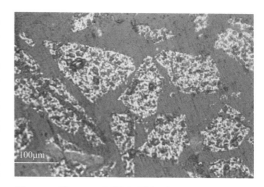

图 6-7　煤 650℃ 下热解模拟残渣显微镜下照片

度、不同压力条件下模拟残渣反射率不明显的差异与很难在煤系发现超压抑制有机质演化的地质观察结果一致。

表 6-3　不同温度压力条件下模拟残渣镜质组反射率

温度（℃）	R_o（%）				
	10MPa	25MPa	50MPa	75MPa	100MPa
300	0.52	0.52	0.52	0.52	0.52
330	0.63	0.63	0.62	0.63	0.64
350	0.73	0.73	0.74	0.75	0.75
380	0.97	0.97	0.97	0.98	0.98
410	1.32	1.31	1.31	1.32	1.33
430	1.52	1.52	1.52	1.52	1.53
450	1.83	1.82	1.80	1.83	1.85
470	2.08	2.07	2.05	2.07	2.10
500	2.47	2.47	2.45	2.49	2.51
530	2.81	2.81	2.78	2.83	2.86
560	3.22	3.20	3.12	3.23	3.24
590	3.78	3.78	3.68	3.80	3.82
620	4.47	4.46	4.44	4.48	4.52
650	4.91	4.88	4.86	4.92	4.96

4. 模拟残渣元素组成

有机质的元素组成能反映有机质的生烃潜力，H/C 比越高，说明有机质的生烃潜力越大（Durand 等，1983；Tissot 和 Welte，1984）。图6-8 显示了不同流体压力条件下煤模拟残渣 H/C 比随模拟温度的变化情况。可以看出：在 470℃ 以前，不同压力条件下残渣 H/C

比随温度的变化不明显；470℃以后，压力为 50MPa 时条件下，残渣的 H/C 比随模拟温度降低明显比其他 4 个压力条件下 H/C 比降低慢。相同温度元素分析结果显示：随着模拟压力的增高，模拟样品残渣 H/C 比的变化幅度呈现"快—慢—快"的变化规律，与模拟生成烃类气体量"高—低—高"的变化规律一致。

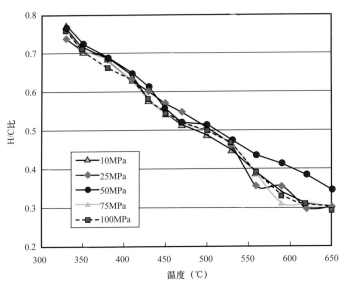

图 6-8　不同压力条件下煤模拟残渣 H/C 比与温度关系

四、讨论

由于上述实验结果中衡量有机质演化和生烃作用的各种参数对压力作用的灵敏程度差异，不同参数随压力发生明显变化对应的温度并不完全不同（450～470℃）。但是，在煤开始大量生气后，煤模拟生成的气体量、气体碳同位素、模拟残渣元素组成和反射率随压力的变化均证明了流体压力在一定的范围内对煤生气具有一定的阻碍作用，当流体压力超过一定的数值，压力增加反而会促进气体生成。总结前人这方面的研究成果，他们基本上认为压力对有机质演化只具有抑制、促进或无影响这 3 种作用中的某种单一的作用，表面上看与笔者实验得到的结论有较大的差异。其实，笔者的研究结果和前人的研究成果并不矛盾。产生研究结果上这种"表面"矛盾的最大原因与实验过程中所选择的实验压力范围有很大的关系，前期报道的这方面实验所选取的实验流体压力范围比较窄，一般很少超过 60MPa，而且实验压力点都比较少，很少超过 3 个不同的压力值。这种实验结果的差异可以用图 6-9 所示的模式进行解释。当实验压力小于 p_0（50MPa）时，不管实验压力点选择多少个，根据实验结果都会得出压力抑制生烃作用的结论；当实验压力大于 p_0 时，根据实验结果则会得到出压力促进生烃作用的结论；而当实验压力位于 p_0 两侧时，选取实验压力值不同，会得到不同的结论。例如，当实验压力分别为 p_2 和 p_4 时，实验结果会支持压力抑制生烃的结论；当实验压力分别为 p_3 和 p_4 或 p_5 和 p_6 时，实验结果会支持压力对生烃作用无影响结论；当实验压力分别为 p_3 和 p_5 时，实验结果会支持压力促进生烃的结论。当然，如果实验压力选择过低或实验压力间距过窄，如实验压力位于 p_1 和 p_2 之间，由于实验条件下的模拟生烃和地质条件的生烃过程相比是一个非常快速的过程，此时的各种衡量压力对有机质演化和生烃作用影响的各种参数均不可能发生显著的变化。因此，也会得到压力对有机质演化和生烃没有作用的结论。

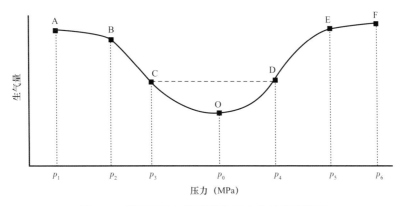

图 6-9　煤热解生气量随流体压力变化理论模型

　　笔者的实验结果证明，压力对有机质的演化或生烃并不单一地具有促进、抑制或无作用的影响，而是压力在一定的范围内对煤生气和镜质体反射率具有阻碍作用，更高的流体压力反而会促进有机质生烃和加速有机质的成熟或对有机质生烃无明显影响。文献中多是异常高压力抑制了有机质的成熟和生烃作用的报道。其实，在地质条件下也存在异常压力既能抑制有机质演化，又能促进有机质成熟，以及压力对有机质演化无明显影响的报道（Law 等，2002；He 等，2002；郝芳等，2004；易平等，2004）。在中国南海莺歌海盆地东方 1-1-1 井 1000～1300m 井段，特别是在 1400～2050m 井段存在明显的 R_o 异常高值（图 6-10）。图 6-11 显示了板桥凹陷板深 35 井 2000m 以下超压带内有机质成熟度剖面（Li 等，2004），可见在超压层段，超压在不同的条件下对有机质的成熟具有不同的影响。在美国绿河盆地和澳大利亚西北陆架区也存在超压不抑制有机质成熟和生烃的例证（Law 等，2002）。

　　实际地质资料的统计结果表明，与油气生成相关的超压多发生在生油窗的范围内，而超过生油窗的成熟度范围很少有超压影响的报道。从埋藏深度上来说，超压很少超过 5000m。如果按照 3℃/100m 的温度梯度来计算，5000m 埋藏深度的温度为 130～150℃，正好位于生油窗范围内。5000m 埋深的地层的静水压力正好是 50MPa。因此，地质条件下见到的多是压力抑制作用现象。

　　实际资料的统计结果显示，异常高压的压力系数多在 2.0 以下（表 6-4）。从这主要与岩石的力学性质和超压的范围有关。地层压力是指作用于地层孔隙空间的流体的压力，正常地层压力等于地表到某一地层深度的静水压力。当孔隙流体压力低于静水压力时称为异常低压，而当孔隙流体压力高于静水压力时称为异常高压（超压），压力系数上限与地层的力学性质（破裂压力）有关，可接近甚至达到上覆地层静岩压力。地质条件下，当压力达到岩石的破裂压力时，岩石发生破裂，异常高压降低或不复存在。而静岩压力一般是静水压力的 2.2～2.3 倍，岩石的破裂压力一般小于静岩压力（张勇刚，2003；郝芳等，2004）。从时间上来讲，到目前保留下来的超压地层地质时代较新，古老地层即使在地质时期存在过超压现象，但由于压力释放时间较长，又经过多期的构造运动，往往超压难以保存下来。

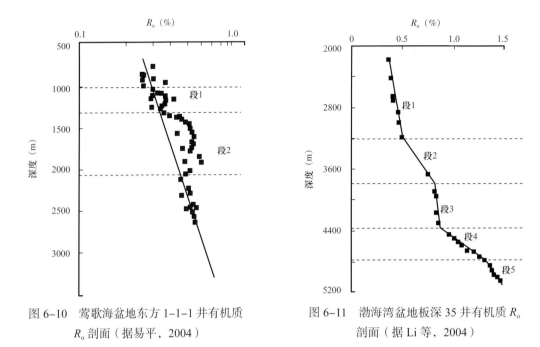

图 6-10　莺歌海盆地东方 1-1-1 井有机质　　图 6-11　渤海湾盆地板深 35 井有机质 R_o
　　　　 R_o 剖面（据易平，2004）　　　　　　　　剖面（据 Li 等，2004）

表 6-4　高压异常代表盆地压力系数

国家	盆地	凹陷	压力系数	超压地层时代	资料来源
中国	渤海湾	歧口	1.2～1.6	古近系	Du 等（2010）
中国	渤海湾	东营	1.0～2.0	古近系	Guo 等（2010）
中国	渤海湾	黄骅	1.2～1.6	古近系	Meng 等（2008）
中国	渤海湾	东营	1.2～1.7	古近系	Meng 等（2008）
中国	渤海湾	黄骅	1.2～1.6	古近系	Li 等（2004）
中国	琼东南盆地		1.86～2.03	古近系	郝芳等（2004）
中国	莺歌海		1.0～1.8	古近系	郝芳等（2004）
中国	准噶尔		1.14～1.92	三叠系	张永刚（2003）
中国	准噶尔		2.4	中新世	Luo 等（2007）
澳大利亚	库珀		1.2～1.6	二叠系—三叠系	Vanruth 等（2003）
澳大利亚	Barrow sub basin		1.2～1.8	侏罗系	He 等（2002）
美国	Mediterranean sea		1.3	第三系	Lafuerza（2009）
英国	北海		1.3		Carr（2003）

第三节　超压对有机质差异作用的机理

模拟实验结果证明在不同的压力范围内，压力增加对有机质生烃有不同的影响。实际地质勘探成果也表明，压力对有机质的演化有不同的作用。但超压或压力增加导致有机质不同演化层次的深层原因是什么，至今没有取得比较公认的认识。但是，郝芳等（2004）详细讨论了不同地质环境下超压对有机质演化的层次和控制因素，其观点对认识超压对有机质演化不同层次的影响有非常重要的意义。

一、压力 / 超压与镜质组反射率

尽管沉积、成岩环境的变化可以导致镜质组反射率异常，但镜质组反射率仍然被大多数学者认为是最重要的有机质热演化指标。一些学者试图用镜质组反射率模型来反映压力 / 超压在有机质热演化中的作用。Torre 等根据不同压力条件下的模拟实验结果，提出了镜质组反射率变化的动力学模型：

$$R_o（\%）=k_2 p^{-m}t^n\exp（-E/RT）\tag{6-1}$$

式中　k_2——195.195bar/s ；

　　　p——压力；

　　　t——时间；

　　　m——常数，0.131；

　　　n——0.0714；

　　　E——24.99kJ/mol。

该模型将镜质组反射率的变化与压力直接联系起来，意味着压力对有机质热演化有明显作用。然而，在莺歌海盆地、渤海湾盆地东濮凹陷和琼东南盆地的静水压力系统中，镜质组反射率均可以用传统的时间—温度双因素控制模型加以描述和预测。因此，在静水压力条件下，压力的增大不会对有机质热演化产生抑制作用，镜质组反射率演化的时间—温度—压力模型不能应用于沉积盆地中有机质热演化的预测。

Carr 等（2000）提出了将镜质组反射率与温度、时间和超压（剩余压力）联系起来的 Pres R_o 模型，并用 Hao 等报道的莺歌海盆地乐东 30-1-1 井的压力和镜质组反射率资料对该井进行了检验（图 6-12）。Pres R_o 模型认为只有超压才能影响镜质组反射率，与将镜质组反射率直接与压力结合起来的 Torre 模型相比，更接近在沉积盆地中观测到的实际情况：有机质热演化抑制只发育于超压系统。然而，Pres R_o 模型意味着超压将无条件抑制有机质热演化和生烃作用。如前所述，渤海湾盆地东濮凹陷、琼东南盆地崖 21-1-2 井（图 6-13）的超压均未对镜质组反射率产生可识别的影响，证明并非所用超压系统镜质组反射率均受到抑制。换言之，超压对镜质组反射率的抑制作用是有条件的，Pres R_o 不能用于所有超压地层的镜质组反射率预测。

二、超压对不同热演化反应和成熟度参数的差异抑制

有机质生烃过程由一系列平行而连续的有机反应构成，主要包括干酪根的热降解和

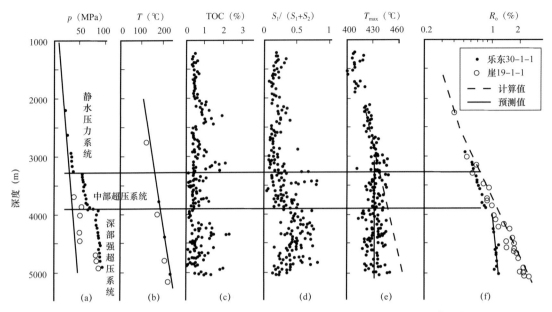

图 6-12　莺歌海盆地乐东 30-1-1 井地层温度、压力和有机质热演化剖面（据郝芳等，2003）

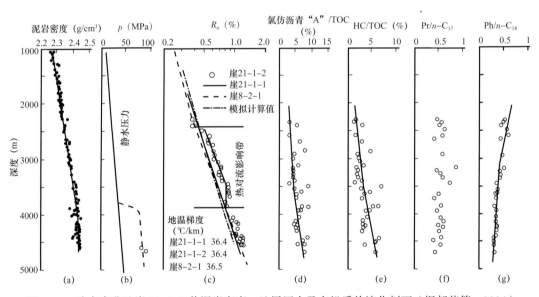

图 6-13　琼东南盆地崖 21-1-2 井泥岩密度、地层压力及有机质热演化剖面（据郝芳等，2004）

生烃反应、烃类结构和构型的变化反应及烃类的热裂解反应。超压对某一反应的影响程度取决于该反应的体积膨胀效应和产物浓度变化速率或幅度。反应的体积膨胀效应越强，产物浓度变化速率或变化幅度越高，超压的抑制效应越明显；反之，反应的体积膨胀效应越弱，产物浓度变化速率或变化幅度越小，超压的抑制作用越弱，甚至不产生抑制作用。因此，在同一超压系统中不同热演化反应的产物浓度变化速率和体积膨胀效应的差异将导致不同反应对超压的差异响应，从而导致超压对不同热演化参数的差异影响。郝芳等（2004）根据莺歌海盆地、渤海湾盆地东濮凹陷和琼东南盆地崖 21-1-2 井超压系统不同热演化反应与超压的关系，得出超压对不同热演化反应的差异抑制应包括如下 3 种情况：

（1）不同干酪根组分的差异成熟和差异生烃作用。

富氢干酪根组分富含脂链结构，其降解和生烃反应的产物浓度变化速率高、体积膨胀效应明显，相比之下，贫氢组分（包括镜质体）的可降解组分较少，成熟过程中可溶有机质的浓度变化和体积膨胀幅度均相对较低。因此，在同一超压系统中可出现富氢组分的成熟和生烃作用受到抑制，而贫氢组分的成熟作用基本未受超压影响的现象。在富氢和贫氢组分同步演化的情况下，类脂组分的可见荧光在 R_o=1.1%～1.3%。在渤海湾盆地东濮凹陷的盐下超压地层，实测 R_o 为 1.58%～1.76% 的样品的孢子体仍具有较强的荧光，显然孢子体和镜质体的演化不同步，反映了不同干酪根组分的差异成熟作用：贫氢组分（镜质体）的热演化正常（镜质组反射率未受超压的抑制），而富氢组分（孢子体）的成熟作用受到超压抑制。

（2）干酪根和可溶有机质的差异演化。

在东濮凹陷，实测 R_o>2.0%，根据传统模式已进入天然气裂解阶段。但盐下超压地层中仍含有较丰富的液态烃，表明镜质组反射率正常演化，但烃类的热裂解受到强烈的抑制。由于原油裂解具有巨大的体积膨胀效应，超压对原油裂解反应的抑制作用具有普遍性。对全球 600 多个油气田的统计分析，证明超压环境液态石油可以在更高的温度下得到保存，说明超压对原油的裂解具有抑制作用。

（3）热稳定性不同的烃类组分的差异演化。

在一些盆地的超压系统中，C_{21-}/C_{22+} 和（$C_{21}+C_{22}$）/（$C_{28}+C_{29}$）随深度增大而增大，符合 C_{15+} 正构烷烃的正常演化趋势，而 Pr/nC_{17} 和 Ph/nC_{18} 随深度增大保持恒定甚至微弱增大（Pr，Ph 分别为姥姣烷和植烷），与正常情况下的演化趋势恰恰相反。正构烷烃和异戊间二烯烷烃相互矛盾的演化趋势揭示了强超压条件下热稳定性不同的有机组分的差异演化。从上述可见，镜质组仅仅是干酪根的一部分，镜质组的成熟作用（决定镜质组反射率的变化速率）仅仅是干酪根热降解和生烃反应的一部分。因此，在超压环境下镜质组反射率演化正常并不一定意味着超压完全没有对有机质热演化产生抑制作用。

三、超压抑制作用的层次

超压既可以抑制有机质热演化的各个方面和各种热演化参数（如莺歌海盆地乐东30-1-1 井），也可以仅对某些反应或参数产生抑制作用（如东濮凹陷），甚至对各种热演化反应和参数均不产生可识别的影响（如琼东南盆地）。郝芳等（2004）根据超压系统内各类有机质热演化反应的受抑制作用程度，将超压对有机质热演化的抑制作用分为 4 个层次：

（1）层次 1：超压抑制有机质热演化和生烃作用的各个方面。与常压环境有机质热演化的时间—温度双控模式相比，干酪根的降解生烃作用、烃类结构和构型的变化及烃类的热裂解均受到了抑制。莺歌海盆地乐东 30-1-1 井超压系统的有机质热演化属于这一层次。

（2）层次 2：超压仅对产物浓度变化速率高、体积膨胀效应强的有机反应产生抑制作用。通常表现为富氢组分的生烃作用及液态烃的裂解作用受到抑制，而贫氢组分的热演化包括镜质组的成熟作用未受到可识别的影响。在此情况下，镜质组反射率不会出现明显的异常，但可用富氢无定形、藻质体、壳质体等富氢组分的荧光参数及其与镜质组反射率的对比关系识别超压的抑制作用。东濮凹陷部分盐下超压系统的有机质热演化属于这一层次。

（3）层次3：超压仅抑制了具有强体积膨胀效应的液态烃裂解，对各种干酪根组分的热降解和生烃作用未产生可识别的影响。东濮凹陷一些钻井中的盐下超压系统中富氢干酪根组分与镜质体等贫氢组分同步演化，均未受到超压的明显影响，属于这一层次。

（4）层次4：超压对干酪根的热降解和生烃作用、烃类结构和构型的变化及烃类的热裂解等有机质热演化的各个方面均未产生可识别的影响，有机质的热演化符合传统的时间—温度双控模式。琼东南盆地崖 21-1-2 超压系统有机质的热演化属于这一层次。

四、超压抑制作用层次的控制因素

在莺歌海盆地，超压抑制了有机质热演化的各个方面。由于细粒沉积物快速充填和新近系断裂不发育，莺歌海盆地三亚组和梅山组在有机质热演化早期发育超压并长期保持封闭—半封闭流体系统。早期超压（超压在有机质成熟度较低、地层压实程度较弱时开始发育）具有如下地球化学效应：

（1）水的存在可以明显抑制有机质的热演化（Hesp 和 Rigby，1973；Price，1993；Torre 等，1997）。早期超压使超压地层保持较高的孔隙度和较丰富的地层水，从而具有较高的地层水／有机质比率，有利于抑制有机质热演化反应。

（2）超压地层中较丰富的地层水可以明显降低黏土矿物的催化作用（王启军等，1988），有利于促进超压对有机质热演化的抑制。

（3）早期超压使超压环境有机质热演化反应，特别是干酪根热降解和生烃反应具有较强的体积膨胀效应和较高的产物浓度变化速率，有利于超压的抑制作用。封闭—半封闭流体系统是莺歌海盆地新近系断层不发育（缺乏有效的垂向流体输导通道）的结果（Price 等，1993），超压地层异常高的 $S_1/（S_1+S_2）$ 正是地层保持封闭流体系统，有机质热演化产物未能有效排出的反映。封闭—半封闭流体系统不仅保证地层长期处于强超压状态，增大超压的有效作用时间，而且导致有机质热演化产物的滞留，强化超压对有机质热演化的抑制作用（Price 等，1992；郝芳等，2001）。可见莺歌海盆地超压对有机质热演化的强烈抑制作用是超压早期发育和长期保持封闭流体系统共同作用的结果。早期超压和长期保持封闭—半封闭流体系统可能是发育第 1 层次的超压抑制作用的重要条件。

琼东南盆地崖 21-1-2 井，超压对有机质热演化的各个方面均未产生可识别的影响。也已证明的超压顶面之上近于直立的 R_o 梯度段（图 6-13c）反映了超压流体的间歇性排放。超压流体的间歇性排放一方面导致超压层段流体压力的间歇性降低；另一方面导致有机质热演化产物的排出，这两个方面均不利于超压对有机质热演化的抑制作用。因此，崖 21-1-2 井超压未对有机质热演化产生可识别的影响可能主要是超压流体排放及由此引起的有机质热演化产物排出和压力振荡性变化的结果。琼东南盆地崖 19-1-1 井 4700m 以下也发育较强的超压（压力系数约为 1.7），与乐东 30-1-1 井接近，但从静水压力系统到超压系统 R_o 剖面连续，且根据未考虑压力作用的传统时间—温度双控模型计算的 R_o 值与实测 R_o 值相吻合，表明超压未对有机质热演化产生可识别的影响。详细研究表明，崖 19-1-1 井的超压是在有机质达到较高成熟度时发育的，属于晚期超压（郝芳等，2003）。

因此，超压发育过晚、干酪根结构中的大部分取代基团已经脱落、超压发育后干酪根热降解反应的产物浓度变化速率和体积膨胀效应较小，是超压未对有机质热演化产生可识别影响的主要原因。崖19-1-1井和崖21-1-2井的资料表明，超压发育过晚、超压强度过低（未达到产生超压抑制作用的门限）或超压流体频繁释放均可能导致超压对有机质热演化的各个方面不产生可识别的影响。

在大多数情况下，超压对有机质热演化和生烃作用的影响可能介于第1层次和第4层次之间，即超压仅对某些热演化反应或某些热演化参数产生了较强的抑制作用，而对其他热演化反应或其他成熟度参数未产生可识别的影响。

总之，超压对有机质热演化的抑制作用程度和层次取决于两个方面：（1）超压条件下有机质热演化反应的体积膨胀效应和产物浓度变化速率；（2）超压的发育演化特征，包括超压的强度和持续时间、增压介质的构成及化学效应等。超压条件下有机质热演化反应的体积膨胀效应和产物浓度变化速率不仅受控于有机质来源和类型，而且在很大程度上取决于超压开始发育时有机质的成熟度。在有机质热演化早期，干酪根热降解和生烃作用具有较高的产物浓度变化速率和体积膨胀效应，因此在有机质成熟度较低时发育的超压（早期超压）可以对干酪根热降解和生烃产生抑制作用。在有机质热演化的中、晚期（生油高峰之后），干酪根热降解反应的产物浓度变化速率和体积膨胀效应降低和减弱，而烃类热裂解反应的产物浓度变化速率和体积膨胀效应增强。因此，晚期超压（在有机质成熟度较高时发育的超压）可能不会对干酪根热降解和基于干酪根热降解的成熟度参数产生抑制作用，但可对烃类的热裂解和气化作用产生强烈的抑制作用。

沉积盆地的超压地层是一个由矿物基质—干酪根—（有机、无机）流体构成、多过程伴生、多过程相互影响的物理—化学系统（郝芳等，2001），超压具有多种发育机制（包括压实不均衡、生烃作用和构造挤压等），超压地层的有机质丰度、类型多样，且超压可以在任何有机质成熟度时开始发育。不同沉积盆地超压的成因机制、发育强度、持续时间特别是发育时期不同，其对有机质热演化的抑制作用层次和程度可以明显不同，这是造成不同盆地超压系统有机质热演化特征不同的根本原因。

小　结

（1）超压对有机质演化的研究成果存在抑制、促进、无作用和不同演化阶段作用不同的争议。不同学者模拟实验过程中所采用的压力类型（流体压力、静岩压力）和压力范围不同是产生这些争议的一个主要原因。

（2）根据煤在压力生气模拟实验结果，当流体压力小于50MPa时，压力增加会抑制有机质的生烃和演化；当流体压力大于50MPa时，压力增加反而会促进有机质的生烃和演化；当流体压力大于75MPa时，压力增加对有机质的生烃和演化不会产生明显影响。

（3）压力对有机质演化的作用不但与有机质的类型有关，而且与有机质的演化程度和地质条件有关。Ⅰ型、Ⅱ型有机质生油窗阶段，大量生油，压力增加会使有机质演化向体积减小的方向进行，从而抑制有机质演化和油气生成；而Ⅲ型有机质生油窗阶段，生油量少，有机质体积变化小，压力作用不明显。而生气窗阶段，有机质生气和残留烃裂解生气，使烃源岩体系压力增加，快速超过岩石的破裂压力，超压难以保持，因此很难观察到高过成熟阶段的超压现象。

参 考 文 献

郝芳，董伟良．2001.沉积盆地超压系统演化，流体流动与成藏机理［J］.地球科学进展，16（1）：79-85.

郝芳，邹华耀，倪建华，等．2002.沉积盆地超压系统演化与深层油气成藏条件［J］.地球科学，27（5）：610-615.

郝芳，邹华耀，杨旭升，等．2003.油气幕式成藏及其驱动机制和识别标志［J］.地质科学，38（3）：403-412.

郝芳，姜建群，邹华耀，等．2004.超压对有机质热演化的差异抑制作用及层次［J］.中国科学（D辑：地球科学），5（5）：50-58.

李景坤，孔庆云，刘伟．1999.松辽盆地北部深层气源对比［J］.大庆石油地质与开发，1：7-9+54.

王启军，陈建渝．1988.油气地球化学［M］.武汉：中国地质大学出版社，

易平，黄保家，黄义文，等．2004.莺—琼盆地高温超压对有机质热演化的影响［J］.石油勘探与开发，31（1）：32-35.

张守春，张林晔，查明，等．2008.压力抑制条件下生烃定量模拟实验研究——以渤海湾盆地济阳坳陷为例［J］.石油实验地质，5：98-102.

张勇刚．2003.准噶尔盆地中央坳陷异常压力研究［J］.新疆石油学院学报，4：26-29+80-81.

邹艳荣，刘金钟，彭平安．2000.压力对高硫干酪根轻烃产率的影响［J］.地球化学，29（5）：431-434.

Allen E B, Allen M F. 1990. The mediation of competition by mycorrhizae in successional and patchy environments［J］. The mediation of competition by mycorrhizae in successional and patchy environments：367-389.

Behar F, Vandenbroucke M. 1996. Experimental determination of the rate constants of the n-C_{25} thermal cracking at 120, 400, and 800 bar：implications for high-pressure/high-temperature prospects［J］. Energy & Fuels, 10（4）：932-940.

Bustin R M, Ross J V, Moffat I. 1986. Vitrinite anisotropy under differential stress and high confining pressure and temperature：preliminary observations［J］. International Journal of Coal Geology, 6（4）：343-351.

Braun R L, Burnham A K. 1990. Mathematical model of oil generation, degradation, and expulsion［J］. Energy & Fuels, 4（2）：132-146.

Carr A D. 1999. A vitrinite reflectance kinetic model incorporating overpressure retardation［J］. Marine and Petroleum Geology, 16（4）：355-377.

Carr A D. 2003. Thermal history model for the South Central Graben, North Sea, derived using both tectonics and maturation［J］. International Journal of Coal Geology, 54（1-2）：3-19.

Carr A D, Snape C E, Meredith W, et al. 2009. The effect of water pressure on hydrocarbon generation reactions：some inferences from laboratory experiments［J］. Petroleum Geoscience, 15（1）：17-26.

Du X, Xie X, Lu Y, et al. 2010. Hydrogeochemistry of formation water in relation to overpressures and fluid flow in the Qikou Depression of the Bohai bay basin, China［J］. Journal of Geochemical Exploration, 106（1-3）：77-83.

Durand B, Paratte M.1983. Oil potential of coals : A geochemical approach［J］. Geological Society London Special Publications, 12（1）: 255–265.

Kobe K A, McKetta J J. 1964. Advances in Petroleum Chemistry and Refining［M］. Interscience publishers.

Fabuss B M, Smith J O, Satterfield. 1964. In Advances in Petroleum Chemistry and Refining［M］. Mc Ketta, J., Jr., Ed.; Wiley and Sons : New York, 9（4）: 156–201.

Feyzullayev A A, Lerche I. 2011. Organic matter maturity and clay mineral transformations in overpressured formations : coMParison histories from two zones of the South Caspian Basin［J］. Energy exploration & exploitation, 29（1）: 21–32.

Guo X, He S, Liu K, et al. 2010. Oil generation as the dominant overpressure mechanism in the Cenozoic Dongying depression, Bohai Bay Basin, China［J］. AAPG bulletin, 94（12）: 1859–1881.

Guo X, He S, Liu K, et al. 2011. Quantitative estimation of overpressure caused by oil generation in petroliferous basins［J］. Organic Geochemistry, 42（11）: 1343–1350.

Fang H, Yongchuan S, Sitian L, et al. 1995. Overpressure retardation of organic–matter maturation and petroleum generation : a case study from the Yinggehai and Qiongdongnan Basins, South China Sea［J］. AAPG bulletin, 79（4）: 551–562.

Hao F, Sun Y C, L S T. 1995. Overpressure retardation of organic–matter maturation and petroleum generation : a case study from the Yinggehai and Qiongdongnan Basins, South China Sea［J］. AAPG bulletin, 79（4）: 551–562.

He S, Middleton M, Kaiko A, et al. 2002. Two case studies of thermal maturity and thermal modelling within the overpressured Jurassic rocks of the Barrow sub–basin, north west shelf of Australia［J］. Marine and Petroleum Geology, 19（2）: 143–159.

Hesp W, Rigby D. 1973. The geochemical alternation of hydrocarbons in the presence of water［J］. Erdol Kohle–Erdgas, 26（1）: 70–76.

Hill R J, Tang Y, Kaplan I R, et al. 1996. The influence of pressure on the thermal cracking of oil［J］. Energy & Fuels, 10（4）: 873–882.

Huang W L. 1996. Experimental study of vitrinite maturation : effects of temperature, time, pressure, water, and hydrogen index［J］. Organic Geochemistry, 24（2）: 233–241.

Quick J C, Tabet D E. 2003. Suppressed vitrinite reflectance in the Ferron coalbed gas fairway, central Utah : possible influence of overpressure［J］. International Journal of Coal Geology, 56（1–2）: 49–67.

Khorasani G K, Michelsen J K. 1995. Four–dimensional fluorescence imaging of oil generation : development of a new fluorescence imaging technique［J］. Organic geochemistry, 22（1）: 211–223.

Lafuerza S, Sultan N, Canals M, et al. 2009. Overpressure within upper continental slope sediments from CPTU data, Gulf of Lion, NW Mediterranean Sea［J］. International Journal of Earth Sciences, 98（4）: 751–768.

Landais P, Michels R, Elie M. 1994. Are time and temperature the only constraints to the simulation of organic matter maturation ?［J］. Organic Geochemistry, 22（3–5）: 617–630.

Law B E. 2002. Basin–centered gas systems［J］. AAPG bulletin, 86（11）: 1891–1919.

Law B E, Nuccio V F, Barker C E. 1989. Kinky vitrinite reflectance well profiles : evidence of paleopore pressure in low–permeability, gas–bearing sequences in Rocky Mountain foreland basins［J］. AAPG bulletin, 73（8）: 999–1010.

Huijun L, Tairan W, Zongjin M, et al. 2004. Pressure retardation of organic maturation in clastic reservoirs : a case study from the Banqiao Sag, Eastern China [J]. Marine and Petroleum Geology, 21（9）: 1083–1093.

Li H J, Tairan W, Meng Z J. 2004. Pressure retardation of organic maturation in clastic reservoirs : a case study from the Banqiao Sag, Eastern China [J]. Marine and Petroleum Geology, 21（9）: 1083–1093.

Lopatin N V. 1971. Temperature and time as factors of coalification [J]. Izvestiya Akademii Nauk SSSR, Seriya gelogicheskaya（in Russian）, 3: 95–106.

Luo X, Wang Z, Zhang L, et al. 2007. Overpressure generation and evolution in a compressional tectonic setting, the southern margin of Junggar Basin, northwestern China [J]. AAPG bulletin, 91（8）: 1123–1139.

Mastalerz M, Wilks K R, Bustin R M. et al, 1993. The effect of temperature, pressure and strain on carbonization in high–volatile bituminous and anthracitic coals [J]. Organic Geochemistry, 20（2）: 315–325.

McTavish R A. 1978. Pressure retardation of vitrinite diagenesis, offshore north–west Europe [J]. Nature, 271（5646）: 648–650.

McTavish R A. 1998. The role of overpressure in the retardation of organic matter maturation [J]. Journal of Petroleum Geology, 21（2）: 153–186.

Meng Y, Bin L, Wang Z, et al. 2008. Overpressure retardation of organic acid generation and clastic reservoirs dissolution in central Huanghua Depression [J]. Petroleum Exploration and Development, 35（1）: 40–43.

Mi J, Zhang S, Hu G, et al. 2010. Geochemistry of coal–measure source rocks and natural gases in deep formations in Songliao Basin, NE China [J]. International journal of coal geology, 84（3–4）: 276–285.

Mi J, Zhang S, He K. 2014. Experimental investigations about the effect of pressure on gas generation from coal [J]. Organic geochemistry, 74: 116–122.

Monthioux M, Landais P, Durand B. 1986. Comparison between extracts from natural and artificial maturation series of Mahakam delta coals [J]. Organic Geochemistry, 10（1–3）: 299–311.

Price L C, Barker C E. 1985. Suppression of vitrinite reflectance in amorphous rich kerogen–a major unrecognized problem. Journal of Petroleum Geology, 8（1）: 59–84.

Price L C, Wenger L M. 1992. The influence of pressure on petroleum generation and maturation as suggested by aqueous pyrolysis [J]. Organic Geochemistry, 19（1–3）: 141–159.

Price L C. 1993. Thermal stability of hydrocarbons in nature : limits, evidence, characteristics, and possible controls [J]. Geochimica et Cosmochimica Acta, 57（14）: 3261–3280.

Qiu N, Zuo Y, Zhou X, et al. 2010. Geothermal regime of the Bohai offshore area, Bohai Bay basin, North China [J]. Energy Exploration & Exploitation, 28（5）: 327–350.

Sajgo C S, McEvoy J, Wolff G A, et al. 1986. Influence of temperature and pressure on maturation processes—I. Preliminary report [J]. Organic Geochemistry, 10（1–3）: 331–337.

Schenk H J, Di Primio R, Horsfield B. 1997. The conversion of oil into gas in petroleum reservoirs. Part 1: Comparative kinetic investigation of gas generation from crude oils of lacustrine, marine and fluviodeltaic origin by programmed–temperature closed–system pyrolysis [J]. Organic geochemistry, 26（7–8）: 467–481.

Yuzhuang S, Jinxi W, Luofu L, et al. 2005. Maturity parameters of source rocks from the Baise Basin, South China [J]. Energy Exploration & Exploitation, 23（4）: 257-265.

Sun Y, Lu J, Chen J, et al. 2006. Experimental study of decay conditions of organic matter and its significant for immature oil generation [J]. Energy exploration & exploitation, 24（3）: 161-170.

Vanruth P, Hillis R, Tingate P, et al. 2003. The origin of overpressure in 'old' sedimentary basins: an example from the Cooper Basin, Australia [J]. Geofluids, 3（2）: 125-131.

Waples D W. 1980. Time and temperature in petroleum formation: application of Lopatin's method to petroleum exploration [J]. AAPG bulletin, 64（6）: 916-926.

Tissot B P, Welte D H. 1984. Petroleum formation and occurrence [M]. Berlin: Springer Verlag.

Dalla Torre M, Mählmann R F, Ernst W G, 1997. Experimental study on the pressure dependence of vitrinite maturation [J]. Geochimica et Cosmochimica Acta, 61（14）: 2921-2928.

Ping Y, Baojia H, Yiwen H. 2004, . Influences of high temperature and overpressure on the thermal evolution of organic matter in the Ying-Qiong Basins, South China Sea [J]. Petroleum Exploration and Development, 31（1）: 32-35.

Zou Y R. 2001. Overpressure retardation of organic-matter maturation: a kinetic model and its application [J]. Marine and Petroleum Geology, 18（6）: 707-713.

第七章　有机质排油效率及影响因素

　　常规油气勘探聚焦于储层中的油气，随着近些年全球页岩油气勘探热潮兴起，烃源岩的排烃效率与残留烃量再次引起了石油地质学家和地球化学家的关注。从质量平衡的角度来看，烃源岩排烃效率越高，排出烃类数量也就越多，残留在烃源岩（页岩）中的油气资源量就越少，页岩油气的勘探潜力越小。同时，烃源岩的排烃效率与烃源岩的演化程度密切相关。从理论上讲，有机质在演化过程中，只有满足了自己的最大吸附量，烃源岩才开始排烃（油）。随着埋藏深度的逐渐增加，烃源岩进一步压实，孔隙度更低，烃源岩的最大吸附烃量也应该逐渐减小。可见，烃源岩中的残留烃量并不是一个固定值，而是一个随成熟度增加的变量。烃源岩排烃效率决定了页岩在不同演化阶段的残留烃量，因而，烃源岩排烃效率及其变化规律对页岩油气的勘探部署具有非常重要的影响。

　　烃源岩中残留液态烃随热动力进一步增强又会裂解成气，因此，烃源岩中的残留烃是高过成熟区域页岩气形成的重要物质基础。近年来，中国四川盆地古老层系（震旦系—志留系）的页岩气勘探获得了重大突破。对于这些页岩气到底是由有机质初次热解生成，还是由残留烃裂解生成，一直没有一个明确的认识。因此，不同类型烃源岩排油效率及其随烃源岩成熟度变化规律的研究对认识高—过成熟区域页岩气的成因及其勘探潜力具有重要的科学价值。

第一节　生排烃效率研究进展

一、排烃效率的基本含义

　　烃源岩排烃效率是指烃源岩排出烃类的程度（Cooles 等，1986），但不同学者对排烃效率有不同的定义，其计算方法与含义也不同。

　　以往许多文献中常用的排烃效率定义为已排出烃量与已生成烃量之比（Cooles 等，1986；Pepper，1991；Pepper 和 Corvi，1995；Ritter 2003；Eseme 等，2012），即排烃效率 = 排出烃量／已生成烃量 =1– 残留烃量／已生成烃量。显然，这一排烃效率的计算是相对于已经生成的烃类数量，因而也称之为相对排烃效率。上述公式的基本点是已经生成烃类的数量，它计算的是排出油（烃）占已经生成油（烃）的比例，数值应该在 0～1 或 0～100% 之间，也就是说，无论烃源岩处于哪个演化阶段、烃源岩最终可以生成多少烃，如果生成的烃类均没有排出而其全部残留于烃源岩中，那么其排烃效率为 0。例如，煤在非常低的演化阶段（R_o=0.5%），在煤有机显微组分的观察过程中经常可以见到渗出沥青体，即煤生成的油（图 7–1），但煤在此演化阶段不可能排油，它的排油效率就是 0。如果生成的烃类全部排出而没有残留于烃源岩中，那么其排烃效率为 1 或 100%，但这种情况在实际地质条件下不可能存在。上述相关概念与烃源岩的原始生烃潜量或总生烃潜量、烃源岩的演化阶段似乎没有明显的关系。上述排烃效率似乎更加侧重描述烃源岩固有的物理排烃能力，因此将其称为相对排烃效率。

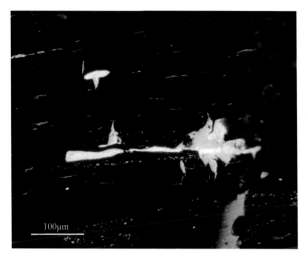

图 7-1　煤中的渗出沥青体（松辽盆地营城组煤，R_o=0.55%）

与相对排烃效率相对应的是绝对排烃效率。陈建平等（2014）把绝对排烃效率（累计排烃效率）定义为已经生成并排出烃数量与烃源岩原始生烃潜量之比，即绝对排烃效率 = 已排出烃 / 原始生烃潜量 =1-（残留烃量 + 残余生烃潜量）/ 原始生烃潜量。

上述公式的基本点是烃源岩的原始最大生烃量，其计算的是某演化阶段已经排出的烃占烃源岩原始最大生烃量的比例，排烃效率也在 0～1 或 0～100% 之间。排烃效率不仅与排出烃的数量或残留烃的数量有关，与烃源岩的生烃演化程度也密切相关，也就是说，没有开始生油和排油时排烃量为 0，随着生成烃数量的增加，排烃效率增加，当烃源岩热演化程度达到非常高的阶段、完成生烃过程且所有的烃类均被排出后，排烃效率达到 1 或100%。上述排烃效率反映了烃源岩累计生烃与排烃之间量的关系，因此被称为累计排烃效率。一般条件下，相对排烃效率大于绝对排烃效率。当烃源岩演化程度非常高时（烃源岩生烃结束时），相对排烃效率和绝对排烃效率趋近相等。

实际上，烃源岩中的烃不可能完全排出，因此，无论是相对排烃效率，还是绝对（或累计）排烃效率都不可能达到 100%。无论是相对排烃效率还是累计排烃效率，与烃源岩的生烃潜力、成熟度均有密切关系，原因是烃源岩排烃首先要满足有机质自身及矿物颗粒表面的吸附，如果有机质丰度低、类型差或成熟度低，生成的烃类数量很少，吸附烃占据了多数，那么其排烃效率就低；如果有机质丰度高、类型好或成熟度高，生成烃类的数量多，吸附烃仅占一小部分，那么排烃效率就高。对于有机质类型比较差的烃源岩，即使排油效率较高，排出的绝对油量也比较低。如某 II 型烃源岩的最大生油量为 300mg/g TOC，其绝对排油效率为 70%，排出的油量为 210mg/g TOC；而某 I 型烃源岩的最大生油量为800mg/g TOC，其绝对排油效率为 40%，排出的油量为 320mg/g TOC。

不管是相对排烃效率，还是绝对排烃效率，其本身包含两方面的内容：排气效率和排油效率。但是，不同学者在研究过程中的排烃效率基本上都是指排油效率。本书中的排烃效率仅指排油效率。

二、排烃机理与排烃效率的争议

1. 排烃厚度

有机质的排烃是有机质在演化过程中生成了原油和天然气使烃源岩体系内的压力增加而导致。但是，关于烃源岩的排烃方式的认识存在比较大的争议。

Leythaeuser 等（1988）和 Mackenzie 等（1988）研究了英国北海盆地 Brae 地区两口井 Kimmeridge 组烃源岩的排烃效率。两口井 Kimmeridge 组页岩岩心有机碳 TOC 含量均在 4% 以上，且多数在 6%～8% 之间，热解氢指数在 200～400mg/g TOC（图 7-2），成熟度相近，正处于成熟生油与排烃阶段。岩心样品抽提物定量研究表明，在厚层泥岩剖面中随着向砂岩层距离的靠近，页岩中抽提物含量及烃类含量均呈现规律性下降，在距离砂岩层 14m（井 1）处页岩中 C_{15} 以上可溶有机质含量达到 180mg/g TOC，在邻近砂岩层处仅为 49.8mg/g TOC；夹于砂岩层之间厚 12m 的页岩剖面（井 2）中部可溶有机质与烃类含量达 80mg/g TOC，而邻近砂岩层含量为 50mg/g TOC。由此计算出 Kimmeridge 组厚层泥岩中部（4020m）页岩总的绝对排烃效率为 27%，而靠近砂岩处的绝对排烃效率为 86%。因此，认为薄层烃源岩和厚层烃源岩的边部若干米内具有高的排烃效率，而厚层烃源岩不利于排烃。

陈建平（2011）对大港油田港深 35 井埋深为 3905～4060m 段处于大量生油阶段的 165m 泥岩的基本地球化学特征进行了大量分析统计（图 7-3）。3930～4060m 的泥岩有机碳含量在 2%～5%，其吸附烃量（S_1）保持在 100～150mg/g TOC，说明烃源岩排烃基本不受烃源岩厚度的影响。

2. 排烃效率

关于排油效率的研究目前有三种方法：

（1）通过对大量不同类型烃源岩样品进行热解、有机碳分析，根据相关的地球化学参数进行烃源岩的排烃效率计算。例如，S_1 代表烃源岩中的吸附烃（主要是残留油），而 S_2 代表烃源岩残余生烃潜力。根据 S_1、S_2 随烃源岩成熟度的演化关系，可以计算烃源岩在不同阶段的排烃效率。Cooles 等（1986）认为烃源岩的排烃效率与其原始生烃潜量（S_2^0）有很好的相关关系，烃源岩生烃潜力越高，其排烃效率越高。当 $S_2^0 > 5mg/g$ 时，排烃效率在 60%～80% 之间；当 $S_2^0 < 5mg/g$ 时，排烃效率小于 40%。但是，Pepper 等（1991，1995）认为仅仅以生烃潜力高低来判识烃源岩的排烃效率是不合理的。例如，有机质非常富集的煤，虽然具有较高的生烃潜力，但其是很差的油源岩（Durand 和 Paratte，1983），排烃效率不高，并不遵循 Cooles 等（1986）提出的一般烃源岩的生烃潜力与排烃效率的关系。Pepper 等（1991，1995）通过计算有机质中惰性干酪根的比例发现，惰性组分的比例或氢指数与排烃效率有非常好的相关性，无论是煤，还是贫有机质或富有机质的碎屑岩、碳酸盐岩、硅质岩，都遵循同一个分布趋势。因此，Pepper 认为，以有机质的质量来衡量烃源岩的排烃效率似乎更合理，并提出烃源岩的排烃效率和有机质类型密切相关，有机质类型越好，排烃效率越高（图 7-4）。

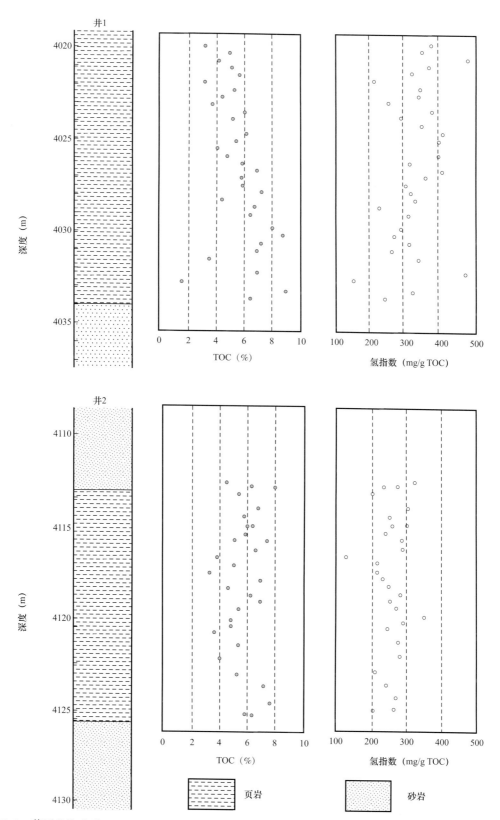

图 7-2　英国北海盆地 Brae 地区两口井 Kimmeridge 组烃源岩和 Kimmeridge 组页岩 TOC 和氢指数

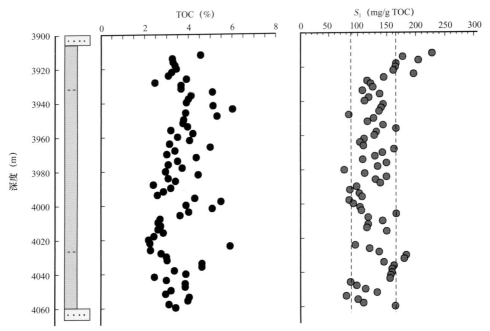

图7-3 大港油田港深35井3905～4060m井段烃源岩有机碳和S_1随深度的变化

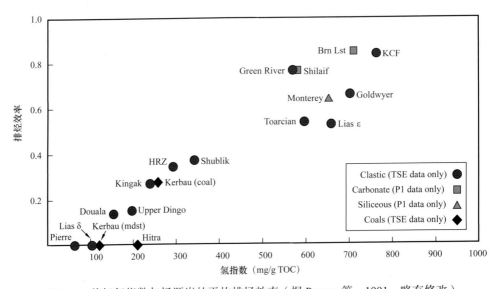

图7-4 热解氢指数与烃源岩的平均排烃效率（据Pepper等，1991，略有修改）

陈建平等（2014）在研究中国东部断陷盆地古近—新近系优质烃源岩的排烃效率时，依据不同成熟度烃源岩的残余生烃潜力的变化，提出烃源岩成熟度R_o>0.7%时开始大量排烃，排烃高峰在R_o=0.8%～1.1%；烃源岩成熟度R_o=1.3%时，最大排烃量达到650mg/g TOC以上（图7-5），排烃效率达85%以上。此外，根据不同类型有机质生烃潜力随深度的变化关系总结了不同类型有机质在不同成熟度的排烃效率（图7-6）。优质烃源岩在生油结束时，排油效率可以达到80%以上。

（2）根据地质资源量来计算排烃效率。Jarvie等（2007）首先通过最终可采储量的估算推算出地质储量，其次根据热解生烃潜力与烃源岩体积推算出总生烃量，最后按照地质

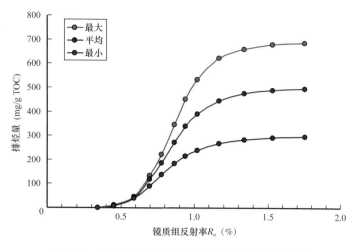

图 7-5 不同类型烃源岩在不同演化阶段的排烃量

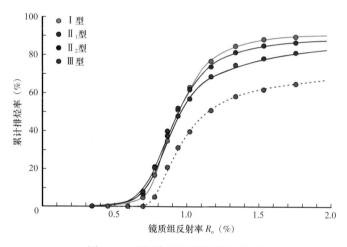

图 7-6 不同类型烃源岩排烃模式

储量与总生烃量计算出排烃率为 60%（图 7-7）。

（3）利用模拟实验的方法。赵文智等（2015）对中国不同沉积环境形成的烃源岩（表 7-1）进行了排烃模拟实验（图 7-8）。从图中可以看出，不同有机质丰度、不同岩性烃源岩排烃效率差别非常大。对于泥页岩，有机质的类型越好，氢指数越高，相同的成熟度下烃源岩的排油效率越高。但是灰岩排油效率的实验结果存在比较大的问题，当烃源岩（石灰岩）成熟度 R_o=0.6%～0.7% 时，其排油效率已经达到了 60%，这在实际地质条件下是不可能存在的，这可能与灰岩中的矿物与泥岩中的黏土矿物在实验（高温）条件下吸附油能力的差异有关。而渤海湾鱼 19 井的泥岩（Ⅲ型有机质）的最高排油效率可以达到 80%，这与一般目前关于排烃效率的认识存在比较大的差异。一般有机质类型越好，排油效率越高。而且该样品的氢指数只有 88mg/g TOC，与一般地质统计开始排烃时的吸附烃量一般为 100mg/g TOC 的认识矛盾。图 7-8 中的另一个问题是有机质类型相对较好的泥页岩样品的排油效率在烃源岩 R_o>2.3% 时还在增加，原因是一般认为原油在 R_o=2.3% 已经完全裂解成气，排油效率在 R_o>2.3% 时不可能继续增加。上述实验结果的差异可能与实验温度的地质推演不准确有关。

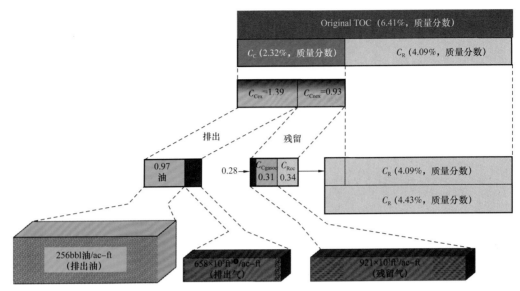

图 7-7　Jarvie 排烃效率计算原理图

表 7-1　模拟实验样品基本地球化学特征

编号	样品来源	岩性	地层	TOC（%）	T_{max}（℃）	(S_1+S_2)（mg/g）	HI（mg/g）	R_o（%）	干酪根类型
1	河北张家口	石灰岩	Pt	0.68	435	0.32	231	0.68	II_2
2	山西河曲	石灰岩	C	0.68	430	19.05	209	0.58	II_2
3	东濮凹陷卫 20 井	泥灰岩	E	4.75	431	47.51	502	0.64	II_1
4	河北唐山	油页岩	C	7.55	434	44.4	564	0.6	I
5	广东茂名	油页岩	E	10.08	436	56.65	608	0.34	I
6	松辽鱼 24 井	泥岩	E	1.4	443	8.96	629.66	0.67	I
7	松辽金 88 井	泥岩	E	3.47	452	29.85	796	0.65	I
8	松辽兴 2 井	泥岩	E	5.87	434	47.62	802.1	0.6	I
9	渤海湾凤 29-19 井	泥岩	E	7.71	438	52.96	674.58	0.58	II_1
10	渤海湾盐 14 井	泥岩	E	4.47	424	32.54	706.58	0.38	II_1
11	渤海湾沈 6 井	泥岩	E	2.27	423	14.71	622.95	0.38	II_1
12	渤海湾港深 50 井	泥岩	E	4.5	435	18.56	396.55	0.67	II_2
13	渤海湾歧 86 井	泥岩	E	2.26	441	4.68	199.67	0.53	II_2
14	渤海湾板 59 井	泥岩	E	1.05	441	2.44	221.19	0.68	II_2
15	渤海湾鱼 19 井	泥岩	E	1.1	439	1.13	88	0.54	III

注：T_{max} 为烃源岩热解峰温；S_1 为游离烃含量；S_2 为热解烃含量；HI 为氢指数；R_o 为镜质组反射率。

---

❶　1ft³=28.316850/m³。

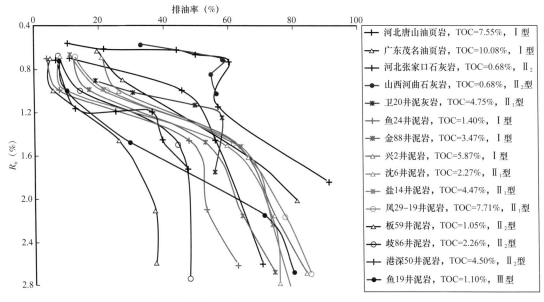

图 7-8　不同有机质丰度、不同岩性烃源岩排油图版（据赵文智等，2015）

第二节　生排烃模拟实验研究

一、实验样品

为了更详细地研究烃源岩排油过程，对采自松辽盆地浅层青山口组一段的三个样品，在第一章中介绍的直压式生排烃模拟实验设备上（图 1-7）进行了生排烃模拟实验。样品的地球化学分析数据见表 7-2，从表中的分析数据可以看出，三个样品均为非常好的烃源岩。

表 7-2　排烃模拟样品的地球化学特征

样品名	深度 （m）	层位	TOC （%）	T_{max} （℃）	S_1 （mg/g）	S_2 （mg/g）	S_1+S_2 （mg/g）	HI （mg/g TOC）
朝 73-87	834.6	K_1qn_1	4.89	440	0.65	36.92	37.57	755.01
达 11-2	1736.58～1745	K_1qn_1	3.99	447	1.21	28.25	29.46	708.02
达 11-3	1705.6～1721.8	K_1qn_1	3.71	447	0.67	25.14	25.81	677.63

二、实验流程及方法

1. 实验条件

实验过程中采用如表 7-3 所列的实验条件。除了温度因素，还考虑了流体压力和静岩压力对排烃过程的影响。由于模拟釜体内外存在一定的温度差，模拟实验过程中根据模拟釜体不同温度点的内外温度差，设置了相应的控制温度，以便釜体内部的样品能达到需要的实验温度。表 7-3 中的温度为实际反应温度（釜体内部）。

表 7-3　实验过程中不同温度点实验条件

模拟点编号	静岩压力（MPa）	静水压力（MPa）	模拟温度（℃）	控制温度（℃）	模拟时间（h）
1	44	18	300	312	72
2	47	19	320	331	72
3	50	20	330	341	72
4	53	22	340	351	72
5	55	23	350	360	72
6	58	24	355	365	72
7	61	25	360	370	84
8	64	26	360	370	96
9	69	28	365	375	120
10	78	31	370	380	240

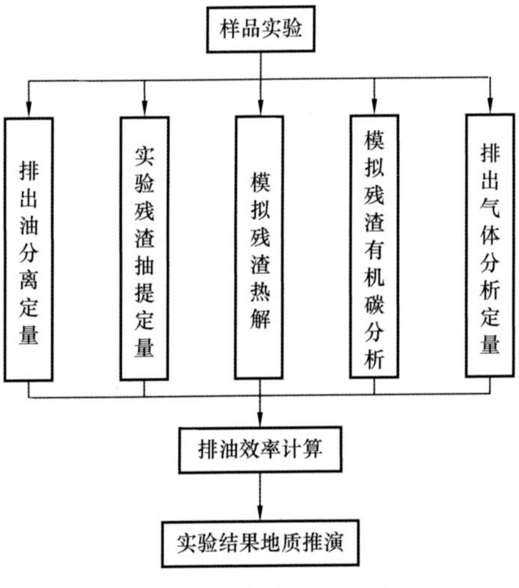

图 7-9　排烃实验流程图

2. 实验流程与方法

实验过程采用如图 7-9 所示流程。所有实验均是在恒温条件下进行，实验过程的升温程序如下：样品由室温 1h 加热到目标温度（如 300℃），然后恒温相应的时间，停止加热，待样品冷却到室温，取出样品，进行相应的分析。第二个温度点（如 320℃）的模拟步骤如下：重新装入原始样品，由室温 1h 加热到目标温度，然后恒温相应的时间，停止加热，待样品冷却到室温，取出样品，进行相应的分析。

模拟残渣的抽提（残留油）是以二氯甲烷作为有机溶剂在超声抽提仪进行。抽提过程为模拟残渣粉碎至 80 目以下，每一个模拟温度点的残渣用抽提方法抽提 4 次，每次抽提 3min。抽提液过滤干燥后用分析天平称重，可以得到不同温度点的残留油。

实验过程中从烃源岩中排出的油，并不能自动地完全收集于冷凝收集器中，附着在釜体内壁和排烃收集管道内壁上的液态烃在每一个模拟温度点均利用二氯甲烷冲洗收集。因此，实验过程中的液态收集物包括排出的水、油以及有机溶剂（二氯甲烷），使用分液漏斗进行分离。水与有机物分离后，有机物中二氯甲烷的去除采用旋转蒸发的方法。最后对得到的排出油进行称重。

气体采用排水集气法收集，气体成分采用微量色谱分析。图 7-10 显示了不同模拟温度条件下收集的气体、排出的液体及固体残渣。

图 7-10　生排烃模拟实验产物

对于模拟残渣的成熟度标定，采用相同模拟实验条件对煤进行模拟实验，通过不同温度点煤模拟残渣的元素组成（H/C 比）与不同成熟度实际煤样的元素组成（表 2-4 和图 2-18）进行对比来确定不同温度点的成熟度。表 7-4 中列出了实验条件下不同温度点和不同恒温时间模拟残渣对应的成熟度。

表 7-4　不同模拟温度和不同恒温时间实验点模拟残渣对应的成熟度

温度（℃）	300	320	330	340	350	355	360	365	370	370
恒温时间（h）	72	72	72	72	72	72	84	120	240	480
R_o（%）	0.65	0.79	0.89	0.98	1.08	1.14	1.23	1.35	1.57	1.72

3. 实验结果

表 7-5 中列出了三个模拟样品在不同实验条件下生成的气体量、排出油量和残渣残留油量。朝 73-87、达 11-2、达 11-3 三个样品的氢指数分别为 755.01mg/g TOC、708.02mg/g TOC 和 677.63mg/g TOC（表 7-2）。而上述三个样品在生排烃模拟实验中的最大生油量（排出油量 + 残留油量）分别为 380.07mg/g TOC、454.70mg/g TOC 和 385.54mg/g TOC，只占最大生烃潜力的 50%～64%。而最大生成烃类气体量分别为 319.90mg/g TOC、335.62mg/g TOC 和 325.94mg/g TOC。实验结果与前面在黄金管体系中进行的分步模拟实验所得到的优质烃源岩干酪根热解生成天然气一般不超过 130mL/g TOC 的结论矛盾。这主要是因为该生排烃模拟实验是在恒温体系下进行，有机质生成的原油在高温的恒温条件下发生裂解，导致实验结果中原油量降低，气体量增高。

表 7-5　生排烃模拟实验综合结果

样品名	模拟温度（℃）	恒温时间（h）	总气量（mL/g TOC）	烃类气体量（mg/g TOC）	滞留油（mg/g TOC）	排出油（mg/g TOC）	总产油（mg/g TOC）
朝 73-87	300	72	26.58	0.98	54.10	8.27	62.37
	320	72	28.63	0.00	115.14	8.68	123.82
	330	72	30.88	0.00	149.79	12.60	162.39
	340	72	46.92	19.99	206.67	18.43	225.09
	350	72	54.10	31.08	219.69	84.19	303.88
	355	72	88.15	33.26	242.00	108.37	350.37
	360	84	101.70	38.08	195.39	184.68	380.07
	365	120	123.08	68.93	103.14	271.26	374.40
	370	240	174.50	98.66	61.13	304.76	365.89
	370	480	283.38	319.90	37.31	234.89	272.20
达 11-2	300	72	94.21	34.36	45.20	6.65	51.85
	320	72	110.92	41.19	59.36	13.04	72.40
	330	72	153.31	63.13	83.71	25.27	108.98
	340	72	151.81	94.94	146.05	75.65	221.70
	350	72	173.18	146.40	194.24	119.55	313.80
	355	72	210.80	177.48	225.38	210.59	435.96
	360	84	218.57	195.16	190.62	264.09	454.70
	365	120	240.02	224.52	168.38	269.88	438.26
	370	240	286.79	300.79	51.68	301.27	352.95
	370	480	332.04	335.62	13.69	277.41	291.09
达 11-3	300	72	31.22	0.00	81.40	9.39	90.79
	320	72	28.72	3.10	145.42	14.39	159.81
	330	72	34.70	17.09	157.09	12.02	169.12
	340	72	42.51	22.54	174.70	26.33	201.02
	350	72	69.17	36.00	209.85	111.77	321.62
	355	72	80.74	41.22	212.07	161.53	373.60
	360	84	125.47	51.89	162.99	222.55	385.54
	365	120	156.06	85.64	95.43	244.56	339.99
	370	240	175.55	144.77	51.50	257.09	308.58
	370	480	296.14	325.94	22.07	245.16	267.24

图 7-11 为三个样品在不同温度和恒温时间残留油量和排出油量的直方图。可以看出，三个样品的实验结果非常相似。残留油量随着温度升高逐渐增加，到达 355℃恒温 3d 时，样品中的残留油量达到最高值，之后随着模拟温度的升高和恒温时间的延长逐渐减少；相应地，排出油量在模拟实验开始的几个温度点都比较低。到达 340～350℃恒温 3d 时，排出的油量才显著增加。到达 370℃恒温 10d 时，排出油量达到最大值，随后，排出的油量又有所降低。从理论上讲，排出油量不应该有所降低，这种反常的实验结果是由于实验温度相对较高、恒温时间较长，原油在还未排出之前已经发生了部分裂解，导致了总排油量降低。这种变化规律与烃类气体显著增加的结果是一致的。

图 7-12 显示了三个样品的模拟实验结果推演到地质条件下的排出油量和残留油量变化。虽然由于原油在高温条件下的裂解导致根据实验结果推演出的原油的总生成量在高演化阶段有所降低，但是，根据上述推演结果至少可以得到这样一个认识：烃源岩吸附油量在 $R_o=1.1\%$ 左右达到最大，而且烃源岩在未达到其最大吸附油量之前，就有一部分油排出。在 $R_o=0.9\%\sim1.4\%$ 的范围内，烃源岩中的残留油含量升高，一般都大于 150mg/g TOC，仅从页岩油量的角度考虑，表明在这一成熟度范围进行页岩油的勘探最为有效。

图 7-13 显示了三个样品的模拟实验结果推演到地质条件下的相对排油效率和绝对排油效率的变化。排油阶段为 $R_o=0.6\%\sim1.55\%$，大量排油在 $R_o>0.9\%$，到生油窗结束时（$R_o=1.3\%$），累计排油效率为 60% 左右。随着原油的进一步裂解和干酪根的进一步热解生气，烃源岩内的压力进一步增加，未裂解的原油仍可以继续排出，因此，绝对排油效率继续增加。到 $R_o=1.55\%$ 时，排油效率达到最高，可达 68%～81%。

任何一种生排烃模拟实验都是利用实验室快速、高温的实验来模拟地质条件下慢速、低温的生排烃过程。如果实验温度太低，很难快速有效地完成这一地质过程；如果实验温度太高，低温条件下生成的原油在高温条件下会发生裂解，导致在温度更高、恒温时间更长实验条件下生成的原油裂解得更多，如果说总生油量是一个恒定值，那么必然导致排油效率降低。这就是图 7-13 中 $R_o=1.75\%$ 时排油效率降低的原因。在实际的地质条件下，不论原油的裂解程度如何，只要原油未裂解完，烃源岩生成的烃类就会有一部分以液态烃形式继续排出。因此，在地质条件下，原油的最终排油效率应该更高。至于最终能达到多高，要根据原油在地质条件下（不同成熟度）的裂解情况而定。其关键问题是烃源岩生成的油从开始裂解到完全裂解这一阶段，不同成熟度下的裂解量和残留量的比例、油气在相应成熟度下的相态。

上述实验结果的一个最大问题是原始样品的氢指数非常高（677.63～755.01mg/g TOC），而上述三个样品在生排烃模拟实验中的最大生油量（排出油量＋残留油量）只有 380.07～454.70mg/g TOC。这与在第三章关于不同类型的生烃模拟实验结果有非常大的差别。对于 I 型有机质，一般最大生油量等于 0.934HI（图 3-4）。上述最大生油量大约只占最大生烃潜力（HI）的 50%～64%。这主要是由于排烃实验过程中流体压力的介质为水，虽然实验过程中尽量避免实验温度超过水的临界温度（375℃），使水和有机质发生反应，但实验结果证明，实验过程中水还是与有机质发生了反应，生成了大量 CO_2（表 7-6）。以朝 73-87 井的样品为例，所有模拟温度点的 CO_2 的相对含量都超过了 50%。这种实验结果在其他无水体系的模拟实验中不可能产生。而且，实际发现的有机成因的天然气藏也没有这么高的 CO_2 含量。如此之高的 CO_2 含量正是由实验过程中水与有机质发生了氧化还原反应造成的。因此，在进行排烃实验时最好在无水体系中进行，或用其他惰性气体作为流体介质进行模拟实验。

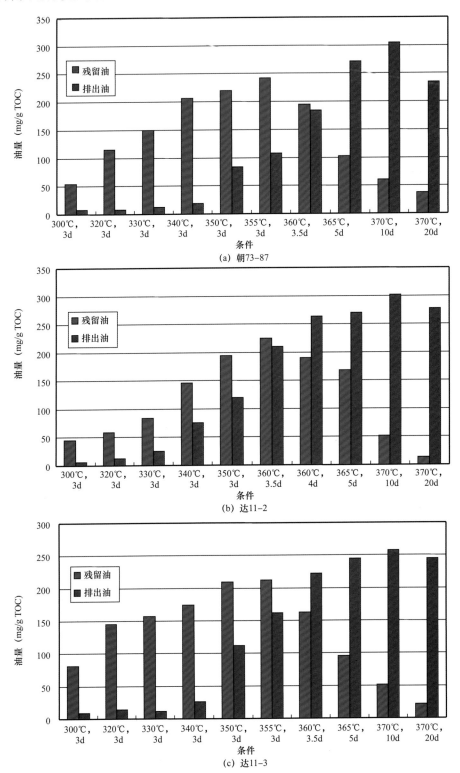

图 7-11　三个样品在不同温度和恒温时间残余油量和排出油量的直方图

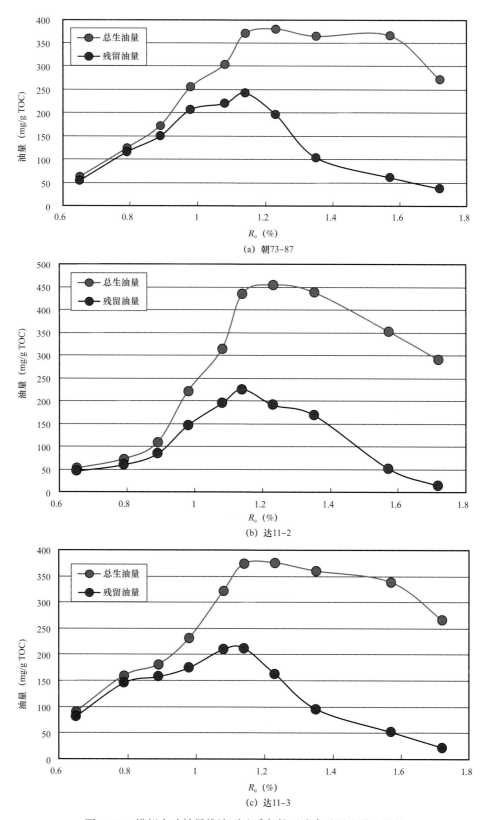

图 7-12　模拟实验结果推演到地质条件下残余油量和总生油量

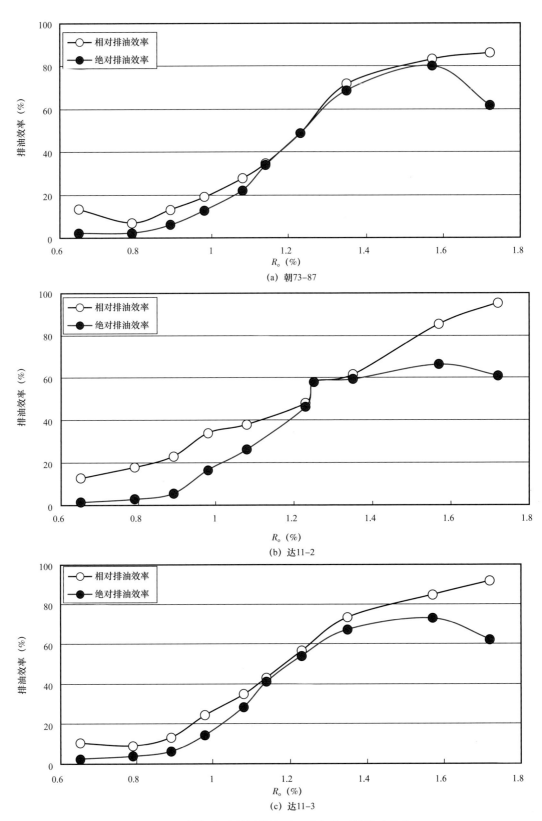

(a) 朝73-87

(b) 达11-2

(c) 达11-3

图 7-13 模拟实验结果推演到地质条件下的排油效率

表 7-6　不同温度点模拟残渣热解有机碳分析数据

样品名	模拟温度（℃）	恒温时间（h）	总气量（mL/g TOC）	气体组成（%）				
				CH_4	C_2H_6	C_3—C_5	CO_2	其他气体
朝 73-87	300	72	26.58	2.31	0.52	0.57	75.93	20.67
	320	72	28.63	6.57	2.34	1.35	72.35	17.39
	330	72	30.88	12.45	4.36	3.56	66.54	13.09
	340	72	46.92	19.01	6.97	8.28	60.15	5.59
	350	72	54.10	18.11	9.11	7.7	58.18	6.90
	355	72	88.15	14.92	8.92	7.52	62.45	6.19
	360	84	101.70	17.92	8.81	6.75	56.33	10.19
	365	120	123.08	23.06	9.46	11.4	50.35	5.73
	370	240	174.50	24.87	6.11	7.47	52.43	9.12
	370	480	283.38	21.5	9.52	5.30	53.70	9.98

表 7-7 中列出了不同模拟温度模拟残渣的热解有机碳数据。图 7-14 则显示了模拟残渣氢指数 HI 随 R_o 的变化。从实验结果可以看出，随着烃源岩演化程度的增加，模拟残渣氢指数逐渐降低。到达烃源岩生油结束时（R_o=1.3%），模拟残渣的氢指数一般不超过 150mg/g TOC，而三个烃源岩样品的氢指数为 677～755mg/g TOC。说明三个样品以生油为主。而在 R_o=1.7% 时，模拟残渣的氢指数为 60～90mg/g TOC。这些残留的生烃潜量，其中有很大一部分为残留油（液态烃）的贡献。如果减去残留液态烃的贡献（表 7-5），三个样品的生烃（气）潜量分别为 44.70mg/g TOC、58.27mg/g TOC 和 39.27mg/g TOC。说明烃源岩在 R_o>1.7% 还有一定的生气潜力。这与前边通过黄金管模拟实验得到的优质烃源岩生气结束的成熟度为 R_o=3.5% 的结论一致。

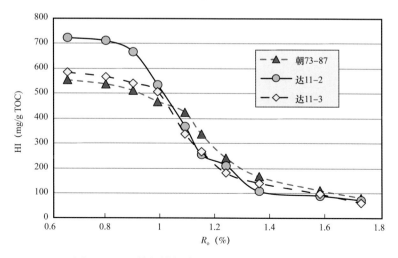

图 7-14　生排烃模拟残渣氢指数 HI 随 R_o 的变化

表 7-7 生排烃模拟实验不同温度点残渣热解有机碳分析数据

样品	实验条件 温度（℃）， 恒温时间（h）	TOC （%）	T_{max} （℃）	S_1 （mg/g）	S_2 （mg/g）	S_1+S_2 （mg/g）	HI （mg/g TOC）
朝 73-87	300，3	4.75	445	1.56	26.3	27.86	553.68
	320，3	4.59	446	2.59	21.92	24.51	537.56
	330，3	4.58	446	2.68	21.16	23.84	512.01
	340，3	4.43	445	5.56	19.87	25.43	468.53
	350，3	4.35	444	6.11	15.95	22.06	425.67
	355，3	3.81	440	8.04	13.26	21.3	338.03
	360，4	3.38	449	5.27	9.55	14.82	242.54
	365，5	2.63	458	4.08	4.40	10.06	167.38
	370，10	2.15	465	3.12	2.40	5.95	111.63
	370，20	1.89	487	2.6	1.55	4.15	82.01
达 11-2	300，3	5.96	454	2.45	43.13	45.58	723.66
	320，3	5.85	453	4.08	41.62	45.7	711.45
	330，3	5.28	453	5.63	38.35	43.98	668.33
	340，3	5.38	450	6.51	28.74	35.25	534.2
	350，3	4.58	452	8.57	21.46	30.03	368.56
	355，3	4.1	451	6.66	10.45	17.11	254.88
	360，4	3.74	443	5.38	7.90	13.28	211.23
	365，5	3.11	444	4.42	3.35	3.35	107.72
	370，10	2.43	463	3.04	2.18	5.22	89.71
	370，20	1.89	485	1.46	1.36	2.82	71.96
达 11-3	300，3	5.68	451	1.76	29.24	31	584.79
	320，3	4.79	451	2.22	27.16	29.38	567.01
	330，3	4.52	451	1.03	24.47	25.5	541.37
	340，3	4.42	452	4.19	22.37	26.56	506.11
	350，3	3.95	449	7.35	25.17	32.52	337.22
	355，3	2.96	451	5.36	7.89	13.25	266.55

样品	实验条件 温度（℃）， 恒温时间（h）	TOC （%）	T_{max} （℃）	S_1 （mg/g）	S_2 （mg/g）	S_1+S_2 （mg/g）	HI （mg/g TOC）
达 11–3	360，4	2.88	450	4.02	4.06	9.23	180.90
	365，5	2.66	457	3.97	3.75	7.72	140.98
	370，10	2.42	464	2.98	2.35	5.33	97.11
	370，20	2.38	479	1.96	1.46	3.42	61.34

第三节　影响排油效率研究的主要因素

对于特定的烃源岩，其生油能力和最大吸附油量应该是一定的，排油效率也应该是固定的。但是，不同学者的关于排油效率的研究结果存在争议的真正原因是一个值得探讨的问题。目前，研究烃源岩排烃的方法有两种：（1）实际资料地球化学资料分析统计法；（2）模拟实验法。本节将从上述两种方法如何计算得到排烃效率的详细过程入手，讨论影响排油效率的因素。

一、烃源岩中残留油量计算方法

烃源岩的排油效率是指烃源岩已排出原油在生成原油（或最大生油量）中所占的比例。而排出油量在实际研究过程中很难获得。排出油量往往是以生成油量减去烃源岩中的残留油得到。而残留油量数据往往是通过两种方法获得：热解数据的 S_1，即烃源岩的吸附（残留）油量；通过对烃源岩的抽提获得。

但是，大量的实验结果证明：根据烃源岩热解数据得到的残留油量（S_1）远远低于通过对烃源岩抽提得到的氯仿沥青"A"，一般 S_1 只有氯仿沥青"A"的一半。因此，选择哪种参数作为烃源岩残留烃量对排油效率的计算结果影响非常大。国内外学者对北海及巴黎盆地烃源岩的研究结果也呈现相似的规律（图 7–15）。从图 7–15（a）中可以发现，随着烃源岩的埋深增加（3400～4540m），烃源岩中的吸附烃量（相当于曲线斜率）先增加，后降低。吸附烃量的最大值约为 110mg/g TOC（相当于图中黑点回归线的斜率）。烃源岩抽提物量［图 7–15（b）］也呈现相似的先增加后降低的变化规律，抽提物的最大量约为 200mg/g TOC。

图 7–16 和图 7–17 分别显示了陈建平分析得到渤海湾盆地歧口凹陷源岩的残留烃量。吸附烃量（S_1）和氯仿沥青"A"随成熟度增加呈现与国外海相烃源岩残留烃量相似的变化规律。同时，把烃源岩开始排油的 S_1 和氯仿沥青"A"分别定为 100mg/g TOC 和250mg/g TOC。因此，在计算烃源岩的排油效率时，选择 S_1 和选择氯仿沥青"A"作为残留油，其研究成果会有非常大的差别。其中 S_1 是烃源岩热解过程中 300℃恒温 3min 被氧化（燃烧）成 CO_2 的部分。由于氧化温度较低，吸附烃不能完全燃烧，部分被计入 S_2 中，导致 S_1 的量要比氯仿沥青"A"低很多。因此，用氯仿沥青"A"作为烃源岩中的残留油

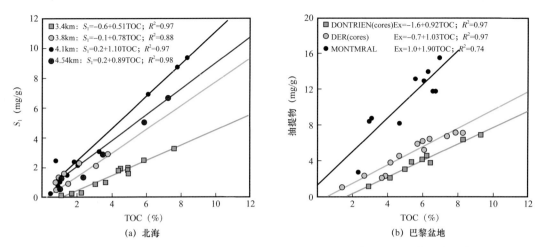

图 7-15　国外海相烃源岩的吸附烃和烃源岩抽提物随有机碳含量及埋藏深度的变化

量应该更为科学。

然而，目前报道的不同盆地，不同烃源岩的 S_1 数据往往存在比较大的差别，图 7-15 和图 7-16 中烃源岩 S_1 只有 $100 \sim 110$ mg/g TOC。图 7-18 显示了大港油田港深 48 井热解参数剖面。S_1 随烃源岩深度增加总体呈现先增加后降低的规律，但是 S_1 的最大量范围为 $100 \sim 200$ mg/g TOC。如果按照氯仿沥青"A"$=2S_1$，那么残留油（氯仿沥青"A"）最高可达到 $200 \sim 400$ mg/g TOC。选取范围在 $200 \sim 400$ mg/g TOC 之间的任意一个值作为残留油的最大量，从理论上讲都是正确的，但对排烃效率计算结果的影响非常大。其实，残留油量的多少，除了与烃源岩的有机质类型和演化程度有关，还与研究过程中所选分析样品的岩性有非常大的关系。例如，在一套烃源岩中常包含一些非常薄的粉、细砂岩层，如果取到的要进行相关分析的"烃源岩"样品中包含这些薄层砂岩或者全部是这些粉、细砂岩，这些砂岩中聚集了大量的来源于其上下真正烃源岩排出的原油，其吸附油量（S_1 或氯仿沥青"A"）就非常高。

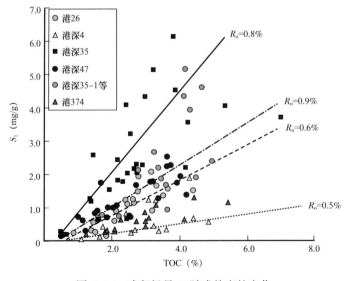

图 7-16　残留烃量 S_1 随成熟度的变化

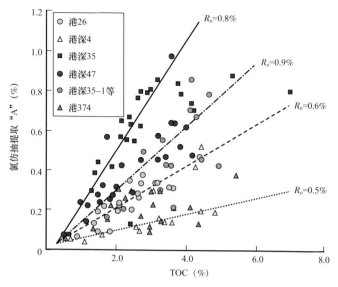

图 7-17　烃源岩氯仿沥青 "A" 随成熟度的变化

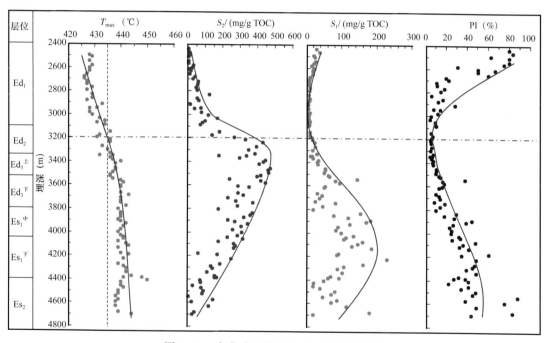

图 7-18　大港油田港深 48 井热解参数剖面

　　图 7-19 显示了根据实际样品抽提的松辽盆地烃源岩中氯仿沥青 "A" 随埋藏深度的变化情况（侯启军等，2009）。从实际数据来看，在 2000m 左右，烃源岩中氯仿沥青 "A" 的含量最高。之后，随着埋深的增加，氯仿沥青 "A" 的含量逐渐降低，到达 2500m，岩石中氯仿沥青 "A" 的含量不足 0.2g/g TOC。图 7-20 显示了松辽盆地不同区域烃源岩成熟度随埋藏深度的变化情况。可以看出，烃源岩中氯仿沥青 "A" 的含量最高时（2000m），烃源岩的成熟度为 $R_o=1.0\%$，正好是烃源岩的生烃高峰。

　　从图 7-19 中发现烃源岩中氯仿沥青 "A"（可被当作残留烃）含量最高值变化也比

较大（0.02～0.55g/g TOC），其他成熟度范围残留烃含量的变化也是如此。对于 I 型有机质，其氢指数最低下限为 600mg/g TOC。如果其最大生油量为 550mg/g TOC，达到生油高峰（$R_o=1.0\%$）的累计生油量为 400mg/g TOC。残留生油量的取值，对于排油效率的计算结果有非常大的影响。最大残留烃量依据图 7-19 可取 100mg/g TOC、200mg/g TOC、300mg/g TOC、400mg/g TOC，甚至 500mg/g TOC，计算出来的排油效率有非常大的差别。残留烃量大小除了与烃源岩的成熟度有关，还与烃源岩有机质的类型有比较大的关系。众所周知，烃源岩具有非常强的不均一性，在不同演化阶段的吸附油量差别也非常大，也不能按照残留油的平均值来估算某一确定烃源岩在不同演化阶段的残留烃量。因此，按照残留烃量的平均值来计算烃源岩在不同演化阶段的排油效率是非常不准确的。

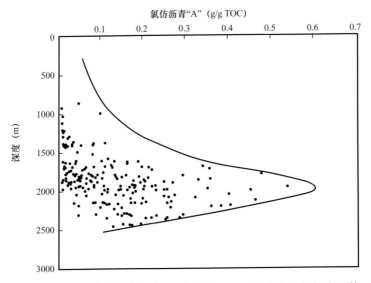

图 7-19　松辽盆地烃源岩中氯仿沥青 "A" 随埋藏深度的变化（据侯启军等，2009）

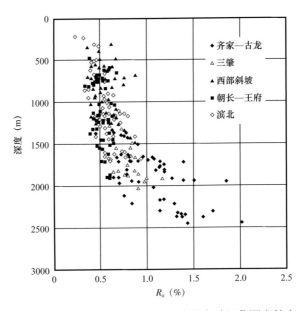

图 7-20　松辽盆地不同区域烃源岩成熟度随埋藏深度的变化

二、烃源岩放置时间对烃源岩残留油量的影响

从实际样品的分析结果来看，烃源岩中最大残留烃量变化很大，不是一个固定值。笔者在研究过程中发现，同样成熟度的样品，露头烃源岩样品的残留烃量一般都小于岩心样品。这主要是由于露头长期暴露在大气中，烃源岩中的残留油很容易被散失、氧化等。其实，一般从岩心库采集到的岩心样品存放了很长时间（几年甚至几十年），一些相对较轻的残留烃会大量散失。为此，对鄂尔多斯盆地三叠系长 7 段进行了密闭取心。对其中的一个样品（R_o=0.8%）粉碎后放置不同时间，然后用二氯甲烷放置了不同时间的同一样品进行抽提（图 7–21）。随着样品放置时间延长，烃源岩中的抽提物量明显减少，岩心自然条件下放置 4 个月，抽提物量减少了 28.3%。

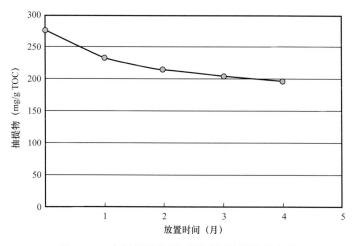

图 7–21　实际样品放置不同时间抽提物的变化

同样，生排烃模拟实验残渣放置不同时间，其抽提物量也存在同样的变化规律。图 7–22 显示了生排烃模拟实验残渣放置时间与残留油（二氯甲烷抽提物）的变化关系。图中两条变化线的第一个实验点为模拟完成后，从釜体中直接取出模拟残渣进行抽提。可以看出，模拟残渣随着放置时间的延长，其抽提物含量减少。而且前两个月散失速度最快。放置半年，模拟残渣中残留油减少 31%。如果放置时间更长，其散失量可能达到 40%～50%。因此，利用放置了很长时间（几年甚至几十年）的岩心样品的抽提物（或 S_1）来估算烃源岩中的残留油量明显偏低，据此计算出来的烃源岩的排油效率明显偏高。

三、烃源岩抽提处理过程中轻烃损失

除了烃源岩放置时间对烃源岩残留烃的准确定量有很大的影响，烃源岩抽提物的处理方式对烃源岩中的轻烃量也有明显的影响。一般情况下，不管是烃源岩样品，还是模拟残渣残留油量的确定，都是用抽提的方法，最后把抽提液中有机溶剂挥发后，对剩余的油进行称重获得。在对抽提液中的有机溶剂进行去除过程中，有机溶剂往往会带着绝大部分的轻烃或少量的油一起散失，导致得到的残留油量降低。图 7–23 是模拟残渣样品按照常规的超声抽提方法得到残留油的全二维气相色谱—飞行时间质谱图。图 7–24 是对同一样品相同模拟温度模拟残渣采用冷冻抽提方法得到的抽提液的全二维气相色谱—飞行时间质谱图。对比结果可以发现，常规抽提称重方法损失了绝大部分轻烃。由于轻烃的损失，用常规方法得到的残留油量肯定较少，由此得到的原油的排出效率一定偏高。

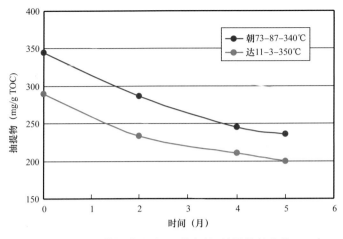

图 7-22　模拟残渣放置不同时间抽提物的变化

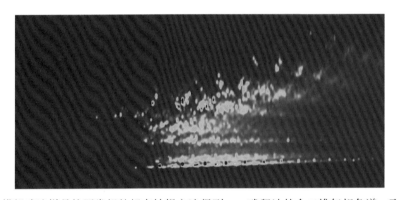

图 7-23　模拟残渣样品按照常规的超声抽提方法得到——残留油的全二维气相色谱—飞行质谱图

图 7-24　模拟温度模拟残渣采用冷冻抽提方法得到的抽提液的全二维色谱—飞行时间质谱图

四、烃源岩演化过程中残留烃的裂解与排出

常规的排烃理论认为：只有当烃源岩的生油量满足它本身的最大吸附油量时，烃源岩才开始大量排油。实际剖面的统计结果发现，烃源岩中的残留油量随烃源岩的埋深或成熟度的增加呈现抛物线形态变化（图 7-18 和图 7-19）。也就是说，烃源岩的吸附油量在达到最大后，会逐渐减小。一般认为吸附油量这种情况的发生是由烃源岩的排油导致的。但

是，还有另外两个因素会导致烃源岩中残留油量的降低：

（1）烃源岩本身孔隙的减少。由于烃源岩埋藏深度的增加，上覆压力变大，烃源岩中的孔隙度降低，导致烃源岩中残留油量减少。这是一个非常复杂的问题，可能与烃源岩中的矿物组成及演化有关。同时与不同大小的孔隙分布和演化特征以及不同大小孔隙吸附油的能力等因素有关。

（2）残留油裂解。不同的研究结果（实际资料统计分析、模拟实验）发现，烃源岩的最大吸附油量位于 R_o=0.8%～1.1% 的范围内。烃源岩生油结束后，残留在烃源岩中的残留油会发生明显的裂解，直到残留油完全消失（R_o=2.3%）。由于残留烃的裂解，烃源岩体系中的压力增加更快，排烃（包括油和气）效果更好。那么在残留油开始裂解后，烃源岩中残留油量的降低有多大比例是由残留油排出引起的，有多大比例是由原油裂解引起的？

由于原油的运移分馏效应，烃源岩中的残留油比油藏中的原油重质组分含量更高，更容易裂解。以第四章塔中 62 井的重质油裂解为例。图 7-25 显示了模拟实验结果恢复到不同成熟度条件的残留油的比例。可以看出，残留油在 R_o=1.6% 以后快速裂解，到 R_o=2.0% 时，烃源岩中的残留油已裂解了 95% 以上，烃源岩排出液态油已经不可能。也就是说，当烃源岩的成熟度达到 R_o=2.0% 时，就不可能排油了，排出的只可能是天然气。

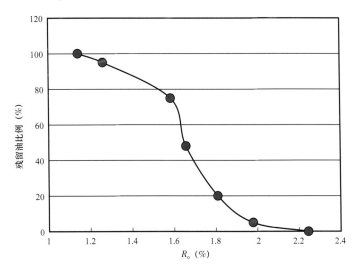

图 7-25　重油裂解残余油量与 R_o 关系（以塔中 62 井油裂解数据为基础）

小　结

（1）烃源岩的排烃效率一般随着有机质类型的变好而增加。对于优质烃源岩，生油窗结束时，烃源岩的累计排油效率可以达到 50%～60%。从生油结束到原油完全裂解，烃源岩中还有油排出，到 R_o=2.0% 时，优质烃源岩的累计排油效率可以达到 80% 以上。

（2）导致烃源岩排烃效率计算结果差异巨大的主要原因是选择热解过程的 S_1 作为残留烃量，还是用氯仿沥青"A"作为残留烃量。一般氯仿沥青"A"=$2S_1$。

（3）导致残留烃量低的原因主要有两条：岩心样品放置时间太长，残留烃部分散失；样品处理和残留烃定量过程中，部分残留烃（特别是轻烃）散失。

参考文献

陈建平, 孙永革, 王飞宇, 等 . 2011. 渤海湾盆地富油气凹陷烃源岩生排烃定量表征及其应用 [R].

陈建平, 孙永革, 钟宁宁, 等 . 2014. 地质条件下湖相烃源岩生排烃效率与模式 [J]. 地质学报, 88 (11): 2005-2032.

侯启军, 冯志强, 冯子辉 . 2009. 松辽盆地陆相石油地质学 [M]. 北京: 石油工业出版社 .

赵文智, 王兆云, 王东良, 等 . 2015. 分散液态烃的成藏地位与意义 [J]. 石油勘探与开发, 42 (4): 401-413.

Cooles G P, Mackenzie A S, Quigley T M. 1986. Calculation of petroleum masses generated and expelled from source rocks [J]. Organic Geochemistry, 10 (1-3): 235-245.

Durand B, Paratte M. 1983. Oil potential of coals : a geochemical approach [J]. Geological Society, London, Special Publications, 12 (1): 255-265.

Eseme E, Littke R, Krooss B M, et al. 2006. Experimental investigation of the compositional variation of acyclic paraffins during expulsion from source rocks [J]. Journal of Geochemical Exploration, 89 (1-3): 100-103.

Eseme E, Krooss B M, Littke R. 2012. Evolution of petrophysical properties of oil shales during high-temperature coMPaction tests : Implications for petroleum expulsion [J]. Marine and Petroleum Geology, 31 (1): 110-124.

Jarvie D M, Hill R J, Ruble T E, et al. 2007. Unconventional shale-gas systems : The Mississippian Barnett Shale of north-central Texas as one model for thermogenic shale-gas assessment[J]. AAPG bulletin, 91(4): 475-499.

Leythaeuser D, Schaefer R G, Radke M. 1988. Geochemical effects of primary migration of petroleum in Kimmeridge source rocks from Brae field area, North Sea. I : Gross composition of C_{15+}-soluble organic matter and molecular composition of C_{15+}-saturated hydrocarbons [J]. Geochimica et Cosmochimica Acta, 52 (3): 701-713.

Leythaeuser D, Radke M, Willsch H. 1988. Geochemical effects of primary migration of petroleum in Kimmeridge source rocks from Brae field area, North Sea. II : Molecular composition of alkylated naphthalenes, phenanthrenes, benzo-and dibenzothiophenes[J]. Geochimica et Cosmochimica Acta, 52(12): 2879-2891.

Mackenzie A S, Leythaeuser D, Muller P, et al. 1988. The movement of hydrocarbons in shales [J]. Nature, 331 (6151): 63-65.

Pepper A S. 1991. Estimating the petroleum expulsion behaviour of source rocks : a novel quantitative approach [J]. Geological Society, London, Special Publications, 59 (1): 9-31.

Pepper A S, Corvi P J. 1995. Simple kinetic models of petroleum formation. Part III : Modelling an open system [J]. Marine and Petroleum Geology, 12 (4): 417-452.

Pepper A S, Dodd T A. 1995. Simple kinetic models of petroleum formation. Part II : oil-gas cracking [J]. Marine and Petroleum Geology, 12 (3): 321-340.

Ritter U. 2003. Fractionation of petroleum during expulsion from kerogen [J]. Journal of Geochemical Exploration, 78: 417-420.

第八章　费托合成与过成熟阶段天然气生成

进入 21 世纪，天然气勘探领域在地质地球化学方面出现了如下新特征：（1）天然气的勘探深度不断加大，如塔里木盆地克深地区天然气勘探深度由最初的 2000 多米，增加到 7000 多米（王招明等，2013）；（2）天然气烃源岩成熟度越来越高，如美国的 Arkoma 盆地 Fayetteville 页岩气、致密砂岩气的烃源岩成熟度可达 3%～4%（Zumberge 等，2012；Hao 和 Zou，2013），中国四川盆地发现的页岩气烃源岩成熟度也大于 2.5%（Zou 等，2014）；（3）高—过成熟源岩中或紧邻烃源岩气藏中的天然气（页岩气与煤系致密气）具有同位素倒转特征（Zumberge 等，2012；Hao 和 Zou，2013；Tilley 和 Muehlenbads，2013；戴金星等，2016；Feng 等，2016）。鉴于天然气勘探领域内这些新特征的出现，勘探家们经常会提出如下一些问题：（1）天然气生成有无下限？（2）天然气勘探有无深度（成熟度）界限？（3）高—过成熟阶段天然气的形成机理是什么？是干酪根热解气，还是原油（残留油）裂解气，或者是通过其他方式生成。（4）高—过成熟阶段天然气同位素倒转的天然气如何形成？这些具有同位素异常特征的天然气是原生的还是次生的？上述问题的解决不但对烃源岩在高—过成熟阶段天然气的形成机理认识具有重要的科学意义，同时对天然气的勘探部署具有非常重要的实际价值。Mi 等（2015，2018）根据不同类型有机质的元素组成、结构演化以及模拟实验提出有机质初次热解气的主生气阶段在 R_o=2.0% 以前，Ⅰ型、Ⅱ型有机质生气结束的成熟度界限在 R_o=3.5%，而煤生气结束的成熟度界限在 R_o=5.5%。天然气勘探深度下限除了与其生成的成熟度下限和保存条件有关，最关键的问题是甲烷的热稳定性。关于甲烷的热稳定性和高—过成熟阶段天然气同位素的倒转机理将在第九章进行讨论，本章将主要讨论高—过成熟阶段天然气的生成机理。

第一节　天然气地球化学演化特征

一、天然气不同组分同位素演化特征

1. 天然气碳同位素随天然气湿度的变化

传统的天然气生成理论认为随着成熟度的增加，有机质生成天然气的湿度越来越低，气体同位素越来越重（James 等，1983；Jenden 等，1988；Prinzhofer 和 Huc，1995）。戴金星（1992）曾经总结出根据天然气的碳氢同位素来鉴别天然气类型及计算天然气烃源岩的成熟度。然而，近期的勘探成果发现在高—过成熟阶段，随着烃源岩演化程度增加，页岩气和煤系致密气都出现了同位素反转和倒转的特征。

图 8-1 和图 8-2 分别显示了鄂尔多斯盆地上古生界煤系致密气和美国巴奈特页岩气甲烷碳同位素随天然气湿度的变化情况。从图中可以看出，无论是煤系致密气还是页岩气，

甲烷的碳同位素随着天然气的湿度降低总体都呈现变重的趋势。相比较，相同的湿度条件下，煤系致密气甲烷碳同位素比页岩气更重，变重的速度更快。但是，页岩气和煤系致密气甲烷碳同位素迅速变重时对应的天然气湿度基本都在 2% 左右。

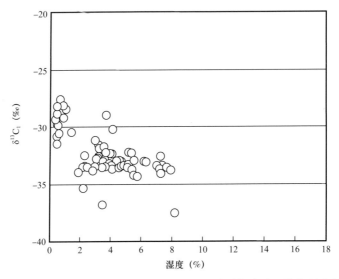

图 8-1　鄂尔多斯盆地上古生界煤系致密气甲烷碳同位素随天然气湿度的变化

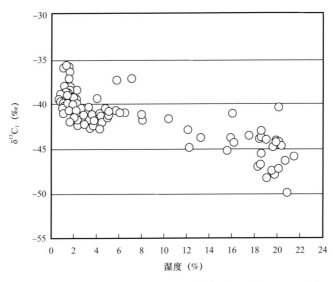

图 8-2　美国巴奈特页岩气甲烷碳同位素随天然气湿度的变化

图 8-3 和图 8-4 分别显示了鄂尔多斯盆地上古生界煤系致密气和美国巴奈特页岩气乙烷碳同位素随天然气湿度的变化情况。从图中可以看出，无论是煤系致密气还是页岩气，乙烷的碳同位素随着天然气湿度的降低都呈现先变重后变轻的特征，即乙烷同位素发生了反转。虽然，鄂尔多斯盆地上古生界煤系致密气和美国巴奈特页岩气乙烷碳同位素由重开始变轻对应的天然气湿度大致相等（4%～6%），但是开始变轻时对应的乙烷碳同位素存在很大差异，鄂尔多斯盆地上古生界煤系致密气乙烷碳同位素最重为 –22‰～–21‰，美国巴奈特页岩气乙烷碳同位素最重为 –29‰，这主要与烃源岩有机质类型有关。

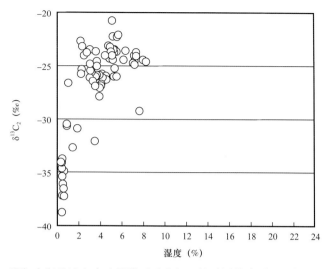

图 8-3　鄂尔多斯盆地上古生界煤系致密气乙烷碳同位素随天然气湿度的变化

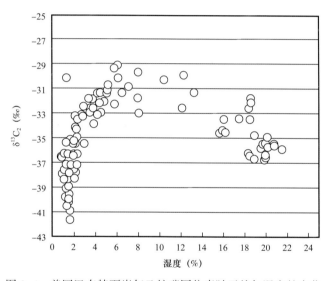

图 8-4　美国巴奈特页岩气乙烷碳同位素随天然气湿度的变化

2.天然气甲烷与乙烷碳同位素之间的演化关系

图 8-5 和图 8-6 分别显示了煤系致密气和页岩气甲烷、乙烷碳同位素的统计结果。从图中可以看出，煤系致密气和页岩气甲烷与乙烷的碳同位素都呈反 S 形的演化关系。乙烷碳同位素首先随着甲烷的变重而变重，之后随着甲烷的变重迅速变轻（乙烷碳同位素反转），当乙烷碳同位素变轻至一定程度时，乙烷碳同位素比甲烷碳同位素轻，即发生甲烷与乙烷碳同位素倒转。之后，虽然甲烷与乙烷碳同位素依旧倒转，但是乙烷碳同位素呈现随着甲烷的变重而变重的特征。乙烷碳同位素开始变轻时对应的乙烷碳同位素值存在很大差异，鄂尔多斯盆地上古生界煤系致密气乙烷碳同位素最轻为 −39‰，页岩气乙烷碳同位素最轻为 −43‰。这主要是由于目前发现的页岩气主要由 I 型、II 型有机质生成，I 型、II 型烃源岩生成的天然气在相同成熟度比煤成气同位素更轻，湿度更大。

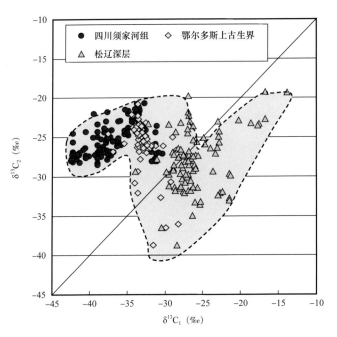

图 8-5　煤系致密气甲烷、乙烷碳同位素的统计结果

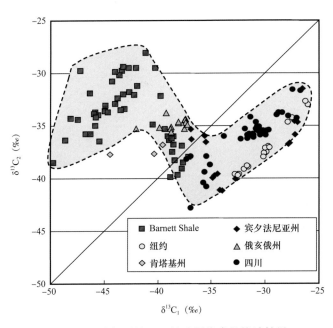

图 8-6　页岩气甲烷、乙烷碳同位素的统计结果

3. 天然气碳同位素随烃源岩成熟度的变化

从生储关系上讲，页岩气为自生自储型、未经过运移的原地气，天然气的地球化学特征与烃源岩的成熟度有密切关系。Hao 等（2013）曾根据页岩气碳同位素的序列分布特征把页岩气分为四种类型，对应的同位素特征分别如下：（1）正序型（$\delta^{13}C_1 < \delta^{13}C_2 < \delta^{13}C_3$）；（2）部分倒转 1 型（$\delta^{13}C_1 < \delta^{13}C_2 > \delta^{13}C_3$）；（3）部分倒转 2 型（$\delta^{13}C_1 > \delta^{13}C_2 < \delta^{13}C_3$）；

（4）完全倒转型（$\delta^{13}C_1 > \delta^{13}C_2 > \delta^{13}C_3$）。并提出上述四种不同碳同位素序列特征天然气的分布与页岩的成熟度密切相关。页岩气乙烷碳同位素发生反转对应的湿度为 5%，相应的页岩成熟度在 R_o=1.3%～1.5%；页岩气碳同位素开始发生部分倒转对应烃源岩的成熟度 R_o=1.9% 左右，甲烷、乙烷和丙烷碳同位素完全倒转对应的 R_o 则远远大于 2.0%。

与页岩气相比，煤系致密气经过了短距离运移，但还储集在煤系地层中。Hu 等（2010）通过煤系致密气的碳同位素与烃源岩成熟度的对比关系，提出煤系致密储层天然气也为原地气。为了更深入地探讨天然气同位素的演化机理，把中国最典型的两个煤系致密气田（鄂尔多斯上古、四川盆地须家河组）天然气的湿度和天然气井原地烃源岩 R_o 进行相关分析。可以看出，两个盆地煤系致密气湿度与 R_o 有非常好的相关关系（图 8-7），说明煤系致密气为原地气，未进行过大规模长距离运移，气体地球化学特征能揭示天然气的形成机理。

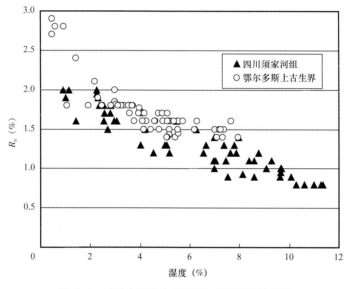

图 8-7　天然气湿度与烃源岩成熟的相关关系

鄂尔多斯盆地上古生界天然气乙烷碳同位素反转时天然气湿度约为 6%，但对应的烃源岩成熟度也为 R_o=1.5%～1.7%。这一成熟度阶段正好是原油大量裂解的阶段。因此，乙烷碳同位素的反转肯定与烃源岩中残留油的裂解有密切关系。相对于 I 型、II 型有机质，煤在演化过程中生成的气体多，气体干燥系数大，而生成液态烃少。因此，煤中残留非常少量液态烃二次裂解生成气就少。要使气量大、干燥系数较高的煤系初次热解气中乙烷（包括其他重烃气体）碳同位素发生反转，液态烃裂解程度要相对高一些。因此，煤系致密气乙烷碳同位素开始反转对应相对烃源岩的成熟度为 R_o=1.5%～1.7%，这比 Hao 等（2013）提出的页岩气乙烷碳同位素开始反转对应相对烃源岩的成熟度（R_o=1.3%～1.5%）偏高。

Mi 等（2017）以四川盆地三叠系须家河组、鄂尔多斯盆地上古生界和松辽盆地深层天然气为例，通过统计分析认为煤系致密气也存在页岩气类似的不同碳同位素序列特征，且不同碳同位素序列特征的煤系致密气与烃源岩的成熟度密切相关（图 8-8 至图 8-10）。随着煤成熟的增加，煤系致密气碳同位素的演化特征依次呈现正序型、部分倒转 1 型、部分倒转 2 型和完全倒转型特征。上述四种碳同位素特征不同的天然气出现对应的大致烃源岩成熟界限分别为 R_o<1.5%、R_o=1.5%～2.0%、R_o=2.0%～3.0% 和 R_o>3.0%。

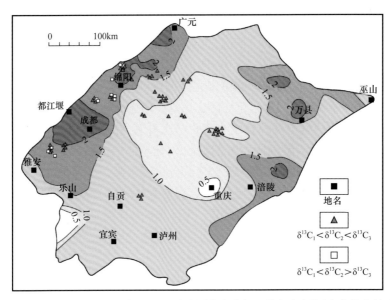

图 8-8　四川盆地三叠系须家河组不同碳同位素特征天然气与烃源岩成熟度关系图

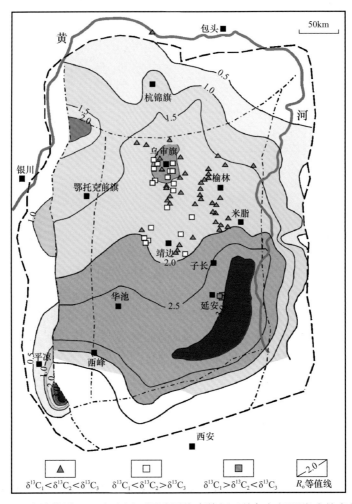

图 8-9　鄂尔多斯盆地上古生界不同碳同位素特征天然气与烃源岩成熟度关系图

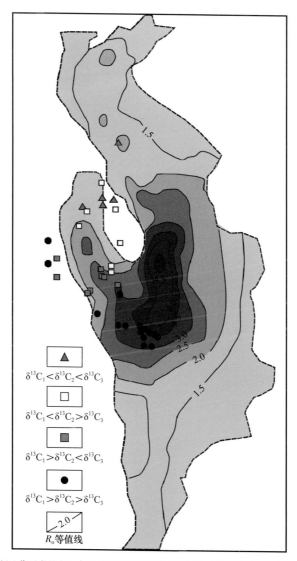

图 8-10　松辽盆地深层上古生界不同碳同位素特征天然气与烃源岩成熟度关系图

在图例中：
$\delta^{13}C_1 < \delta^{13}C_2 < \delta^{13}C_3$
$\delta^{13}C_1 < \delta^{13}C_2 > \delta^{13}C_3$
$\delta^{13}C_1 > \delta^{13}C_2 < \delta^{13}C_3$
$\delta^{13}C_1 > \delta^{13}C_2 > \delta^{13}C_3$
R_o 等值线

　　通过上述分析可以发现，无论是页岩气，还是煤系致密气，随着烃源岩成熟度的增高，天然气的碳同位素依次出现正序、部分倒转和完全倒转的演化特征。当 $R_o < 1.3\%$ 时，天然气都呈现正序的同位素特征；当 $R_o = 1.3\% \sim 3.0\%$ 时，天然气的碳同位素发生了部分倒转；当 $R_o > 3.0\%$ 时，天然气的碳同位素还会发生完全倒转。

二、高—过成熟阶段天然气的地球化学特征

　　随着天然气勘探的深入，无论是在高—过成熟的页岩气中，还是在高—过成熟煤系致密砂岩气中，都发现了大量的天然气同位素倒转的现象（Burruss 等，2010；Tilley 等，2011；Zumberge 等，2012；Hao 等，2013；戴金星等，2016；Mi 等，2017），如美国 Arkoma 盆地 Fayetteville 气田页岩气、四川盆地页岩气、松辽盆地深层和鄂尔多斯盆地古生界天然气。表 8-1 至表 8-3 中分别列出了美国 Arkoma 盆地 Fayetteville 气田页岩气、四川盆地页岩气和鄂尔多斯盆地上古生界发生同位素倒转的天然气的地球化学特征。

表 8-1 美国 Arkoma 盆地 Fayetteville 气田页岩气地球化学特征 (Zumberge 等, 2012)

井名	天然气组成 (%)					干燥系数	碳同位素 (‰)				
	CH_4	C_2H_6	C_3H_8	CO_2	其他		CH_4	C_2H_6	C_3H_8	CO_2	$\delta^{13}C_1-\delta^{13}C_2$
Boy Scouts 2-1-H	95.93	1.1	0.03	2.94		0.99	-36.4	-42.9	-41.6	-10.3	6.5
McGee 2-35-H	96.26	1.03	0.03	2.66	0.02	0.99	-35.8	-40.8	-40	-10	5.0
Payne Family Trust 1-35-H	96.46	1.27	0.02	2.25		0.99	-36.9	-43.1	-41.1	-10.4	6.2
Leonard 2-8-H	96.76	1.2	0.02	2.01	0.01	0.99	-37.1	-42.8	-40.5	-9.3	5.7
Hall 1-12-H	97.01	1.11	0.01	1.87		0.99	-38.9	-41.1	-39.4	-8.5	2.2
Harmon 1-13-H	96.36	1.12	0.02	2.5	0	0.99	-37.7	-42.2	-40.4	-9.6	4.5
Riddle 1-22-H	96.2	1.08	0.02	2.7	0	0.99	-36.7	-41.5	-37.8	-6.4	4.8
Greenbay Packaging 1-16-H	94.09	1.25	0.02	4.64	0	0.99	-37.6	-42.9	-38.9	-13.6	5.3
Canady 1-4-H	95.68	1.01	0.02	3.29	0.01	0.99	-38.2	-43.0	-39.4	-13.1	4.8
Jones 1-28-H	94.84	1.08	0.01	4.07	0	0.99	-36.5	-41.0	-35.8		4.5
Hall C 1-25H	97.12	1.06	0.02	1.8	0.01	0.99	-37.1	-43.5	-42.0	-9.9	6.4
Brown 2-31-H	96.81	1.09	0.03	2.06	0.02	0.99	-37.8	-41.4	-33.6	-8.4	3.6
Edwards J 3-36-H	97.36	1.05	0.02	1.57	0	0.99	-35.4	-43.3	-36.7	-9.7	7.9
Boy Scouts 3-1-H	95.76	1.17	0.02	3.05		0.99	-35.9	-41.8	-38.8	-8.2	5.9
Harrisson2-11	91.67	1.22	0.03	7.07	0.01	0.99	-38.2	-41.6	-40	-10.6	3.4
Linkiongger 3-9-H	97.95	1.08	0.02	0.95		0.99	-40.1	-43.5	-39.8	-15.9	3.4
Duke 2-3-H	95.35	1.13	0.02	3.49	0.01	0.99	-40.2	-44.4	-40.6	-13.2	4.2
Hankins E 2-4-H	98.31	1.1	0.02	0.57		0.99	-39.9	-43.1	-39.5	-19.1	3.2

井名	天然气组成（%）					干燥系数	碳同位素（‰）				
	CH$_4$	C$_2$H$_6$	C$_3$H$_8$	CO$_2$	其他		CH$_4$	C$_2$H$_6$	C$_3$H$_8$	CO$_2$	δ^{13}C$_1$-δ^{13}C$_2$
Gardner 1-8-H	95.96	1.1	0.02	2.92		0.99	-40.2	-44.5	-42	-11.6	4.3
Black 2-18-H	97.16	1.17	0.02	1.65		0.99	-39.9	-43.9	-42.8	-14.5	4
Cassell 3-20-H	98.22	1.14	0.02	0.61	0.01	0.99	-38	-43.5	-43.5	-17.2	5.5
Crow 2-28-H	97.83	1.38	0.02	0.77		0.99	-38.6	-44.2	-43.4	-15.1	5.6
Black 2-21-H	98.06	1.34	0.02	0.58		0.99	-41.3	-42.2	-43.6	-19.5	0.9
Wheeler 1-16	98.34	1.1	0.02	0.54		0.99	-39.7	-44.1	-38.7	-20.8	4.4
Anadarko 2-11-H	95.82	1.08	0.01	3.09		0.99	-37.3	-43.6	-38	-15.1	6.3
Stobaugh Nellie 1-12-H	98.16	1.21	0.02	0.6	0.01	0.99	-39	-43.9	-40.7	-19.9	4.9
Guinn 3-6-H	97.92	1.29	0.02	0.77	0	0.99	-37.1	-44.3	-43.8	-18.8	7.2
Grills 2-31-H	97.84	1.33	0.02	0.81	0	0.99	-37.4	-44.7	-39.9	-16.9	7.3
Stobaugh 2-1-H	97.55	1.43	0.02	1		0.99	-38.5	-44	-43.9	-15.1	5.5
Hildreth 2-36-H	97.89	1.2	0.02	0.89	0	0.99	-39.5	-46.1	-43.4	-18.2	6.6
Evans 2-32-H	97.43	1.46	0.01	1.1	0	0.99	-40.6	-45.0	-43.7	-15.3	4.4
Russell 1-33-H	97.9	1.27	0.02	0.81	0	0.99	-40.4	-44.4	-43.7	-14	4.0
Carr Trust 2-10-H	95.19	0.54	0.02	4.24	0.01	0.99	-40.7	-42.4	-40.4	-16.8	1.7
Greenbay 1-22-H	98.15	1.12	0.01	0.72	0	0.99	-39.2	-44.2	-42.8	-16.2	5.0
Jacobs 1-23-H	97.41	1.24	0.02	1.33	0	0.99	-38.9	-44.3	-43.3	-16.9	5.4
Knowles 2-26-H	96.87	1.18	0.02	1.92	0.01	0.99	-39.1	-44.2	-43.3	-16.8	5.1

井名	天然气组成（%）					干燥系数	碳同位素（‰）				
	CH_4	C_2H_6	C_3H_8	CO_2	其他		CH_4	C_2H_6	C_3H_8	CO_2	$\delta^{13}C_1-\delta^{13}C_2$
Koone 4–34–H	97.95	1.14	0.02	0.89	0	0.99	−39.2	−44.7	−44.3	−19.6	5.5
Jones 1–33–H	98.22	1.1	0.01	0.67	0	0.99	−39.3	−44.2	−43.1	−20.6	4.9
McNew 4–2–H	96.27	1.19	0.02	2.52	0	0.99	−38	−43.9	−42.3	−15.4	5.9
Koone2–3–H	96.44	1.04	0.02	2.5	0	0.99	−37.7	−44.2	−42.1	−16.6	6.5
Koone3–35–H	96.78	0.8	0.02	2.4	0	0.99	−39.1	−43.5	−41	−8.3	4.4
Anthony Trust1–9–H	97.74	1.09	0.02	1.15	0	0.99	−38.4	−44.2	−42.4	−18.7	5.8
Hillis Family Trust 1–28–H	97.91	1.21	0.02	0.86	0	0.99	−41.1	−44.9	−43.3	−14.1	3.8
Ingram 1–34–H	97.45	0.97	0.01	1.56	0.01	0.99	−38.6	−44.5	−40.5	−11.5	5.9
Waggoner 2–33–H	97.6	0.94	0.02	1.44	0	0.99	−38.7	−43.3	−39.4	−9.4	4.6
Hanna 1–32–H	98.1	0.81	0.01	1.08	0	0.99	−38.8	−44.6	−40.5	−12.2	5.8
Campbell 2–29–H	95.3	1.14	0.02	3.53	0.01	0.99	−36.8	−42	−42.5	−9.9	5.2
Norwood 2–28–H	97.47	1.13	0.02	1.38	0	0.99	−38.2	−42.9	−41.3	−11	4.7
Jones Lafferty 2–20–H	97.15	1.14	0.02	1.69	0	0.99	−36.2	−44	−41.4	−10.9	7.8
Brown 1–17	96.72	1.18	0.02	2.08	0	0.99	−40.2	−45.4	−42	−14.9	5.2
Thomas 1–9	97.84	1.22	0.02	0.92	0	0.99	−39.3	−44.1	−42.9	−18.6	4.8
Church 3–28–H	97.43	0.95	0.01	1.61	0	0.99	−37.2	−43.3	−40.9	−9.1	6.1
Green Bay Packaging 2–23	97.18	1.22	0.01	1.58	0.01	0.99	−38.2	−43.5	−41.2	−8.5	5.3
Ringer 1–18–H	97.52	0.93	0.02	1.53	0	0.99	−39.7	−43.9	−41.8	−9.5	4.2

井名	天然气组成（%）					干燥系数	碳同位素（‰）				
	CH_4	C_2H_6	C_3H_8	CO_2	其他		CH_4	C_2H_6	C_3H_8	CO_2	$\delta^{13}C_1-\delta^{13}C_2$
Fleming 1–15–H	96.38	0.89	0.01	2.72		0.99	−35.7	−40.5	−39.1	−7.6	4.8
Wonderview 3–13–H	95.84	0.82	0.01	3.33	0	0.99	−36.2	−40.5	−40.6	−8.8	4.3
Jerome Carr 1–31–H	97.46	1.05	0.02	1.47		0.99	−37.6	−43.1	−40.9	−8.5	5.5
Bryant 2–32–H	97.57	1.03	0.02	1.38		0.99	−38	−42.9	−42.1	−12.4	4.9
Greenbay 2–29–H	97.5	1.13	0.02	1.35	0	0.99	−38.7	−42.8	−42.2	−10.4	4.1
Bartlett 1–28–H	97.52	1.07	0.02	1.39		0.99	−37.4	−43.1	−42	−9.3	5.7
Wallace 1–5–H	97.39	1.05	0.02	1.54	0	0.99	−37.2	−41.3	−40.9	−10.1	4.1
Anderson 2–4–H	97.62	1	0.02	1.36		0.99	−36.6	−42.1	−40.5	−8.8	5.5
Flowers 2–3–H	97.06	1.23	0.02	1.68	0.01	0.99	−38.3	−42.2	−40.3	−7.8	3.9
Loui Prince 2–22–H	97.61	1.27	0.02	1.1	0	0.99	−38.7	−43.1	−41.7	−9.9	4.4
Honeycutt 1–22–H	98.01	1.28	0.02	0.69		0.99	−37.4	−42.9	−43.5	−19.9	5.5
Haines 2–15–H	98.2	1.18	0.02	0.59	0.01	0.99	−37.2	−45.2	−43.2	−17.8	8
Rollins 2–32–H	97.52	0.99	0.02	1.46	0.01	0.99	−36.3	−43.5	−41.8	−11.8	7.2
Story 1–33–H	97.03	0.87	0.02	2.08	0	0.99	−37.7	−42.0	−40.3	−13	4.3
Juanita bryant 2–6–H	97.95	1.1	0.02	0.93		0.99	−38.4	−42.8	−43.2	−11.7	4.4
Jameson 1–15–H	93.72	1.16	0.02	5.1	0	0.99	−36.7	−41.4	−40	−8.8	4.7
Miller Heirs 1–10–H	93.1	1.25	0.01	5.63		0.99	−35.7	−40.4	−40.4	−10.2	4.7
Bryant Hall 2–4–H	97.37	1.05	0.01	1.57		0.99	−37.3	−44.2	−42.3	−14.4	6.9

井名	天然气组成（%）					干燥系数	碳同位素（‰）				
	CH_4	C_2H_6	C_3H_8	CO_2	其他		CH_4	C_2H_6	C_3H_8	CO_2	$\delta^{13}C_1-\delta^{13}C_2$
Ward 1-9-H	97.77	1.12	0.02	1.09		0.99	-37.4	-42.9	-42.8	-18.8	5.5
Bryant Kordsmeier 1-18-H	96.98	1.08	0.02	1.92		0.99	-36.1	-43.7	-42.4	-15.3	7.6
Ludy 1-18-H	93.72	1.16	0.02	5.1	0	0.99	-37.7	-41.9	-42.3	-12.5	4.2
Coy Bryant 2-8-H	97.74	1.12	0.02	1.12		0.99	-38.1	-43.8	-42.3	-14.5	5.7
Baker 1-10-H	98.78	0.64	0.01	0.56	0.01	0.99	-38.7	-44.5	-43		5.8
Reed 1-5-H	98.31	1.19	0.02	0.48		0.99	-40.8	-43.6	-43.6	-17.6	2.8
Kling 1-8-H	98.08	1.31	0.02	0.59		0.99	-41	-43.6	-43.4	-19.6	2.6
Rowlett Trust 1-12-H	96.54	1.17	0.02	2.27		0.99	-36	-41.1	-40	-4.1	5.1
Woods Lumber 1-10-H	97.82	1.23	0.03	0.92		0.99	-41.9	-43.2	-45.2	-17.6	1.3
Neal 2-26-H	96.8	1.51	0.02	1.67		0.99	-39.9	-44.4	-44.6	-11.7	4.5
English 1-28-H	97.12	1.54	0.02	1.32		0.98	-40.3	-43.9	-43.1	-11.8	3.6
Roberson Family Ent 1-34-H	97.15	1.22	0.02	1.6	0.01	0.98	-37.8	-42.1	-41.7	-11.6	4.3
Brock 1-3-H	92.38	1.11	0.02	6.49	0	0.99	-36.4	-41.4	-41.5	-8.9	5
Kessinger Trust 2-2-H	95.08	1.05	0.02	3.85	0	0.99	-37.3	-40.8	-37.4	-9.7	3.5
Sneed 2-1-H	96.19	1.31	0.03	2.47	0	0.99	-36.7	-41.5	-41.1	-7.6	4.8
Bennett 2-11-H	95.57	1.11	0.02	3.29	0.01	0.99	-36.5	-37.9	-39.7	0	1.4
Condray 1-8-H	96.28	1.55	0.03	2.14	0	0.99	-35.9	-39.9	-41.1	-6.2	4
Carney 1-8-H	96.51	1.53	0.02	1.94	0	0.98	-36.2	-40.2	-40.2	-5.7	4

井名	天然气组成（%）					干燥系数	碳同位素（‰）				
	CH_4	C_2H_6	C_3H_8	CO_2	其他		CH_4	C_2H_6	C_3H_8	CO_2	$\delta^{13}C_1-\delta^{13}C_2$
Condray 2-8-H	96.75	1.46	0.03	1.76	0	0.98	-36.4	-41.5	-40.7	-4.2	5.1
Horton 2-5-H	97.14	1.34	0.03	1.49	0	0.98	-38	-42.8	-40.5	-6.5	4.8
Sneed 2-31-H	96.33	1.03	0.02	2.62	0	0.99	-38.2	-42.7	-42.2	-5.3	4.5
Sneed 2-6-H	96.47	1.30	0.03	2.2	0	0.99	-37.9	-41.7	-42	-4.7	3.8
Johnson 2-29-H	97.15	1.37	0.03	1.45	0	0.99	-36.2	-42.3	-41.8	-6.8	6.1
Caldwell Foods 1-29-H	97.18	1.43	0.03	1.36	0	0.99	-39	-43.0	-42.6	-6.5	4
Arkansas Kraft 1-5-H	96.03	1.17	0.02	2.78	0	0.99	-37.1	-41.6	-40.4	-12.8	4.5
Murray 1-3-H	96.47	1.51	0.03	1.99	0	0.99	-38.8	-42.2	-41.6	-9.9	3.4
Snyder 1-35-H	97.08	1.26	0.02	1.64		0.98	-37.3	-41.8	-41.9	-8.9	4.5
English 1-1-H	97.01	1.36	0.02	1.61		0.99	-38.1	-40.4	-41.8	-6.9	2.3

表 8-2　四川盆地页岩气地球化学特征

井名	天然气组成（%）					干燥系数	碳同位素（‰）				
	CH_4	C_2H_6	C_3H_8	CO_2	其他		CH_4	C_2H_6	C_3H_8	CO_2	$\delta^{13}C_1-\delta^{13}C_2$
焦页 12-1	99.07	0.42	0.10	0.0	0.4	0.99	−30.8	−35.3			4.5
焦页 12-3	99.28	0.47	0.01	0.0	0.2	1.00	−30.5	−35.1			4.6
焦页 12-4	98.62	0.42	0.01	0.6	1.0	1.00	−30.7	−35.1			4.4
焦页 13-1	99.15	0.44	0.01	0.0	0.4	1.00	−31.6	−35.9			4.3
焦页 13-3	92.89	0.41	0.01	0.6	6.7	1.00	−30.8	−34.7			3.9
焦页 20-2	97.60	0.27	0.01	1.6	2.1	1.00	−31.6	−35.9			4.4
焦页 29-2	96.25	0.49	0.02	1.3	3.2	0.99	−29.6	−35.4			5.8
焦页 42-1	97.16	0.41	0.03	1.7	2.4	1.00	−31	−36.1			5.1
焦页 42-2	97.67	0.68	0.02	1.2	1.6	0.99	−31.4	−35.8			4.4
焦页 4-1	98.87	0.67	0.02	0.0	0.4	0.99	−31.6	−36.2			4.6
焦页 4-2	98.76	0.66	0.02	0.0	0.6	0.99	−32.2	−36.3			4.1
焦页 1	98.35	0.60	0.02	0.4	1.0	0.99	−30.1	−35.5			5.4
焦页 1-2	98.57	0.66	0.02	0.2	0.8	0.99	−29.9	−35.9			6
焦页 1-3	98.38	0.71	0.02	0.0	0.9	0.99	−31.8	−35.3			3.5
焦页 6-2	79.62	0.65	0.03	2.4	19.7	0.99	−31.1	−35.8			4.7
焦页 8-2	98.54	0.68	0.02	0.4	0.8	0.99	−30.3	−35.6			5.3
焦页 8-2	98.89	0.69	0.02	0.0	0.4	0.99	−30.5	−35.6			5.1
焦页 9-2	97.89	0.62	0.02	0.0	1.5	0.99	−30.7	−35.4			4.7
焦页 10-2	98.06	0.57	0.01	0.0	1.4	0.99	−31.0	−35.9			4.9
焦页 11-2	95.32	0.60	0.02	0.0	4.1	0.99	−30.4	−35.9			5.5
焦页 12-2	98.32	0.46	0.01	0.4	1.2	1.00	−29.8	−35.5			5.7
焦页 13-2	99.09	0.48		0.4	0.4	1.00	−30.3	−35.5			5.2
宁 H2-1	98.56	0.37		1.1	1.1	1.00	−28.7	−33.8			5.1
宁 H2-2	95.52	0.32	0.01	1.1	4.2	1.00	−28.9	−34.0			5.1
宁 H2-3	96.52	0.35	0.00	1.2	3.1	1.00	−31.3	−34.2			2.9
宁 H2-4	98.53	0.35	0.00	1.1	1.1	1.00	−28.4	−33.8			5.4
宁 201-H_1	99.27	0.68	0.02	0.0	0.0	0.99	−27	−34.3			7.3
宁 201-H_1*	98.27	0.57		1.1	1.2	0.99	−27.8	−34.1			6.3
宁 211	99.12	0.50	0.01	0.0	0.4	0.99	−28.4	−33.8			5.4

井名	天然气组成（%）					干燥系数	碳同位素（‰）				
	CH_4	C_2H_6	C_3H_8	CO_2	其他		CH_4	C_2H_6	C_3H_8	CO_2	$\delta^{13}C_1-\delta^{13}C_2$
昭 104	99.04	0.54		0.4	0.4	0.99	−26.7	−31.7			5
YSL1−1H	98.53	0.32	0.03	0.9	1.1	1.00	−27.4	−31.6			4.2
威 201	99.25	0.52	0.01	0.1	0.2	0.99	−36.9	−37.9			1
威 201*	99.45	0.47	0.01	0.0	0.1	1.00	−37.3	−38.2			0.9
威 201−H₁*	99.59	0.33	0.01	0.1	0.1	1.00	−35.4	−37.9			2.5
威 201−H2	97.64	0.23	0.00	1.5	2.1	1.00	−35.1	−38.7			3.6
威 201−H₃	98.52	0.67	0.05	0.3	0.8	0.99	−35.4	−40.8			5.4
威 201−H₃*	98.80	0.70	0.02	0.1	0.5	0.99	−35.6	−39.4			3.8
阳 201−H2	98.67	0.72	0.03	0.2	0.6	0.99	−36.9	−42.8			5.9
来 101	98.95	0.63	0.02	0.0	0.4	0.99	−35.7	−40.4			4.7
阳 101	98.84	0.67	0.03	0.1	0.5	0.99	−33.8	−36			2.2

表 8-3 鄂尔多斯盆地延安气田天然气地球化学特征 (Feng 等，2016)

井号	层位	组成（%）					干燥系数	天然气碳同位素（%）				
		CH_4	C_2H_6	C_3H_8	CO_2	其他		CH_4	C_2H_6	C_3H_8	CO_2	$\delta^{13}C_1-\delta^{13}C_2$
试 225	山 2	96.3	0.62	0.05	2.27	0.76	0.99	−27.6	−34.9		−0.2	7.3
试 212	山 2	93.87	0.43	0.03	5.01	0.66	1.00	−28.8	−34.1		−0.9	5.3
延 127	山 2	93.24	0.41	0.02	5.63	0.7	1.00	−29.7	−35.1	−34.5	−0.7	5.4
试 231	山 2	93.45	0.43	0.03	5.72	0.37	1.00	−29.3	−33.7	−30.7	−0.2	4.4
试 36	山 2	93.14	0.4	0.02	5.96	0.48	1.00	−29.4	−34.4	−34.0	0.2	5
试 6	山 2	93.9	0.43	0.02	4.93	0.72	1.00	−29.2	−35.4		−3.6	6.2
试 210	山 2	96.32	0.76	0.07	1.97	0.88	0.99	−28.1	−30.5	−30.4	−9.1	2.4
试 218−1	山 2	93.39	0.43	0.03	5.86	0.29	1.00	−29.7	−34.9	−34.5	−0.1	5.2
试 209	山 2	94.45	0.3	0.02	4.79	0.44	1.00	−29.3	−34.0		2.4	4.7
试 37	本 1、本 2	89.9	0.42	0.02	9.08	0.58	1.00	−28.9	−34.7		0	5.8
试 12	本 2 气	96.6	0.42	0.03	2.74	0.21	1.00	−30.8	−37.1	−37.3	−2.1	6.3
试 38	山 2	95.31	0.53	0.04	3.51	0.61	0.99	−30.6	−37.2	−35.8		6.6
试 48	本 2	95.91	0.42	0.03	3.11	0.53	1.00	−28.2	−36.1		−1.1	7.9
延 111	山 1	94.89	0.52	0.04	4.29	0.26	0.99	−29.9	−36.5		1.74	6.6
延 268	山 2	97.81	0.97	0.37	0.02	0.83	0.99	−30.5	−32.7	−30.4	−11.6	2.2

与来源于成熟度相对较低烃源岩的常规天然气相比，高—过成熟阶段同位素倒转的页岩气和煤系致密气存在如下特征：

（1）同位素倒转天然气的干燥系数非常高，一般大于 98%。

（2）无论是页岩气还是煤系致密气，同位素倒转幅度都比较大，为 0～8‰。

第二节　高—过成熟阶段天然气生成机理

油气的生成具有阶段性，根据有机质结构的演化和生成油气的特点，经典的理论把有机质的演化分为如下几个阶段：未熟阶段（R_o＜0.5%）、成熟阶段（生油窗阶段，R_o=0.5%～1.3%）、高熟阶段（湿气阶段，R_o=1.3%～2.0%）和过熟阶段（干气阶段，R_o＞2.0%）。页岩气和煤系致密气为原地气体或只经过短距离运移的天然气，实际统计资料表明不同演化阶段煤系致密气和页岩气地球化学特征有非常大的差异，说明不同演化阶段烃源岩生成天然气的机理不同。本节将以模拟实验为基础，通过不同方式的模拟实验来揭示高—过成熟阶段有机质的生气机理。

一、低成熟样品模拟实验

1. 样品特征

研究过程中进行连续加热和分步加热的两个样品，一个为低熟煤样，另一个为从低熟 I 型页岩中分离的干酪根。原始样品的基本地球化学特征见表 8-4。

表 8-4　样品基本地质地球化学特征

样品	盆地	R_o（%）	层位	TOC（%）	T_{max}（℃）	S_1（mg/g）	S_2（mg/g）	HI（mg/g TOC）
神沙坪矿	鄂尔多斯	0.52	P	75.69	421	6.72	188.10	248.51
朝 73-87	松辽	0.6	K	4.89	445	0.65	36.92	755.01

2. 实验方法

研究过程的模拟实验均在黄金管模拟实验体系中进行。涉及的实验包括连续加热模拟实验（2℃/h）、分步模拟实验（2℃/h）和恒温模拟实验（425℃，恒温 12～480h）。其中，恒温模拟、连续加热与分步加热模拟实验和分析方法在前面章节中均有介绍，此处不再赘述。气体成分分析在 Wasson–Agilent 7890 色谱仪上进行；气体碳同位素分析在 GC–IRMS II 型同位素质谱仪上进行，每一个气体组分的碳同位素至少分析 2 次，分析误差小于 0.5‰。

3. 实验结果与讨论

1）连续加热与分步加热生气量

表 8-5 中列出了上述两个样品在两种模拟方式条件下生成的不同成分气体产率。从实验结果可以看出，两种模拟方式条件下，两个样品模拟生成气体总量有比较大的差别。

表 8-5 两个样品在两种模拟方式条件下生成的不同成分气体产率

样品	分步加热 温度(℃)	气体产率（mL/g TOC） CH₄	C₂H₆	C₃H₈	i-C₄	n-C₄	i-C₅	n-C₅	H₂	CO₂	连续加热 温度(℃)	气体产率（mL/g TOC） CH₄	C₂H₆	C₃H₈	i-C₄	n-C₄	i-C₅	n-C₅	H₂	CO₂
神沙坪煤	325	2.5	0.3	0.1	0.1					8.5	325	2.5	0.3	0.2	0.1					8.3
	350	7.2	1.9	1.2	0.1	0.1				6.4	350	10.6	2.1	1.2	0.1	0.1				14.6
	375	15.7	3.3	1.2	0.1					5.6	375	41.9	4.6	1.4	0.2	0.1	0.1	0.1		21.5
	400	24.8	1.7	0.5	0.0	0.1				2.5	400	70.3	5.3	1.6	0.3	0.1	0.1	0.1		31.4
	425	33.5	1.1	0.2						1.3	425	94.4	5.6	1.7	0.3	0.3	0.1	0.2		37.2
	450	40.7	0.8	0.1						0.5	450	128.1	6.6	1.6	0.2	0.2		0.1		40.5
	475	44.2	0.2	0.0					0.4	0.8	475	172.5	5.9	0.9	0.1	0.1			0.3	62.2
	500	33.3	0.1	0.0					1.6	0.9	500	205.9	3.1	0.6	0.1	0.1			2.1	65.3
	525	27.1	0.1						2.4	1.9	525	229.5	2.2	0.4					5.2	69.2
	550	18.5							3.6	2.4	550	252.2	1.3	0.2					8.1	72.5
	575	11.6							3.9	6.1	575	271.6	0.6	0.1					20.5	78.8
	600	7.5							3.2	15.1	600	287.4	0.5						18.2	85.6
	625	5.8							2.6	22.1	625	293.2	0.4						17.2	98.1
	650	5.0				0.1			2.3	45.9	650	301.9	0.3						13.2	110.7
	累计量	277.4	9.5	3.4	0.3	0.1			19.8	119.9										

样品	分步加热 气体产率（mL/g TOC）										连续加热 气体产率（mL/g TOC）									
	温度（℃）	CH_4	C_2H_6	C_3H_8	$i\text{-}C_4$	$n\text{-}C_4$	$i\text{-}C_5$	$n\text{-}C_5$	H_2	CO_2	温度（℃）	CH_4	C_2H_6	C_3H_8	$i\text{-}C_4$	$n\text{-}C_4$	$i\text{-}C_5$	$n\text{-}C_5$	H_2	CO_2
朝 73-87	300	0.7	0.4	0.2	0.1	0.1				0.8	300	0.7	0.3	0.2						0.8
	325	1.8	0.9	0.5	0.1	0.1				16.3	325	3.1	1.8	1.3	1.4	1.5	0.7	0.6		18.4
	350	3.2	2.3	1.1	0.1	0.3	0.1	0.1		12.1	350	11.8	6.6	2.5	1.6	1.4	0.9	0.9		30.6
	375	7.4	6.0	3.6	0.8	0.8	0.1	0.0		5.3	375	75.9	26.2	20.7	5.5	5.9	2.1	1.8		34.6
	400	8.0	3.7	1.2	0.6	0.5				1.2	400	117.9	59.8	37.1	10.8	11.4	3.3	3.6		49.6
	425	10.2	2.4	0.8	0.3	0.4				0.5	425	140.1	62.7	39.0	12.0	12.5	4.1	4.4		51.3
	450	11.3	1.8	0.5	0.1	0.2				0.5	450	164.9	73.7	60.1	22.0	22.5	6.6	6.5		54.3
	475	10.2	1.2	0.3	0.1	0.1			0.6	0.7	475	240.4	97.8	70.2	12.5	13.3	4.0	4.5	0.1	60.2
	500	9.5	0.8	0.1	0.0	0.1			0.9	0.8	500	374.5	88.5	27.7	1.2	2.4	0.8	0.8	0.6	63.1
	525	7.3	0.3						1.3	1.2	525	419.3	106.6	10.3	0.7	0.9			2.7	69.3
	550	5.5	0.1						2.4	4.2	550	540.8	70.0	0.7	0.3	0.5			5.9	76.4
	575	3.4	0.1						3.5	8.1	575	606.6	37.5	0.5	0.1	0.2			18.2	82.0
	600	0.6							3.2	15.6	600	665.5	4.2	0.3					15.2	90.6
	625	0.6							2.2	20.2	625	678.9	1.7	0.1					12.5	105.5
	650	0.2						0.1		36.5	650	680.6	1.3						11.5	120.6
	累计量	79.8	20.1	8.3	2.2	2.5	0.2	0.1	14.0	124.0										

这主要是由于在封闭的黄金管体系连续加热模拟生成的气体中包含大量的原油裂解气。其中，煤连续加热和分步加热条件下生成的最大烃类气体量相差不大，分别为302.2mL/g TOC 和 290.7mL/g TOC。这主要是由于煤在演化过程中以生气为主，模拟过程中生成液态烃量少，液态烃裂解生成的气量也就非常少。因此，煤连续加热每克有机碳的最大生气量比分步加热累计最大生气量只增加了11.5mL。这主要是由于煤在演化过程中以生气为主，在其演化过程中只能生成少量的油（一般小于30mg/g TOC），这些少量的原油裂解生成的气量较小。而来源于松辽盆地朝73-87井的Ⅰ型干酪根连续加热和分步加热条件下生成的烃类气体最大量分别为681.9mL/g TOC 和 113.2mL/g TOC。由于Ⅰ型有机质倾油的特性，朝73-87井干酪根连续加热每克有机碳的最大生气量比分步加热累计最大生气量增加了568.7mL。两种模拟方式除了生成烃类气体，有大量CO_2和一定量的H_2生成。无论是连续加热，还是分步加热方式，H_2的生成一般均在模拟温度比较高的条件下（>475℃）。对于连续加热的模拟实验，烃类气体与CO_2的生成量随着模拟温度的升高而增加。重烃气体的生成量随模拟温度的升高先增加后降低，这主要是重烃气体在高温条件下进一步裂解引起的。氢气的累计生成量随模拟温度的升高也呈现先增加后降低的规律（图8-11），这可能是在高温条件下CO_2与H_2发生费托反应引起的；对于分步加热的两组实验，除CO_2外，所有烃类气体组分和H_2的阶段生成量随模拟温度的升高均呈现先增加后降低的规律。而CO_2的阶段生成量在低温（325～375℃）和高温（>575℃）条件下高，在中间温度段（400～525℃）相对较低。

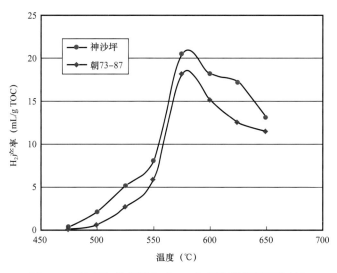

图 8-11　连续加热模拟生成 H_2 产率随模拟温度的变化

2）连续加热与分步加热生成气体碳同位素

表 8-6 中列出了上述两个样品不同模拟方式下生成的不同气体碳同位素组成。由于两个样品的有机质类型差别巨大，不同模拟方式、相同温度下生成气体的碳同位素组成存在非常大的差异。但是，生成气体碳同位素随模拟温度的增加呈现相似的变化规律：分步加热生成阶段甲烷的碳同位素随着模拟温度的增加呈现"由重变轻—再变重—再变轻—再变重"的规律，而累计甲烷的碳同位素随模拟温度增加的第二个变轻过程不甚明显；分步加热生成阶段乙烷的碳同位素随着模拟温度的增加呈现"变重—变轻—再变重"的规律，

表 8-6　样品在两种模拟方式下生成的不同气体碳同位素组成

样品	分步加热									连续加热								
	温度（℃）	气体碳同位素（‰）								温度（℃）	气体碳同位素（‰）							
		CH_4	C_2H_6	C_3H_8	$i-C_4$	$n-C_4$	$i-C_5$	$n-C_5$	CO_2		CH_4	C_2H_6	C_3H_8	$i-C_4$	$n-C_4$	$i-C_5$	$n-C_5$	CO_2
神沙坪煤	325	-33.86	-28.66						-20.33	325	-33.14	-28.35						-19.85
	350	-36.83	-27.93	-25.57					-18.05	350	-35.12	-27.81	-26.04					-18.35
	375	-39.44	-27.18	-25.16					-16.58	375	-38.69	-26.72	-25.77					-17.04
	400	-37.03	-25.81	-23.63					-16.21	400	-36.50	-25.99	-23.82					-16.58
	425	-36.06	-24.12	-19.92					-16.74	425	-34.32	-24.52	-19.92					-16.79
	450	-33.42	-22.26	-17.65					-16.64	450	-32.54	-22.76	-18.83					-16.66
	475	-30.71	-20.54	-15.39					-16.40	475	-29.56	-21.29	-14.65					-16.45
	500	-24.07	-19.35						-17.82	500	-27.22	-20.31	-15.58					-17.56
	525	-26.76	-21.33						-17.65	525	-27.75	-20.62						-17.35
	550	-26.92	-20.65						-17.45	550	-27.84	-20.83						-17.65
	575	-25.38							-17.52	575	-26.43	-20.35						-17.92
	600	-24.46							-17.13	600	-25.74							-17.63
	625	-22.83							-17.69	625	-24.23							-16.89
	650	-22.11							-16.85	650	-23.31							-16.56

样品	分步加热									连续加热								
	温度(℃)	气体碳同位素（‰）								温度(℃)	气体碳同位素（‰）							
		CH$_4$	C$_2$H$_6$	C$_3$H$_8$	i-C$_4$	n-C$_4$	i-C$_5$	n-C$_5$	CO$_2$		CH$_4$	C$_2$H$_6$	C$_3$H$_8$	i-C$_4$	n-C$_4$	i-C$_5$	n-C$_5$	CO$_2$
朝73-87	300	−48.63							−20.55	300	−48.96							−20.86
	325	−51.12	−39.40	−35.66	−35.20	−33.52	−32.85	−33.26	−21.08	325	−50.89	−38.66	−35.12	−34.50	−33.17	−32.16	−31.37	−20.58
	350	−51.49	−36.37	−35.90	−34.27	−34.19	−33.73	−33.09	−22.97	350	−51.38	−37.69	−34.43	−34.32	−33.17	−32.54	−32.21	−18.11
	375	−47.27	−33.01	−34.63	−35.32	−32.64	−31.22	−16.40	−21.35	375	−50.51	−36.75	−33.89	−34.08	−32.54	−32.07	−31.48	−17.20
	400	−43.72	−30.74	−29.25	−29.79	−29.30	−29.65	−29.06	−27.81	400	−48.37	−35.95	−33.76	−34.42	−32.41	−32.53	−31.26	−18.01
	425	−38.41	−29.14	−25.12	−23.54	−29.95	−16.90		−28.35	425	−46.88	−34.63	−34.61	−34.67	−33.23	−32.81	−32.22	−19.16
	450	−34.66	−27.25						−26.93	450	−44.51	−33.02	−34.57	−32.31	−31.37	−27.03	−26.72	−20.50
	475	−31.77	−26.56						−26.76	475	−43.25	−31.63	−30.72	−26.14	−23.93	−20.17	−20.70	−22.73
	500	−30.34	−26.36						−27.72	500	−42.22	−29.49	−22.05	−19.97	−20.16			−27.55
	525	−31.59	−27.75						−26.35	525	−41.90	−30.23						−25.77
	550	−32.45	−28.18						−22.88	550	−41.15	−30.82						−24.06
	575	−31.81							−20.76	575	−37.34	−30.41						−24.06
	600	−30.38							−18.85	600	−35.86	−28.22						−21.98
	625	−29.28							−17.87	625	−35.13	−27.28						−21.88
	650	−28.79							−17.31	650	−32.56							−19.46

累计乙烷碳同位素与分步乙烷碳同位素呈现相似的变化规律，只不过分步乙烷碳同位素变轻幅度比累计乙烷碳同位素变轻幅度小。无论是阶段二氧化碳，还是累计二氧化碳，其碳同位素随模拟温度增加均呈现两次变轻的规律，只不过累计二氧化碳碳同位素的变化幅度比阶段碳同位素变化幅度小。相比较而言，煤生成的二氧化碳碳同位素变化幅度比Ⅰ型有机质生成的二氧化碳碳同位素的变化幅度小。虽然阶段甲烷的碳同位素随着模拟温度的升高发生两次反转（变轻），但所有模拟温度点生成的天然气均没有发生同位素的倒转。甲烷碳同位素随实验温度增加的上述变化规律与Cramer（2001）利用PY-GC对煤模拟得到的阶段甲烷碳同位素的变化规律相似。

天然气的地球化学性质与有机质的类型密切相关，而上述两个样品有机质类型相差巨大，但它们模拟生成天然气同位素具有相似的变化规律。这说明对于某一特定的有机质样品，有机质生成天然气的地球化学特征主要受有机质成熟度（或有机质化学结构）的控制。为了探讨有机质演化程度与生成天然气同位素组成之间的关系，把上述模拟实验得到的不同温度生成天然气的碳同位素通过Easy R_o 方法恢复到地质条件下。图8-12和图8-13分别显示了松辽盆地朝73-87井的Ⅰ型干酪根与来源于鄂尔多斯煤样模拟生成主要烃类气体碳同位素随 R_o 的变化情况。无论是Ⅰ型有机质还是煤，其生成气体的碳同位素随 R_o 的增加具有相似的变化规律。阶段甲烷的碳同位素随着 R_o 增加呈现"先变轻—变重—再变轻—再变重"的双"√"型变化规律；而累计甲烷（连续加热生成）碳同位素在高温阶段的第二个"√"不如低温阶段的第一个变轻过程明显。关于甲烷碳同位素的第一次变轻（ $R_o < 1.0\%$ ）的原因不少学者给予了理论解释，但观点并不一致。帅燕华等（2003）认为与有机质的结构复杂性与非均质性有关。He等（2018）认为早期有机质裂解产物多为含氧的或者是含其他杂原子的官能团脱落形成，杂原子官能团中容易富集 ^{12}C ；张海祖等（2005）使用正十八烷进行了热模拟，生成甲烷的碳同位素在低温阶段也出现了这种反转，说明杂原子官能团并不是模拟实验中低温阶段 $\delta^{13}C_1$ 值反转的原因。由于低温阶段甲烷碳同位素变轻与高—过成熟阶段烃类气体同位素的倒转关系不大，在这里不进行过多的讨论。

阶段甲烷碳同位素第二次反转（图8-12和图8-13）对应的 R_o 为2.9%~4.0%，在这一成熟度范围内乙烷碳同位素同样变轻。这说明在这一成熟度阶段生成气体的前驱物与 $R_o < 2.9\%$ 不同。前人对不同成熟度、不同类型有机质地质样品化学结构的分析结果表明：当 $R_o > 2.5\%$ 时，有机质化学结构中的脂肪侧链只剩下甲基（Yao等，2011）。因此，高—过成熟阶段甲烷碳同位素变轻（反转）肯定与脱甲基作用密切相关。然而，图8-12和图8-13的实验结果证明，脱甲基作用能使烃类气体的同位素（变轻）发生反转，而不能使烃类气体的同位素发生倒转。

与地质条件下相比，生烃模拟实验都是在高温条件下进行。高温条件下，重烃气体比甲烷更容易裂解。裂解作用使得重烃气体变得更重，因而可能使实验条件下生成的烃类气体的碳同位素都呈现正序而不是倒转的特征。无论实验结果与地质条件下天然气同位素的演化结果是否有所差别，不可否认的一点是，脱甲基作用会使烃类气体的同位素变轻。

在干酪根热解气与原油裂解气共存的成熟度范围（ $R_o = 1.5\% \sim 2.5\%$ ），干酪根热解甲烷碳同位素重于原油裂解甲烷，干酪根热解甲烷碳同位素比原油裂解甲烷至少重0~5‰，且在此范围成熟度越高，两种不同来源甲烷的碳同位素差值越大。

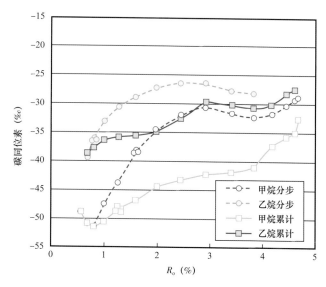

图 8-12　Ⅰ型干酪根生成烃气碳同位素随 R_o 的变化

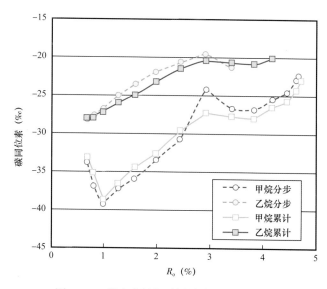

图 8-13　煤生成烃气碳同位素随 R_o 的变化

二、超成熟样品的模拟实验

传统的油气生成理论认为，油气的生成不仅是脂肪链不断从有机质结构脱落、芳环不断缩聚的过程，同时又是一个不断减氢和增碳的过程（Tissot 和 Welte，1984；韩德馨，1996；Killops 等，2013）。当有机质演化到其结构中已经不含脂肪侧链，热解的生烃潜力已经为 0，但还未完全石墨化的阶段时，此时有机质中含有一定量的氢原子，有机质中 H/C 比约为 0.25（图 3-19 和图 3-26）。但这些氢原子仅存在于芳环结构中，而不是在支链结构中。从理论上讲，只要有机质中还含有一定量的氢，它就具有一定的生烃能力，但此时有机质肯定不是以传统理论中的脂肪链断裂的方式生气。为了便于研究和描述，本书中把这一演化阶段称为超成熟阶段。超成熟阶段是指从有机质化学结构中不存在脂肪侧链开始，直到完全石墨化的这样一个阶段。这一阶段并没有一个明确对应的成熟度下限。从第三章不同类型有机质结构的演化特点来看，当有机质结构中不存在脂肪侧链时，倾油型有机质对应的 R_o=2.5%～3.0%，而煤对应的 R_o=5.0%。但这一演化阶段对不同类型的有机质来说，有一个基本相等的 H/C 比（0.2～0.25）。本节将以模拟实验为基础来探讨超成熟阶段天然气的生成机理。

1. 样品特征

选择两个超成熟样品进行生气模拟实验，样品的基本地球化学参数见表8-7。由于超成熟样品不会生油，因此采用连续加热的方式进行模拟实验，通过不同温度段对模拟生成气体的地球化学特征分析，探讨超成熟阶段天然气的生成机理。

表 8-7　样品的基本地球化学特征

样品名称	盆地或地区	样品层位	R_o（%）	TOC（%）	T_{max}	H/C	氢指数（mg/g）
W201-6	四川盆地	寒武系	3.30	2.61	546	0.20	0
陶2矿煤	河北武安	二叠系	5.32	88.6	577	0.25	0

傅里叶红外光谱技术是研究有机质结构最常用的方法之一，根据前人的研究成果（Rouxhet 和 Robin，1978；Kister 等，1990；Qin 等，2010；Yao 等，2011），一般有机质的红外光谱有三个特征谱带：（1）脂肪侧链的伸展振动峰带，波数位于2800～3000cm^{-1}；（2）含氧官能团的吸收峰带（1710cm^{-1}）以及芳环上 C—C 或 C═C 的伸展振动峰（1608cm^{-1}），波数位于1600～1800cm^{-1}；（3）芳环上 C—H 的弯曲振动峰，波数位于700～900cm^{-1}。图8-15是从表8-7中两个高—过成熟样品中富集的干酪根的傅里叶红外光谱图，可以看出在脂肪链峰带处（2800～3000cm^{-1}）红外光谱曲线平直，说明这两个样品有机质化学结构中已经没有脂肪侧链，属于超成熟样品。

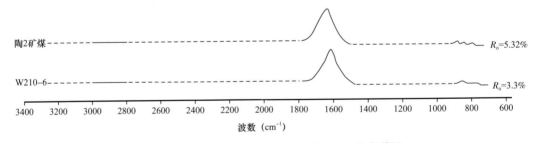

图 8-14　高—过成熟有机质样品傅里叶红外光谱图

从常规的岩石热解参数来看，这两个样品的氢指数已经为0（表8-7），说明它们已经没有生烃潜力了。然而，从两个样品中富集的干酪根的 H/C 比为0.20和0.25，从理论上讲，它们应该还能生烃，但生烃方式肯定不是以脂肪链断裂的方式。按照物质平衡的原理可以计算其最大生气量。以 W201-6 井的样品为例，由于干酪根的 H/C 比为0.20，此时干酪根的化学组成可以简单地设定为 C_5H。按照如下方程式就可以算出其理论最大生气量：

$$4C_5H \longrightarrow CH_4 + 19C$$

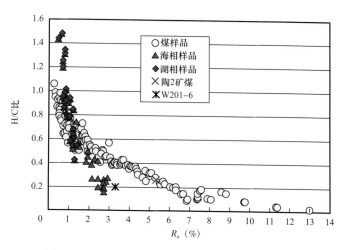

图 8-15　不同类型有机质 H/C 比随成熟度的变化

4mol 的干酪根只能生成 1mol 的甲烷（22400mL），换算到每克有机碳，最大生气量为 22400/（4×5×12）=93.3mL/g TOC。则实际地质条件下，存在于有机质芳环结构中的氢原子是否都能转化为烃类气体，这是一个值得探讨的问题。

2. 实验结果

为了验证当有机质演化到超成熟阶段，其化学结构中已经不存在脂肪侧链，氢原子只存在于芳环结构中时，有机质是否还能生气，选取表 8-7 中陶 2 矿二叠系的煤与四川盆地寒武系 W201-6 井的 II 型有机质样品在黄金管体系中进行升温速度为 20℃/h 的生气模拟实验。从实验结果（表 8-8）来看，不管是煤还是 II 型有机质，在高—过成熟阶段都能生成一定量的烃类气体。

表 8-8　高—过成熟样品模拟生气组成与产率

样品名称	温度（℃）	气体产率（mL/g TOC）			气体组成（%）		
		CH_4	CO_2	H_2	CH_4	CO_2	H_2
陶 2 矿煤	600	0.03	1.44	0	2.04	97.96	0
	625	0.18	3.25	0.32	8.23	83.55	8.22
	650	1.02	6.68	0.65	12.22	80.00	7.78
	675	1.78	9.95	0.51	14.54	81.29	4.17
W201-6	600	0.29	2.53	0	10.28	89.72	0
	625	0.55	4.52	0.34	10.17	83.55	6.28
	650	1.16	5.69	0.56	15.65	76.79	7.56
	675	1.81	8.95	0.48	16.10	79.63	4.27

与低成熟样品相比，超成熟阶段样品模拟生成的天然气具有如下特征：（1）CO_2 含量非常高，一般大于 76%；（2）模拟生成的气体中有含量比较高的 H_2；（3）CH_4 和 CO_2 的

产率随着模拟温度升高而增加，而 H_2 产率随模拟温度升高先增加，之后有少许降低。

上述实验结果表明，超成熟阶段的有机质还具有一定的生气潜力。但此时有机质生气方式只能是通过其他方式（如费托合成），结构中的氢原子并不能完全转化为烃类气体。以 W201-6 井样品最高模拟温度（675℃）的模拟实验结果为例，产生的烃类气体为 1.81mL/g TOC，其中所含的氢原子为 0.45 个，而此时生成的氢气为 0.48mL，对应的氢原子为 0.96 个。也就是说，从有机质（芳环）机构中脱离的氢原子只有 31.91% 转化为烃类气体。表 8-8 所示的实验结果中，H_2 产率的降低对应着烃类气体产率的明显增加，说明费托合成是产生烃类气体的一个主要原因。CO_2 作为费托合成的原始反应物，其产率没有降低反而增加的主要原因是 CO_2 产率是 H_2 产率的 4~5 倍。并且，合成 1mol CH_4 要消耗 2mol H_2，而只需要 1mol CO_2。生成物中既存在大量的 CO_2，又存在一定的 H_2，说明 H_2 并不能通过费托反应完全转化为烃类气体。

第三节　无机费托合成实验

模拟实验结果证明，当有机质演化到超成熟阶段，仍能生成一定量的天然气，但这些天然气只能是通过费托合成生成的。有机质生烃能力的高低除了与有机碳含量有关，一个重要的影响因素是氢的含量。如果有足够的氢源，这些氢是如何与不同来源的碳（包括固体碳、有机质演化过程中生成的二氧化碳、流体介质中的溶解碳源）发生费托反应，费托反应生成的烃类气体对天然气资源量有多大贡献？这些都是一些值得探讨的问题。

世界上发现的大部分天然气田（气藏）都是生物或有机来源的。然而，在某些环境（如海洋中脊、泥浆火山和毗邻深海断裂带）发现了无机成因甲烷（Welhan 和 Craig，1979；Anderson，1984；Welhan，1988；Abrajano 等，1990；Charlou，1993；Charlou 等，2002；Hoşgörmez 等，2005）。有机成因天然气主要是通过沉积有机物的热裂解或生物降解形成（Tissot 和 Welte，1978；Welhan，1988）。关于无机成因烃类气体的形成机制，一般认为是通过费托反应生成。前面的研究结果表明，当有机质演化到超成熟阶段，其只能是通过费托反应生成天然气。因此，当有机质演化到超成熟阶段，有机成因烃类气体和无机成因烃类气体在地球化学特征方面并没有严格的界限。

目前，关于无机成因烃类气体的鉴别也存在许多争议（戴金星等，1992；Jenden 等，1993；徐永昌，1994）。迄今为止发现的无机烃类气体有两个主要特征：

（1）比有机成因甲烷更重的碳同位素值。关于无机气与有机气鉴别的甲烷碳同位素值标准，不同学者提出了不同的界限值（−30‰、−25‰和−20‰）。从实际气体的统计资料（图 8-5 和图 8-6）来看，上述甲烷碳同位素的标准值得推敲。

（2）负碳同位素序列（$\delta^{13}C_1 > \delta^{13}C_2 > \delta^{13}C_3 > \delta^{13}C_4$）（Jenden 等，1998；戴金星等，1992）。然而，高过成熟页岩气和煤系致密气也观察到同位素倒转的现象，使得一些原先认为是无机成因的天然气需要重新研究。仅凭同位素序列的正序与反序特征作为判断烃类气体有机或无机成因的标准不再可靠。也就是说，无机烃类气体具有同位素倒转特征，但具有同位素反序特征的烃类气体不一定是无机成因。

目前，普遍的观点认为无机烃类气体是通过费托合成形成的，如菲律宾 Zambales 蛇绿岩中发现的甲烷（Abrajano 等，1990）。许多研究通过实验室的费托合成模拟了无机烃类气体的形成，并试图解释其形成机制。但是不同学者的实验结果有非常大的差别（表8-9）。可以发现如下特征：（1）模拟合成的甲烷及其同系物碳同位素正序、部分倒转或完全倒转的三种序列都有；（2）合成气体的碳同位素序列和模拟温度或恒温时间密切相关；（3）合成气体碳同位素值除了与碳源（原始反应物）同位素相关，还与选择的催化剂有很大关系。

表 8-9　不同学者费托合成实验条件与合成气体碳同位素组成

研究学者	碳源	碳源同位素（‰）	催化剂	反应温度（℃）	恒温时间（h）	$\delta^{13}C$（‰）			
						CH_4	C_2H_6	C_3H_8	nC_4H_{10}
Hu 等（1998）	CO	−26.4	Co，Fe，Ru	300	24.5	−40.9	−26.7	−40.1	b.d.
			Fe$_3$O$_4$	280	1	−10.4	−48.9	−50.0	−52.6
					4	−51.2	−33.0	−49.8	−52.2
					73	−49.8	−47.2		−49.6
				282	40	−47.7		−45.5	−46.7
Fu 等（2007）	甲酸	−29.8	Fe$_3$O$_4$	400	66	−36.1	−31.1	−30.5	−25.9
					570	−46.3	−30.2	−28.9	−24.5
	CO$_2$	−12.2	Fe$_3$O$_4$	400	846	−28.5	−23.4	−23.8	b.d.
					510	−33.5	−28.0	−25.7	b.d.
					1015	−39.2	−25.8	−23.7	b.d.
Taran 等（2010）	CO$_2$	−50.4	Fe	350	6	−68.1	−66.6	−64.9	−65.8
					12	−69.9	−68.2	−66.8	−66.1
					18	−70.6	−70.2	−68.9	−70.1
					25	−71.6	−72.5	−69.6	−69.5
				245	6	−68.2	−66.0	−65.1	−65.9
					12	−68.7	−67.7	−66.0	−66.3
					18	−73.5	−69.3	−69.2	−66.9
					25	−73.6	−70.0	−70.3	−68.5
			Co	350	9	−79.6	−76.3	−75.6	
					24	−81.1	−77.9	−75.3	
					32	−81.8	−79.0	−77.2	
					48	−83.0	−78.6	−78.2	
				245	9	−80.0	−75.6	−76.1	
					24	−81.7	−78.4	−77.1	
					32	−84.2	−79.1	−79.6	
					48	−83.6	−76.3	−77.8	

研究学者	碳源	碳源同位素（‰）	催化剂	反应温度（℃）	恒温时间（h）	δ¹³C（‰）			
						CH₄	C₂H₆	C₃H₈	nC₄H₁₀
McCollom 等（2010）	CO	−28	Fe	230	2.0	−57.2	−48.0	−51.5	−55.0
				252	2.75	−60.3	−50.7	−52.9	−56.0
					4.5	−60.4	−52.3	−54.0	−56.0
					18	−60.2	−53.7	−54.0	−56.0
					68	−61.1	−54.4	−54.8	−57.0
				240	2.0	−58.1	−47.8	−51.1	*b.d.*
				250	4.5	−60.2	−52.2	−53.1	*b.d.*
				250	23	−61.1	−53.9	−54.5	−55.9
					48	−59.4	−53.4	−54.2	−56.1
					285	−59.4	−52.3	−56.1	−56.9
				248	2.5	−60.1	−51.8	−53.9	*b.d.*
				254	5	−60.5	−53.2	−55.9	*b.d.*
					26	−60.1	−54.7	−53.8	*b.d.*
					73	−58.2	−54.3	−54.7	*b.d.*
					240	−58.2	−53.8	−52.9	*b.d.*
					241	−58.2	−53.6	−52.4	*b.d.*

注：*b.d.* 表示未检测。

一、催化剂条件下的费托合成实验

文献报道的费托合成实验几乎都是在催化剂存在的条件下进行的。催化剂能降低反应活化能，提高反应速率。为了探讨超成熟条件下，费托反应生成烃类气体的反应机理和烃类气体生成效率，选择四种不同相态和碳同位素组成的碳源与H_2在黄金管体系内进行费托合成实验。同时，该实验对于探讨无机烃类气体的生成机理具有非常重要的意义。

1. 碳源特征

实验过程中选取四种不同性质和来源的含碳物质（A、B、C、D），它们与H_2的反应序列分别被定义为序列A、B、C、D。四种含碳物质的来源和地球化学特征见表8-10。实验过程中所采用H_2的纯度为99.99%。A与B系列中CO_2与H_2原始反应物的浓度比为3∶7。

2. 费托合成

费托合成过程所采用的催化剂为蒙脱石（K-10）负载Fe^{3+}和Ni^{3+}。催化剂制备过程如下：将精确称重50g的K-10，加入通过混合比例为1∶1（体积比）的0.5mol/L

Fe$_2$（NO$_3$）$_3$ 和 0.5mol/L NiCl$_3$ 的 100mL 溶液中，然后将混合物在 80℃加热水浴中不断搅拌 48h。负载完成后，用去离子水在离心机上洗涤分离数次，直到清洗液变白为止。负载好的催化剂于 105℃干燥。实验前催化剂在 800℃下在炉中活化 24h。

表 8-10　四种含碳物质的来源和地球化学特征

碳源	性质	来源	碳同位素（‰）
A	CO$_2$	稀盐酸（0.1mol/L）与碳酸钙反应生成	−16.51
B	CO$_2$	稀盐酸（0.1mol/L）与野外方解石脉样品反应生成	−1.30
C	石墨粉末	商业购买	−21.05
D	Na$_2$CO$_3$ 溶液浓度为 20%（质量分数）		−8.14

3. 实验结果

表 8-11 显示了四种碳源与 H$_2$ 在 400℃费托反应产物的组成。从实验结果来看，气态碳与 H$_2$ 反应生成烃类气体的能力最强，固态碳次之，而液态碳与 H$_2$ 几乎不发生反应。不同碳源的反应活性明显受控于其与 H$_2$ 之间的接触程度和化学稳定性。相对来说，气态的 CO$_2$ 与 H$_2$ 的接触更为充分，反应更容易发生。而固体石墨和 H$_2$ 的接触不可能像气态组分之间那么充分，而且石墨的结构也非常稳定，导致了石墨和 H$_2$ 之间的反应能力大大降低。由于 H$_2$ 在水中的溶解度非常低，H$_2$ 与溶解的 Na$_2$CO$_3$ 接触程度更低。因此，在 D 系列中（碳源为溶液）仅生产微量的烃类气体。D 系列中烃类气体含量随反应时间增加也没有明显变化。对于气态碳源，富 ^{12}C（A 系列）的 CO$_2$ 与 H$_2$ 反应，比在相同条件下富 ^{13}C（B 系列）的碳更容易产生烃类气体。

表 8-11　不同碳源与 H$_2$ 在 400℃费托合成模拟生成的气体成分

实验序列编号	气体含量（%）									
	CH$_4$	C$_2$H$_6$	C$_3$H$_8$	i-C$_4$	n-C$_4$	i-C$_5$	i-C$_5$	H$_2$	CO$_2$	CO
A50−400−2	15.66	2.06	0.54	0.09	0.09	0.02	0.02	59.27	20.99	1.26
A50−400−5	13.89	1.22	0.51	0.10	0.12	0	0	60.20	22.97	1.00
A50−400−10	10.79	1.14	0.46	0.14	0.12	0.01	0	63.54	21.44	2.35
A50−400−20	8.56	1.08	0.32	0.18	0.10	0.12	0.02	65.16	21.19	3.28
A50−400−40	1.94	0.10	0.04	0.03	0.01	0.02	0	73.20	17.94	6.72
A50−400−60	1.51	0.14	0.06	0.04	0.02	0.02	0	72.64	18.60	7.00
B50−400−5	2.91	0.57	0.22	0.05	0.05	0.01	0.01	67.84	26.89	1.45
B50−400−10	3.15	0.76	0.35	0.07	0.07	0.01	0	63.30	30.30	2.00
B50−400−20	2.94	0.14	0.05	0.04	0.02	0.06	0.01	78.92	13.43	4.37
B50−400−40	1.45	0.12	0.05	0.03	0.02	0.02	0	72.30	18.01	8.00

实验序列编号	气体含量（%）									
	CH_4	C_2H_6	C_3H_8	$i-C_4$	$n-C_4$	$i-C_5$	$i-C_5$	H_2	CO_2	CO
B50–400–60	1.23	0.15	0.09	0.05	0.03	0.04	0.01	74.41	16.92	7.06
C50–400–2	0.14	0.05	0.02	0.02	0.02	0.02	0.01	98.44	0.46	0.83
C50–400–5	0.14	0.04	0.02	0	0	0	0	99.29	0.55	0
C50–400–10	0.18	0.09	0.04	0.01	0.03	0.01	0	99.18	0.53	0.07
C50–400–20	0.11	0.06	0.03	0.01	0.02	0.01	0	99.17	0.51	0.08
C50–400–40	0.27	0.13	0.10	0.04	0.03	0.01	0	99.07	0.35	0
C50–400–60	0.25	0.11	0.08	0.05	0.05	0.04	0.01	98.72	0.48	0.19
D50–400–2	0.06	0.02	0	0	0	0	0	99.83	0.09	0
D50–400–5	0.04	0.01	0.01	0	0	0	0	99.78	0.17	0
D50–400–10	0.04	0.02	0.01	0	0	0	0	99.75	0.20	0
D50–400–20	0.04	0.02	0.01	0.01	0	0	0	99.78	0.18	0
D50–400–40	0.05	0.03	0.01	0	0	0	0	99.80	0.17	0
D50–400–60	0.08	0	0	0	0	0	0	99.67	0.25	0

注：以 A50–400–20 为例，A 代表反应物中的碳源为 A；50 代表反应压力为 50MPa；400 代表实验温度为 400℃；20 代表恒温时间为 20h。

在 A 和 B 系列中，所产生的烃类气体含量随着反应时间的增加而降低。这可能是由于合成的烃类气体随着反应时间增加发生了进一步分解的缘故。在 A 和 B 系列中，在反应时间 20h 后，固体残留物中产生一些黑色物质（图 8-16）。通过扫描电镜观察和能量色散 X 射线光谱（EDS）分析，将其确定为固体碳。固体碳的出现是烃类气体进一步裂解的证据。

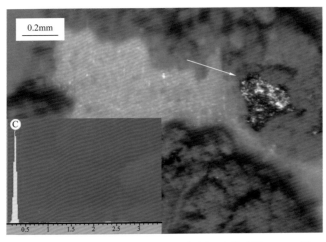

图 8-16　反应过程中生成黑色固体及能谱分析图谱（据 Zhang 等，2013）

表 8-12 中列出了三种不同碳源和 H_2 发生费托反应生成的烷烃气体碳同位素。在 D 系列中，由于没有足够的烃类气体生成，无法测量得出烷烃气体的碳同位素。从烃类气体随恒温时间的变化规律来看，可以观察如下几点规律：

（1）烃类气体的碳同位素与反应物的碳同位素密切相关。例如，A 反应系列 CO_2 的同位素（$\delta^{13}C_{CO_2}=-16.51‰$）比 B 反应系列二氧化碳的同位素（$\delta^{13}C_{CO_2}=-1.3‰$）轻，A 反应系列生成的烃类气体的碳同位素明显比 B 系列轻。

（2）随着恒温时间的增加，A、B 和 C 三个反应系列中烷烃气体碳同位素的分布均从初始完全倒转模式、部分倒转，最终变为正序模式。

表 8-12　三种不同碳源和 H_2 发生费托反应生成的烷烃气体碳同位素

实验序号	CH_4	C_2H_6	C_3H_8	$i-C_4$	$n-C_4$	$i-C_5$	$n-C_5$	CO_2
A50-400-2	−22.47	−22.99	−26.24	−29.15	−28.27			−14.24
A50-400-5	−31.92	−27.63	−26.42	−26.56	−25.46			−16.38
A50-400-10	−34.03	−27.29	−26.48	−25.92	−24.82			−17.41
A50-400-20	−44.46	−34.32	−30.45	−28.34	−28.12	−25.93	−23.69	−7.68
A50-400-40	−46.61	−31.98	−30.43	−30.74	−28.59			−8.94
A50-400-60	−47.32	−30.45	−29.76	−28.80	−22.86			−9.16
B50-400-5	−18.62	−23.36	−26.21	−28.79	−28.91			−2.48
B50-400-10	−24.45	−24.58	−26.41	−27.44	−27.25			−6.66
B50-400-20	−26.62	−27.59	−30.58	−29.93	−29.03	−26.03	−30.34	1.31
B50-400-40	−36.20	−28.40	−30.34	−30.91	−29.29			4.24
B50-400-60	−36.35	−28.93	−28.60	−28.46	−27.16	−27.60		3.40
C50-400-2	−26.70	−30.02	−31.16	−31.43	−31.55	−25.68	−26.63	−17.79
C50-400-5	−28.56	−29.15						−14.53
C50-400-10	−29.55	−30.23	−28.58	−28.01	−30.02	−27.11		−11.26
C50-400-20	−30.43	−31.62	−31.89	−32.25	−31.94	−27.26		−13.19
C50-400-40	−33.54	−31.90	−31.19	−30.28	−27.82	−24.29		−5.21
C50-400-60	−35.37	−29.44	−28.06	−27.40	−27.23	−26.14	−25.71	−4.47

上述实验结果与前人的实验研究结论基本一致（表 8-9），即通过无机费托合成的烃类气体碳同位素既有完全倒转模式，又有部分倒转和正序的分布模式。这样的实验结果和自然界发现的无机烃类气体碳同位素完全倒转的特征矛盾。但是，本次实验结果证明，无机合成的烃类气体的碳同位素最初肯定是完全倒转的模式，如果地质温度进一步升高，通过无机合成的烃类气体可以发生进一步裂解（特别是重烃气体），从而使无机烃类气体的碳同位素转化为与有机烃类气体相似的碳同位素正序分布特征（图 8-17）。

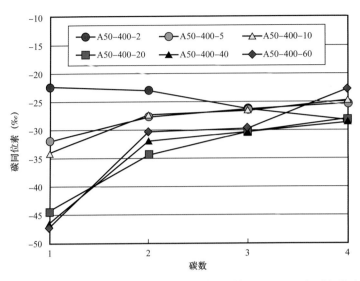

图 8-17　费托合成生成烃类气体碳同位素序列随恒温（400℃）时间的变化

进一步分析发现，实验室的费托合成过程与地质条件下的无机费托合成过程存在很大的差别。实验室的费托合成都是把反应物从室温加热到某一恒定温度进行反应，总体来说是一个升温过程。而地质条件下，来源于幔源或深部的碳源和 H_2 在向上运移时是一个降温过程，来源于幔源或深部的碳源和 H_2 在向上运移时在某一特定温度发生费托反应，随着温度的逐渐降低，合成烃类气体不会裂解而被保存下来。

为了验证上述地质条件下"冷却"过程费托合成的理论模型，用碳源 A 和 H_2 进行了一组降温费托合成实验。实验过程如下：首先把封在黄金管中的 CO_2 与 H_2 快速加热到 700℃，然后按 2℃/h 的降温速度进行降温。降温合成的烃类气体的地球化学特征见表 8-13。比较不同温度下合成的烃类气体的地球化学特征，发现在 700℃、350℃和 300℃之间产生的烃类气体之间没有明显的地球化学差异。然而，在 250℃烷烃气体成分与同位素产生了比较大的变化。250℃时生成甲烷的 $\delta^{13}C_1$（−29.56‰）比 700℃残留甲烷的 $\delta^{13}C_1$（−40.85‰）重。250℃时甲烷含量比 700℃时的甲烷含量高 9.46 个百分点。最明显的是在降温到 250℃时，生成了许多重烃气体，说明在降温过程中有烃类气体生成。通过式（8-1）可以计算 700～250℃下新合成甲烷的碳同位素值（$\delta^{13}C_{new}$）：

$$\delta^{13}C_{700}M_{700}+\delta_{13}C_{new}M_{new}=\delta^{13}C_{250}M_{250} \tag{8-1}$$

式中　$\delta^{13}C_{700}$——700℃时 $\delta^{13}C_1$ 的值（−40.85‰）；

　　　M_{700}——700℃时的甲烷浓度（10.05%）；

　　　$\delta^{13}C_{250}$——250℃时的 $\delta^{13}C_1$ 值（−29.56‰）；

　　　M_{250}——250℃的甲烷浓度（19.51%）；

　　　M_{new}——在 700℃至 250℃（9.46%）冷却过程中新合成的甲烷浓度；

　　　$\delta^{13}C_{new}$——在 700℃至 250℃的冷却过程中新合成的甲烷碳同位素值。

通过计算得到 700℃至 250℃的冷却过程中合成的烷烃气体的碳同位素值分别为 $\delta^{13}C_1$=−17.57‰，$\delta^{13}C_2$=−20.75‰，$\delta^{13}C_3$=−25.95‰，$\delta^{13}C_4$=−30.73‰，呈现完全倒转的特征。一般加热实验结果与冷却实验结果的比较，可以很好地解释实验室中升温合成烃类气体与实际发现的无机烃类气体之间地球化学特征的差异。实验证明：与固体或液态碳源相比，气态碳与 H_2 具有更好合成烃气体的能力。多数研究人员通过费托合成烃类气体不具有完全倒转的同位素特征（表 8-9）是由于反应温度太高或恒温时间太长，重烃气体发生裂解。地质条件下费托合成过程是一个从高温到低温的降温过程，与大多数模拟实验的温度变化相反。降温费托合成实验结果证明，自然界费托合成反应温度可能不如研究人员之前认为的那么高，可能在 300℃ 以下。

表 8-13 三种不同碳源和 H_2 发生费托反应生成的烷烃气体碳同位素

温度（℃）	地化特征	CH_4	C_2H_6	C_3H_8	i-C_4	n-C_4	i-C_5	n-C_5
250	含量（%）	19.51	2.85	1.05	0.21	0.20	0.04	0.04
	碳同位素（‰）	−29.56	−20.75	−25.95	−29.76	−30.73		
300	含量（%）	11.38	0.23	0.01	0	0	0	0
	碳同位素（‰）	−40.16						
350	含量（%）	11.13	0.04	0	0	0	0	0
	碳同位素（‰）	−40.34						
700	含量（%）	10.05	0.09	0	0	0	0	0
	碳同位素（‰）	−40.85						

二、烃源岩体系内（无催化剂）的费托合成

近年的勘探成果证实高过成熟页岩以及煤系致密砂岩中发现的天然气都具有同位素倒转的特征。催化剂条件下的费托合成实验结果证明，费托反应可以生成同位素倒转的天然气。虽然高过成熟阶段烃源岩体系内存在费托合成的物质基础（H_2、CO_2），然而烃源岩体系不可能像常规费托合成模拟实验存在那么多的催化剂或者根本不存在催化剂。那么在高过成熟阶段烃源岩体系内无催化剂或痕量催化剂条件是否可以发生自费托反应（反应物均来源于烃源岩演化过程）生成烃类气体？如果烃源岩体系内自费托反应可以发生，那么其可能是高过成熟阶段天然气同位素倒转的另一个重要原因。

表 8-14 中列出了在 300℃ 无催化剂条件下不同混合比例 CO_2 与 H_2 发生费托反应生成气体的组成。模拟实验结果说明，在无催化剂条件下，费托反应同样可以发生。而且，随着混合气体中 H_2 含量增加，模拟生成的烃类气体增加。与有催化剂存在的费托反应结果对比，无催化剂条件下生成的烃类气体含量更低。模拟实验结果表明，高过成熟阶段烃源岩体系内可以发生自费托合成反应，但由于反应物的转化率非常低，其对天然气的资源量的贡献不大。然而，数值模拟的结果表明少量这种具有同位素倒转特征天然气的混入，也会使具有同位素正序特征的天然气发生同位素倒转（戴金星，1986；夏新宇，2002）。

表 8-14　无催化剂条件下 CO_2 与 H_2 发生费托反应生成气体组成

$H_2 : CO_2$	恒温时间（h）	气体含量（%）					氢转化率（%）
		CH_4	C_2H_6	C_3H_8	H_2	CO_2	
1 : 1	5	0.29	0.04	0.01	59.07	40.58	1.35
	10	0.33	0.04	0.01	59.18	40.44	1.41
	20	0.45	0.03	0.02	58.81	40.69	1.79
	40	0.52	0.02	0	57.02	42.44	1.96
2 : 1	5	0.28	0.03	0	68.93	30.75	1.02
	10	0.44	0.03	0	67.93	31.59	1.47
	20	0.65	0.04	0	66.93	32.37	2.13
	40	0.80	0.04	0	65.22	33.94	2.62
4 : 1	5	0.25	0	0	85.11	14.63	0.63
	10	0.46	0.01	0	83.83	15.71	1.12
	20	0.63	0.01	0	80.68	18.68	1.59
	40	0.80	0.01	0	79.08	20.10	2.05

三、高过成熟阶段水对生烃作用的贡献

大量研究证明水在有机质生烃生成过程中具有明显的作用（Lewan，1997；Price 和 DeWitt，2001；Burruss 和 Laughrey，2010）。那么，水在高—过成熟有机质生气过程中有无促进作用，高—过成熟阶段甲烷氢同位素随着烃源岩的成熟度增加逐渐变轻只是水中氢与甲烷中氢交换的结果，还是由于水在同位素倒转天然气形成过程中发生了其他作用？这些问题对高—过成熟阶段天然气的形成机理研究非常重要。

有机质生烃从元素组成演化的方面来讲，就是一个减氢增碳的过程。因此，地质条件下，高—过成熟阶段是否能生烃的一个关键因素就是，有机质结构中或地质体中是否有大量的氢源存在。虽然，当有机质结构中没有脂肪侧链时，有机质结构中还存在一定的氢（H/C 比大概为 0.2），但是这些氢原子是在芳环结构中。图 8-15 的结果表明，煤完全石墨化时，其 $R_o=12\%\sim13\%$，说明有机质石墨化作用过程中氢的生成非常慢。而且 CO_2 与 H_2 通过费托反应生成烃类气体的转化率比较低，对天然气的资源贡献意义不是很大。

除了有机质中的氢，地质条件下普遍存在的另一个氢源就是地下水，而地下条件存在最为广泛的金属元素就是铁。为了验证水是否能促进高过成熟有机质生成天然气。选取表 3-8 中的 11 号的干酪根样品（美国 Denver 盆地奥陶系页岩，TOC=4.78%，$R_o=1.16\%$），在无水、有水和加 FeS 的三种条件下进行模拟实验。图 8-18 显示了三种不同条件下模拟生成烃类气体产率的情况。从图中可以发现，在干酪根 + 水 +FeS 体系中，烃类气体产率明显增高。对比三种条件下气体组成，发现在干酪根 + 水 +FeS 体系中生成了大量的 H_2（图 8-19）。

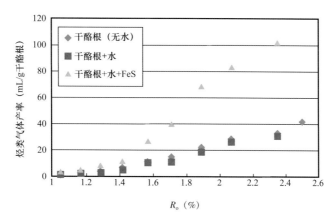

图 8-18　不同条件下模拟生成烃类气体产率

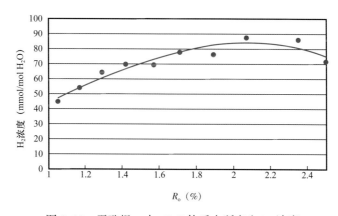

图 8-19　干酪根 + 水 +FeS 体系中所产生 H_2 浓度

因此，水的存在会导致高—过成熟阶段天然气的产率明显增加。而水对有机质的加氢作用并不是真正的水与干酪根直接反应，而是通过如下方程式描述的方式进行：首先水与金属硫化物发生反应生成大量 H_2。H_2 再与 CO_2 在第一个反应的产物（如 Fe_3O_4）的催化下，发生费托反应，生成烃类气体，从而提高了高—过成熟阶段有机质的生气能力。

$$1.5FeS+H_2O \longrightarrow 0.75FeS_2+0.25Fe_3O_4+H_2$$

$$H_2+CO_2（干酪根）\longrightarrow CH_4+ 固体残渣$$

表 8-12 的模拟实验结果证明，H_2 更容易与气态碳源（CO_2）发生反应，生成烃类气体。如果水与有机质直接反应，就会得出第六章的相关研究结果（表 7-6），水与有机质发生反应生成大量的 CO_2，并且降低了有机质的生烃能力。因此，高—过成熟阶段水在有机质生烃过程的作用是提供了费托反应生成烃类气体所必须的 H_2。高—过成熟金属硫化物先与水反应，生成 H_2，H_2 再与 CO_2 或高—过成熟有机质发生反应，生成烃类气体。从某种程度上来说，费托反应延伸有机质生气下限。然而，至于 H_2 是否能与超成熟有机质继续发生反应生成烃类气体，还需要大量的研究去证明，因为本章的模拟实验证明 H_2 与石墨几乎不会发生反应生成烃类气体。

费托合成的第三个氢源是幔源氢，这种情况比较特殊，地质条件比较复杂，此处不做具体讨论。

小　结

（1）无论是页岩气，还是煤系致密气，它们的地球化学特征随着烃源岩的成熟度（或天然气的湿度）发生规律性的演化。甲烷碳同位素随着天然气的湿度的降低而变重，甲烷碳同位素快速变重对应的天然气湿度为 2% 左右；重烃气体的碳同位素随天然气湿度的降低会发生反转，乙烷碳同位素发生反转对应的天然气湿度为 4%～6%。

（2）无论是页岩气，还是煤系致密气，甲烷与乙烷碳同位素之间都呈反 S 形的演化关系，首先乙烷碳同位素随着甲烷碳同位素的变重而变重；之后，乙烷碳同位素随甲烷碳同位素的变重而变轻；随着乙烷碳同位素的变轻，甲烷与乙烷的碳同位素发生倒转；甲烷与乙烷发生碳同位素倒转后，乙烷碳同位素再次随着甲烷碳同位素的变重而变重。

（3）同位素倒转页岩气和煤系致密气的干燥系数都非常高，一般大于 98%，同位素倒转幅度都比较大，为 0～8‰。

（4）无论是页岩气，还是煤系致密气，随着烃源岩成熟度的增高，天然气的碳同位素依次出现正序、部分倒转和完全倒转的演化特征。在成熟范围内，天然气都呈现正序的同位素特征；当 R_o=1.3%～3.0% 时，天然气的碳同位素发生了部分倒转；当 R_o>3.0% 时，天然气的碳同位素还会发生完全倒转。

（5）超成熟阶段有机质的生气主要是通过费托合成进行。但有机质石墨化过程的产氢速率比较慢，而且费托合成产气效率比较低，对天然气资源的贡献有限；而水是高过成熟阶段费托合成生成烃气的氢源的主要贡献者，但水的供氢方式是水首先与金属硫化物发生反应生成 H_2 和金属氧化物，H_2 再与有机质演化过程中生成的 CO_2 在金属氧化物的催化下发生费托反应，生成烃类气体。

参考文献

戴金星 .1986. 试论不同成因混合气藏及其控制因素［J］. 石油实验地质，4：29–38.

戴金星 .1992. 各类烷烃气的鉴别［J］. 中国科学（B 辑 化学 生命科学 地学），2：185–193.

戴金星 . 倪云燕，黄士鹏，等 .2016. 次生型负碳同位素系列成因［J］. 天然气地球科学，27（1）：1–7.

韩德馨 .1996. 中国煤岩学［M］. 北京：中国矿业大学出版社 .

帅燕华，邹艳荣，彭平安 .2003. 天然气甲烷碳同位素动力学模型与地质应用新进展［J］. 地球科学进展，18（3）：405–411.

王招明，谢会文，李勇，等 .2013. 库车前陆冲断带深层盐下大气田的勘探和发现［J］. 中国石油勘探，18（3）：1–11.

夏新宇 .2002. 油气源对比的原则暨再论长庆气田的气源——兼答《论鄂尔多斯盆地中部气田混合气的实质》［J］. 石油勘探与开发，29（5）：101–105.

徐永昌 .1994. 天然气成因理论及应用［M］. 北京：科学出版社 .

张海祖，熊永强，刘金钟，等 .2005. 十八烷的裂解动力学研究（I）：气态烃组分及其碳同位素演化特征［J］. 地质学报，79（4）：569–574.

Abrajano T A，Sturchio N C，Kennedy B M，et al. 1990. Geochemistry of reduced gas related to serpentinization of the Zambales ophiolite，Philippines［J］. Applied Geochemistry，5（5–6）：625–630.

Anderson R B，1984. The Fischer–Tropsch synthesis［M］. New York：Acdemia Press.

Burruss R C, Laughrey C D. 2010. Carbon and hydrogen isotopic reversals in deep basin gas：Evidence for limits to the stability of hydrocarbons［J］. Organic Geochemistry, 41（12）：1285–1296.

Charlou J. 1993. Hydrothermal methane venting between 12°N and 26°N along the Mid–Atlantic Ridge［J］. J. Geophys. Res., 98：9625–9642.

Charlou J L, Donval J P, Fouquet Y, et al. 2002. Geochemistry of high H2 and CH4 vent fluids issuing from ultramafic rocks at the Rainbow hydrothermal field（36 14′N, MAR）［J］. Chemical Geology, 191（4）：345–359.

Cramer B, Faber E, Gerling P, et al. 2001. Reaction kinetics of stable carbon isotopes in natural gas insights from dry, open system pyrolysis experiments［J］. Energy & Fuels, 15（3）：517–532.

Feng Z, Liu D, Huang S, et al. 2016. Geochemical characteristics and genesis of natural gas in the Yan'an gas field, Ordos Basin, China［J］. Organic Geochemistry, 102：67–76.

Fu Q, Lollar B S, Horita J, et al. 2007. Abiotic formation of hydrocarbons under hydrothermal conditions：Constraints from chemical and isotope data［J］. Geochimica et Cosmochimica Acta, 71（8）：1982–1998.

Hao F, Zou H. 2013. Cause of shale gas geochemical anomalies and mechanisms for gas enrichment and depletion in high–maturity shales［J］. Marine and Petroleum Geology, 44：1–12.

He K, Zhang S, Mi J, et al. 2018. The evolution of chemical groups and isotopic fractionation at different maturation stages during lignite pyrolysis［J］. Fuel, 211：492–506.

Hoşgörmez H, Yalçın M N, Cramer B, et al. 2005. Molecular and isotopic composition of gas occurrences in the Thrace basin（Turkey）：origin of the gases and characteristics of possible source rocks［J］. Chemical Geology, 214（1–2）：179–191.

Hu G Y, Li J, Sun X Q, et al. 2010. The origin of natural gas and the hydrocarbon charging history of the Yulin gas field in the Ordos Basin, China［J］. International Journal of Coal Geology, 81（4）：381–391.

Hu G, Ouyang Z, Wang X, et al. 1998. Carbon isotopic fractionation in the process of Fischer–Tropsch reaction in primitive solar nebula［J］. Science in China Series D：Earth Sciences, 41（2）：202–207.

James A T. 1983. Correlation of natural gas by use of carbon isotopic distribution between hydrocarbon components［J］. AAPG bulletin, 67（7）：1176–1191.

Jenden P D, Newell K D, Kaplan I R, et al. 1988. Composition and stable–isotope geochemistry of natural gases from Kansas, Midcontinent, USA［J］. Chemical Geology, 71（1–3）：117–147.

Jenden P D, Drazan D J, Kaplan I R. 1993. Mixing of thermogenic natural gases in northern Appalachian Basin ［J］. Aapg Bulletin, 77（6）：980–998.

Killops S D, Killops V J. 2013. Introduction to organic geochemistry［M］.UK：John Wiley & Sons.

Kister J, Guiliano M, Largeau C, et al. 1990. Characterization of chemical structure, degree of maturation and oil potential of Torbanites（type I kerogens）by quantitative FTIR spectroscopy［J］. Fuel, 69（11）：1356–1361.

Lewan M D. 1997. Experiments on the role of water in petroleum formation［J］. Geochimica et Cosmochimica Acta, 61（17）：3691–3723.

McCollom T M, Lollar B S, Lacrampe–Couloume G, et al. 2010. The influence of carbon source on abiotic organic synthesis and carbon isotope fractionation under hydrothermal conditions［J］. Geochimica et Cosmochimica Acta, 74（9）：2717–2740.

Mi J K, Zhang S C, Chen J P, et al. 2015. Upper thermal maturity limit for gas generation from humic coal ［J］. International Journal of Coal Geology, 152: 123–131.

Mi J K, Hu G Y, Bai J F, et al.2017. The evolution and preliminary genesis of the carbon isotope for coal measure tight gas : Cases from upper paleozoic gas pools of Ordos basin and Xujiahe formation gas pools of Sichuan basin, China ［J］. International Journal of Petrochemical Science & Engineering, 2 (8): 1–7.

Mi J, Zhang S, Su J, et al. 2018. The upper thermal maturity limit of primary gas generated from marine organic matters ［J］. Marine and Petroleum Geology, 89: 120–129.

Price L C, DeWitt E. 2001. Evidence and characteristics of hydrolytic disproportionation of organic matter during metasomatic processes ［J］. Geochimica et Cosmochimica Acta, 65 (21): 3791–3826.

Prinzhofer A A, Huc A Y. 1995. Genetic and post–genetic molecular and isotopic fractionations in natural gases［J］. Chemical Geology, 126 (3–4): 281–290.

Qin S, Wang J, Zhao C, et al. 2010. Long–term, low temperature simulation of early diagenetic alterations of organic matter : A FTIR study ［J］. Energy Exploration & Exploitation, 28 (5): 365–376.

Rouxhet P G, Robin P L. 1978. Infrared study of the evolution of kerogens of different origins during catagenesis and pyrolysis ［J］. Fuel, 57 (9): 533–540.

Taran Y A, Kliger G A, Cienfuegos E, et al. 2010. Carbon and hydrogen isotopic compositions of products of open–system catalytic hydrogenation of CO_2: Implications for abiogenic hydrocarbons in Earth' s crust ［J］. Geochimica et Cosmochimica Acta, 74 (21): 6112–6125.

Tilley B, McLellan S, Hiebert S, et al. 2011. Gas isotope reversals in fractured gas reservoirs of the western Canadian Foothills : Mature shale gases in disguise ［J］. AAPG bulletin, 95 (8): 1399–1422.

Tilley B, Muehlenbachs K. 2013. Isotope reversals and universal stages and trends of gas maturation in sealed, self–contained petroleum systems ［J］. Chemical Geology, 339: 194–204.

Tissot B P, Welte D H. 1984. Petroleum formation and occurrences ［M］. Berlin : Springer Verlag.

Welhan J A, Craig H. 1979. Methane and hydrogen in East Pacific Rise hydrothermal fluids ［J］. Geophysical Research Letters, 6 (11): 829–831.

Welhan J A. 1988. Origins of methane in hydrothermal systems ［J］. Chemical Geology, 71 (1–3): 183–198.

Yao S, Zhang K, Jiao K, et al. 2011. Evolution of coal structures : FTIR analyses of experimental simulations and naturally matured coals in the Ordos Basin, China ［J］. Energy Exploration & Exploitation, 29 (1): 1–19.

Zhang S C, Mi J K, He K. 2013. Synthesis of hydrocarbon gases from four different carbon sources and hydrogen gas using a gold-tube system by Fischer–Tropsch method ［J］. Chemical Geology. 349–350, 27–35.

Zumberge J, Ferworn K, Brown S. 2012. Isotopic reversal ('rollover') in shale gases produced from the Mississippian Barnett and Fayetteville formations ［J］. Marine and Petroleum Geology, 31 (1): 43–52.

第九章 高—过成熟阶段天然气同位素倒转机理

传统的天然气生成理论认为，随着成熟度的增加，有机质生成天然气的湿度越来越低，气体同位素越来越重（James 等，1983；Jenden 等，1988；Prinzhofer 等，1995）。随着页岩气和深层天然气的勘探，在高—过成熟页岩中发现了许多天然气存在同位素反转和倒转的现象（Burruss 和 Laughrey，2010；Tilley 等，2011；Zumberge 等，2012；Hao 和 Zou，2013）。同位素反转是指随着烃源岩成熟度增加或天然气湿度减小，天然气中某单一组分的同位素不是呈现传统认识中逐渐变重的规律，而在一定成熟度阶段呈现变轻的现象；而同位素倒转是指随着碳数增加，天然气不同组分之间同位素依次变轻的现象（$\delta^{13}C_1 > \delta^{13}C_2 > \delta^{13}C_3$）。大量的统计分析结果表明，天然气同位素反转与倒转的异常现象不仅仅在页岩气中发现（Zumberge 等，2012；Hao 和 Zou，2013；Tilley 和 Muehlenbachs，2013），也普遍发现于煤系致密气中（Zeng 等，2013；戴金星等，2016；Mi 等，2017）。

在同位素异常的页岩气大量发现以前，关于天然气同位素倒转成因解释最常见的有三种观点：

（1）不同来源或同源不同成熟度的天然气相互混合（戴金星，1986；Jenden 和 Kaplan，1989；Jenden 等，1993；Dai 等，2004）。从理论上来讲，不同来源或同源不同成熟度的天然气混合肯定可以产生同位素倒转的天然气。Xia 等（2013）从理论角度计算了来源于不同成熟度烃源岩的天然气混合导致天然气倒转的可能性。刘婷等（2008）通过松辽盆地深层不同地球化学特征气体的配比实验证明，同位素完全倒转的天然气与不同成因同位素正序特征的天然气混合，均能产生同位素完全倒转的天然气。但是，页岩气存在于烃源岩体系，不可能存在不同源的气体混合，气体混合只能是相同成熟度条件下烃源岩热解气与残留烃裂解气的混合。这两种相同成熟度条件下的气体混合是否能形成同位素完全倒转的天然气，值得进一步研究和相关实验数据的支持。

（2）无机成因（戴金星等，1995，2001；Lollar 等，2008；McCollom 等，2010）。最早认为同位素完全倒转的天然气是无机成因气，但是同位素完全倒转页岩气的发现至少说明这类同位素异常的天然气并非都是无机成因气。也就是说，无机气具有同位素完全倒转的特征，但同位素倒转的天然气并非都是无机气。关于无机气同位素倒转的成因，许多学者认为是通过费托合成的甲烷相互连接，生成同位素更轻的乙烷和其他重烃气体，甲烷相互连接形成重烃气体过程的同位素分馏引起无机成因烃类气体同位素倒转（Hu 等，1998；Horita 和 Berndt，1999；Fu 等，2007）。甲烷的相互连接其实就是甲烷的聚合。无机成因甲烷的聚合作用能否在有机成因页岩气和煤系致密气中发生？为什么这种聚合作用只发生在高—过成熟阶段？这些问题都需要模拟实验来验证。

（3）天然气运移分馏作用（Prinzhofer 和 Huc，1995）。如果天然气同位素倒转是运移分馏的结果，那么，同样是煤成气，为什么在成熟度大于 2.0% 的有些煤成气区（鄂尔多斯）天然气的碳同位素倒转（吴伟等，2015），而某些成熟度大于 2.0% 区域（库车凹陷克拉 2 气田）天然气的碳同位素并没有发生倒转（赵孟军等，2002）？这是否还与其他成藏地质因素有关？

近几年，不少学者对高—过成熟页岩气中天然气同位素倒转成因进行了研究探讨，但他们的观点并不一致，可以归纳为以下两类：（1）是干酪根初次裂解气和残留烃二次裂解气混合的结果（Hao 等，2013；Xia 等，2013）。Gao 等（2014）在封闭体系有水条件下模拟实验证实，Ⅱ型有机质在较高的成熟度条件下，模拟生成天然气的同位素可以发生反转，但不能发生同位素倒转。（2）在过成熟阶段，水与低熟—高熟阶段生成的甲烷发生反应生成碳同位素轻的二氧化碳和氢气，二氧化碳和氢气发生反应生成轻碳同位素的重烃气体（Burruss 和 Laughrey，2010；Zumberge 等，2012）。Burruss 和 Laughrey（2010）提出，Appalachian 盆地奥陶系和志留系碳同位素完全倒转的碳酸盐裂缝型气体和致密砂岩气就是上述反应引起的，并根据气体混合和同位素分馏计算推导出烃类气体（主要为甲烷）氧化还原反应过程中的气体碳同位素的瑞利分馏发生在非常高的温度（250～300℃）和成熟度（R_o=5.0%）下。这种反应过程的后半部分与费托合成类似，第八章的模拟实验结果证实费托反应可以生成同位素完全倒转的天然气。这种天然气同位素倒转机理的问题在于第一步甲烷与水的氧化还原反应问题。当地下条件达到水与甲烷可以发生反应时，乙烷早于甲烷与水发生反应，残留下的痕量乙烷同位素应该更重，根本不可能形成甲烷与乙烷同位素的倒转。因此，第二种天然气同位素倒转机理在理论上是不合理的。同时，美国的 Arkoma 盆地 Fayetteville 页岩气中发现在后反转带，甲烷碳同位素随着烃源岩的成熟度升高逐渐变重，而甲烷氢同位素则随着烃源岩的成熟度升高逐渐变轻。天然气碳同位素与氢同位素的这种不一致变化规律又是如何形成？因此，引起高—过成熟阶段天然气同位素倒转的机理并没有完全理清。

第一节　干酪根热解气与残留烃裂解气混合

如果说干酪根热解气与残留烃裂解气混合是引起同位素倒转的成因，相对于Ⅰ型、Ⅱ型有机质，煤中残留的液态烃少（由于生成的液态烃少），残留烃裂解生气量更少。非常少量残留烃的二次裂解气是否能使煤的初次热解气的同位素发生倒转也是一个值得深入研究的问题。即使上述假设成立，为什么碳同位素倒转的天然气（包括页岩气和煤系致密气）都发现在烃源岩成熟度远大于 2.0% 的过成熟区域？多位学者同时又发现同位素倒转的天然气发生在相对封闭的体系（Burruss 和 Laughrey，2010；Zumberge 等，2012）。为了验证干酪根热解气与残留烃裂解气混合是否会引起天然气的同位素倒转，选取了低熟的Ⅰ型有机质和煤在黄金管体系中进行生烃模拟实验。由于黄金管体系是一个封闭体系，有机质在相对低熟阶段生成的原油不能排出，更高的演化阶段下原油会发生裂解。因此，相对高温条件下，黄金管体系模拟实验产生的气体就是干酪根热解气和残留烃裂解气的混合气。

一、样品特征

对松辽盆地朝 73-87 井白垩系青山口组湖相烃源岩干酪根样品和采自鄂尔多斯盆地东北部的成家庄煤矿的煤进行生气模拟。样品的地球化学特征见表 9-1。朝 73-8 井样品的氢指数为 755.01mg/g TOC，为非常优质的烃源岩，用它在黄金管体系进行生气模拟实验，能更好地反映干酪根热解气和残留烃裂解气混合是否能导致气体的同位素发生倒转。采用低成熟的煤样在封闭体系中进行生气模拟实验，可以反映以生气为主的煤是否可以生成同位素倒转的天然气，以揭示高—过成熟阶段煤系致密气同位素倒转的成因。

表 9-1　生气模拟样品的地球化学特征

样品名	盆地	深度（m）	层位	TOC（%）	T_{max}（℃）	S_1（mg/g）	S_2（mg/g）	$S_1 + S_2$（mg/g）	HI（mg/g TOC）
朝 73-87	松辽	834.6	K_1q_1	4.89	440	0.65	36.92	37.57	755.01
成家庄	鄂尔多斯	煤矿	P	66.85	442	0.59	91.38	91.97	137.57

二、实验结果与讨论

在黄金管体系中采用 2℃/h 连续升温方式进行生气模拟实验。实验过程、产物地球化学分析方法及实验结果的地质推演在前面相关章节已经进行过详细的描述，这里不再赘述。图 9-1 和图 9-2 分别显示了上述两个样品的模拟生成气体碳同位素随模拟温度及 R_o 的变化结果。

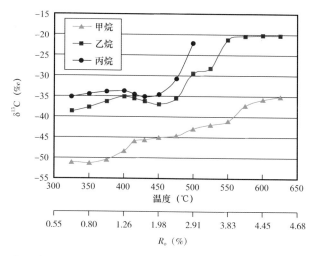

图 9-1　松辽盆地青山口组烃源岩在模拟生成气体碳同位素与模拟温度及 R_o 关系图

对于倾油性有机质（朝 73-87），在整个实验温度区间，甲烷、乙烷、丙烷的同位素均没有发生同位素倒转现象。但在 400～450℃，乙烷和丙烷存在一个同位素变轻的现象；在 425～550℃，甲烷的碳同位素随温度的增加变化趋势减弱（曲线变平）。乙烷与丙烷开始变轻处对应的模拟残渣成熟度 R_o=1.26%，正好是原油开始大量裂解生气的阶段。这与 Hao 和 Zou（2013）提出的页岩气乙烷碳同位素开始反转对应的成熟度区间为 R_o=1.3%～1.5% 基本一致。原油的裂解生成了同位素更轻的重烃气体，正是由于有机质初次热解气和残留烃裂解气的混合可以使重烃气体的碳同位素发生反转，而不能使烃类气体碳同位素序列发生倒转。在 425～550℃（R_o=1.58%～3.83%）甲烷碳同位素变重速率降低也是残留烃类生成的同位素更轻的甲烷混入到干酪根热解甲烷中的结果。

对于煤，在整个实验温度区间，甲烷、乙烷、丙烷的碳同位素均没有发生同位素倒转现象。但在 400～450℃（R_o=1.26%～1.98%），乙烷和丙烷碳同位素变重的速率降低，但均没有发生同位素变轻的现象（反转）。这主要是因为煤在热演化过程中以生气为主，生油量非常少（一般不超过 50mg/g TOC），虽然这些少量原油裂解生成的重烃气体同位素相对更轻，但还不足以使煤生成相对大量的热解重烃气的同位素明显变轻。

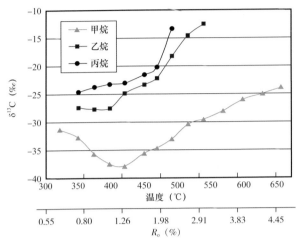

图 9-2　鄂尔多斯盆地二叠系煤模拟生成气体碳同位素与模拟温度及 R_o 关系图

第二节　脱甲基作用与天然气同位素倒转

天然气地球化学特征受控于生烃母质或生气途径（Tissot 等 Welte，1984；Killops）。最近的研究发现，无论是页岩气还是煤系致密气，同位素发生倒转时烃源岩成熟度在 2.0% 以上（Zeng 等，2013；Hao 和 Zou，2013；戴金星等，2016）。Yao 等（2011）利用傅里叶红外光谱证实，当煤的成熟度达到 R_o=2.5% 时，其化学结构中只剩下甲基侧链。Mi 等（2017）提出当 R_o=2.5% 时，海相有机质的化学结构中也只存在甲基脂肪侧链。可见脱甲基作用与页岩气和煤系致密气同位素倒转存在对应关系，二者可能存在成因上的联系。

为了验证脱甲基作用生成的气体是否能生成同位素倒转的天然气，选取 1，3，5- 三甲基苯作为高过成熟阶段有机质结构代表性的分子化合物，在黄金管体系中进行恒温裂解实验。

一、三甲基苯裂解实验条件及产物分析方法

模拟实验选用的样品为 1，3，5- 三甲基苯，其纯度为 99.8%，其他杂质为三甲基苯的同分异构体。实验温度的选择既要使 1，3，5- 三甲基苯裂解在实验室可接受的时间内发生，又不能使裂解生成的重烃气体迅速发生裂解。Fusetti 等（2010）曾在压力为 10MPa 和温度为 395～450℃范围内，对 1,3,5- 三甲基苯进行恒温 1～648h 裂解生气实验。虽然他们对 1，3，5- 三甲基苯裂解生成气体的组成和甲烷的碳同位素进行了分析，但未对重烃气体同位素进行分析，很难说明脱甲基作用与高—过成熟阶段天然气同位素倒转之间的关系。借鉴他们的实验条件，本次实验条件在温度为 400～450℃和压力为 30MPa 的条件下，对 1，3，5- 三甲基苯进行恒温 24～480h 裂解生气实验。不同的恒温时间点均装有两个黄金管，其中一个主要用于气体产物地球化学分析，而另一个则主要用于裂解液态产物分析。

裂解生成气体地球化学分析方法与第二章中气体产物分析方法相似。1，3，5- 三甲

基苯裂解液体产物分析定量在全二维气相色谱—飞行时间质谱上进行。1，3，5-三甲基苯裂解液态产物分析方法如下：分析前先把完成模拟实验黄金管外壁用二氯甲烷洗净，以消除实验过程中外部污染物的影响。由于1，3，5-三甲基苯裂解过程中会生成大量的挥发性产物，黄金管刺破前，将其在液氮中冷冻30s。然后把黄金管放入装5mL二氯甲烷的容量瓶中，再用一个长10cm的特制钢针把黄金管刺破，快速拧上容量瓶的盖子，然后把有被刺破黄金管的容量瓶放在超声仪中超声5min，以使模拟生成的液态产物完全溶解在二氯甲烷中。Avila等（2012）曾对全二维气相色谱—飞行时间质谱分析液态产物的方法进行过详细的论述，此处不再赘述。本次研究过程中液态产物采用内标法定量，内标为正二十五烷。

二、实验结果

1.1，3，5-三甲基苯裂解生成气体地球化学特征

表9-2显示了不同温度下1，3，5-三甲基苯裂解生成不同气体的产率。从表中可以发现，在1，3，5-三甲基苯裂解的气态产物中，不但有甲烷生成，同时还有乙烷甚至丙烷生成。

表9-2 不同条件下1，3，5-三甲基苯裂解气体产物

温度（℃）	恒温时间（h）	样品重量（mg）	成分（%）				产率（mL/g 1，3，5-三甲基苯）				
			CH$_4$	C$_2$H$_6$	C$_3$H$_8$	H$_2$	CH$_4$	C$_2$H$_6$	C$_3$H$_8$	H$_2$	共计
400	24	101.9	11.522	0.109	0	88.369	0.562	0.005	0	4.313	4.88
	48	87.9	21.986	0.244	0	77.77	1.53	0.017	0	5.411	6.958
	120	88.2	33.944	0.288	0	65.767	2.636	0.022	0	5.107	7.765
	240	58.6	84.686	0.731	0	14.583	14.965	0.129	0	2.577	17.671
	480	60.0	93.642	0.348	0	6.01	24.561	0.091	0	1.576	26.228
425	12	106.2	16.636	0.192	0	83.172	0.664	0.008	0	3.321	3.993
	48	78.3	51.068	0.541	0	48.392	3.563	0.038	0	3.376	6.977
	120	79.1	78.11	1.937	0	19.953	12.883	0.319	0	3.291	16.493
	240	66.0	96.272	0.718	0	3.01	80.403	0.600	0	2.514	83.517
	480	47.8	99.378	0.159	0.003	0.461	225.976	0.361	0.001	1.048	227.386
450	12	98.0	54.047	1.658	0	44.295	2.878	0.288	0	2.359	5.525
	48	80.3	84.986	1.246	0	13.767	10.64	0.356	0	1.724	12.72
	120	70.8	95.727	1.423	0	2.849	51.104	0.660	0	1.521	53.285
	192	64.9	98.04	0.587	0	1.373	84.13	0.504	0	1.178	85.812
	240	58.8	99.71	0.108	0.002	0.18	299.91	0.325	0.002	0.543	300.78

在三个不同温度的反应序列中，总烃气体和甲烷的产率都是随着恒温时间的延长而增加。而在相同的恒温时间下，总烃气体和甲烷的产率随裂解温度升高而增加。例如，在400℃、425℃和450℃三个温度序列，均恒温240h，甲烷的生成量分别为14.97mL/g 1，3，5-三甲基苯、80.40mL/g 1，3，5-三甲基苯和299.91mL/g 1，3，5-三甲基苯；在三个反应序列中，乙烷的产率都呈现先增加后降低的趋势。三个反应序列中，乙烷产率开始降低对应的恒温时间分别为240h、240h和120h。三个反应序列对应的乙烷最大产率分别为0.13mL/g 1，3，5-三甲基苯、0.60mL/g 1，3，5-三甲基苯和0.66mL/g 1，3，5-三甲基苯。三个反应序列中，氢气的含量和产率总体上都是随着反应时间的增加而降低。反应温度越高，氢气的最大产率越低。三个反应序列中，氢气的最大产率分别为5.41mL/g 1，3，5-三甲基苯、3.38mL/g 1，3，5-三甲基苯和2.36mL/g 1，3，5-三甲基苯。

表9-3中列出了不同温度条件下1，3，5-三甲基苯裂解生成的气体碳同位素组成。从表中可以看出，在400℃和425℃恒温时间相对较短时，1，3，5-三甲基苯裂解生成的气体碳同位素均发生了倒转。而在400℃和425℃恒温时间相对较长以及450℃的所有实验中，1，3，5-三甲基苯裂解生成的气体碳同位素呈现正序的特征。上述实验结果说明，脱甲基作用能导致有机质在高—过成熟阶段生成的气体碳同位素发生倒转，即脱甲基作用是高—过成熟阶段有机质生成气体碳同位素发生倒转的一个重要原因。

表9-3 1，3，5-三甲基苯裂解气碳同位素

温度（℃）	恒温时间（h）	碳同位素（‰）	
		C_1	C_2
400	24	−41.43	未检测
	48	−41.29	未检测
	120	−41.05	−41.15
	240	−41.24	−41.57
	480	−40.92	−41.66
425	12	−41.03	−41.36
	48	−40.83	−41.73
	120	−40.56	−41.11
	240	−40.28	−39.68
	480	−36.14	−33.51
450	12	−40.65	−39.23
	48	−40.38	−38.59
	120	−39.16	−36.37
	192	−37.88	−35.44
	240	−35.45	−32.47

但是当实验温度更高、恒温时间更长时，甲烷与乙烷碳同位素倒转的特征消失，甲烷与乙烷碳同位素呈现正序特征。例如，在425℃恒温反应序列中，恒温120h以前，甲烷与乙烷碳同位素发生倒转。恒温大于120h，甲烷与乙烷碳同位素转变成正序的特征。这主要是由恒温时间过长导致乙烷再次裂解引起的。

2.1，3，5-三甲基苯裂解生成的液态产物

对在不同的实验条件下1，3，5-三甲基苯裂解的液态产物进行了全二维气相色谱—飞行时间质谱分析，共检测出65种化合物（图9-3），其中37种有对应明确的化合物名称（表9-4），28种化合物无法确定名称，但相应的分子构型可以从数据库中查出（表9-5）。可以发现，在1，3，5-三甲基苯裂解过程中生成大量含单环、二环、三环和四环的新化合物。这些化合物中除了一部分上连接有甲基，还有一部分的芳环上连接了乙基甚至丙基。其中，有8种化合物（图9-3中3号峰、7号峰、11号峰、52号峰、54号峰、59号峰、60号峰和61号峰）的芳环上连接了乙基或丙基。

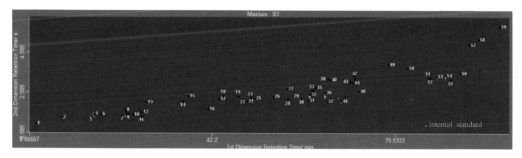

图9-3　1，3，5-三甲基苯裂解液态产物全二维气相色谱—飞行时间质谱分析图

表9-4　1，3，5-三甲基苯裂解液态产物中37种有对应名称的化合物

编号	保留时间（min）	分子名称	编号	保留时间（min）	分子名称
1	10.0667，1.040	苯	13	30.2000，2.115	1，2-二氢化茚
2	14.8667，1.345	甲苯	14	36.8667，2.150	C_1-1，2-二氢化茚
3	20.0667，1.430	乙基苯	15	37.8000，2.410	萘
4	20.6000，1.540	间二甲基苯	16	41.4000，1.760	C_2-1，2-二氢化茚
5	20.7333，1.500	对二甲基苯	17	43.4000，2.260	2-甲基萘
6	21.9333，1.510	邻二甲基苯	18	44.2000，2.410	1-甲基萘
7	25.9333，1.465	1-乙基-3-甲基苯	19	46.8667，2.401	联苯
8	26.4667，1.730	1，3，5-三甲基苯	20	47.9333，2.220	2，6-+2，7-二甲基萘
9	27.0000，1.535	1-乙基-2-甲基苯	21	48.4667，2.160	1，3-+1，7-二甲基萘
10	27.8000，1.490	1，2，4-三甲基苯	22	48.6000，2.120	1，6-二甲基萘
11	29.4000，1.395	甲基-异丙基苯	23	49.1333，2.275	1，4-+2，3-二甲基萘
12	29.4000，1.620	1，2，3-三甲基苯	24	49.9333，2.310	1，2-二甲基萘

编号	保留时间（min）	分子名称	编号	保留时间（min）	分子名称
25	55.8000，2.770	芴	32	67.4000，3.155	2-甲基菲
26	60.3333，2.665	C_1-芴	33	67.8000，3.080	3-甲基蒽
27	60.6000，2.720	C_1-芴	34	68.2000，3.160	1-甲基菲
28	61.0000，2.835	C_1-芴	35	68.2000，3.310	9-甲基菲
29	63.2667，3.280	菲	36	74.2000，3.995	芘
30	63.6667，3.240	蒽	37	77.8000，3.820	C_1-芘
31	67.2667，3.090	3-甲基菲			

表 9-5　1，3，5-三甲基苯裂解液态产物中 28 种无法确定名称但可查出分子构型的化合物

编号	保留时间（min）	结构式	编号	保留时间（min）	结构式
38	49.2667，2.460		42	63，2.165（11）	
39	55.9333，2.235		43	65.6667，2.145	
40	58.4667，2.300		44	68.8667，2.650	
41	59.9333，2.505		45	81.9333，3.310	
46	84.7333，3.440		56	63.6667，2.295	
47	87.5333，4.535		57	68.0667，3.445	
48	90.8667，5.240		58	81.5333，3.310	
49	57.1333，1.955		59	83.1333，3.400	
50	58.2，1.925		60	85.8，3.235	
51	61.9333，2.340		61	89.1333，4.945	

编号	保留时间（min）	结构式	编号	保留时间（min）	结构式
52	53.2667，2.395		62	94.8667，5.885	
53	56.7333，2.420		63	57.8，2.175	
54	59.6667，2.190		64	61.9333，2.340	+C₄
55	62.7333，2.590		65	62.6，2.415	

3. 讨论

1，3，5- 三甲基苯分子结构中不含有任何乙基和丙基，但是其裂解的气态产物中检测出了乙烷和丙烷，液态产物中检测出了含有乙基、丙基的化合物。这些重烃气体和长脂肪侧链的形成机理对解释高—过成熟阶段煤系致密气和页岩气同位素倒转具有重要意义。

为了探讨不同产物生成与 1，3，5- 三甲基苯裂解转化率之间的关系，进一步揭示脱甲基作用过程中烃类气体的形成机理。对 1，3，5- 三甲基苯的转化率进行如下定义：

1，3，5- 三甲基苯转化率 = 不同实验条件下液态产物中 1，3，5- 三甲基苯的量 / 黄金管中装入的 1，3，5- 三甲基苯量。其中，不同实验条件下液态产物中 1，3，5- 三甲基苯的量是通过全二维气相色谱—飞行时间质谱，利用内标法进行定量。

图 9-4 至图 9-7 分别为氢气、甲烷、乙烷、含乙基侧链化合物产率与 1，3，5- 三甲基苯转化率之间的关系图。从图中的结果可以看出，氢气的生成量随着 1，3，5- 三甲基苯转化率的升高而降低。而甲烷的生成量随着 1，3，5- 三甲基苯转化率的升高而增加。氢气产率的降低伴随着甲烷产率的增加，在 1，3，5- 三甲基苯裂解转化率小于 40% 以前，氢气产率明显高于甲烷产率。氢气产率降低伴随着甲烷产率增加的规律反映了芳环缩合释放 H 原子与 H 原子加成之间的竞争关系（Fusetti 等，2010）。

乙烷与含乙基侧链化合物的产率随着 1，3，5- 三甲基苯裂解程度的升高都呈现先增加后降低的趋势，但是含乙基侧链化合物产率出现拐点对应的 1，3，5- 三甲基苯的转化率为 40%，而乙烷产率出现拐点对应的 1，3，5- 三甲基苯的转化率为 80%。含乙基侧链化合物产率出现拐点对应的 1，3，5- 三甲基苯的转化率（40%）低于乙烷产率出现拐点对应的 1，3，5- 三甲基苯转化率（80%），说明乙基从芳环上断裂对乙烷产率的增加有重要贡献，而乙烷产率的降低是由于高温阶段乙烷进一步裂解。这从甲烷与乙烷碳同位素从倒转变化为正序的特征也可得到证明。

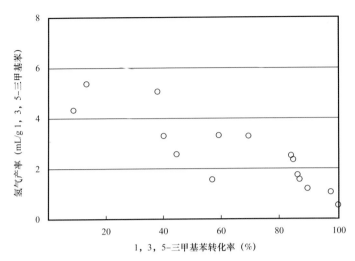

图 9-4　氢气产率与 1，3，5- 三甲基苯转化率关系

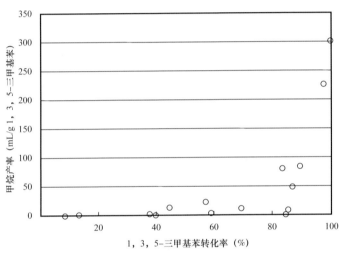

图 9-5　甲烷产率与 1，3，5- 三甲基苯转化率关系

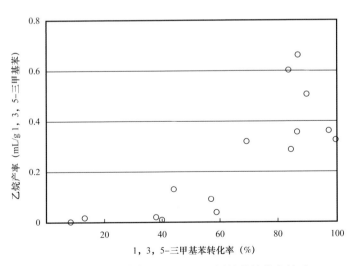

图 9-6　乙烷产率与 1，3，5- 三甲基苯转化率关系

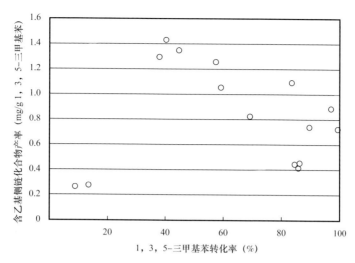

图 9-7　含乙基侧链化合物产率与 1，3，5- 三甲基苯转化率关系

上述不同产物随 1，3，5- 三甲基苯裂解转化率演化规律表明，在脱甲基反应过程中，除了有甲基的生成，也有大量氢原子生成。这些氢原子主要由芳环缩合生成，这可以从反应过程中生成的大量多环芳烃得到证明。而且芳环缩合应早于脱甲基作用，脱甲基作用大量发生在 1，3，5- 三甲基苯转化率大于 40% 时。芳环缩合形成的氢原子结合可以生成氢气，也可以和脱落的甲基结合生成甲烷，随着脱落甲基增加，甲基争夺的氢原子越多，生成的甲烷量越多，氢气量越少。脱落的甲基除了可以连接到芳环的其他部位（包括与芳环上的甲基连接生成乙基），形成其他带侧链的芳烃化合物，也可以相互结合生成乙烷或更重的烃气。因此，脱甲基作用过程中，重烃气体的形成可以归纳为图 9-8 所示的两种方式：

（1）长侧链断裂方式：苯环上脱落的甲基有非常少量会与苯环上的甲基连接形成长侧链，长侧链然后从苯环上脱落形成重烃气体。

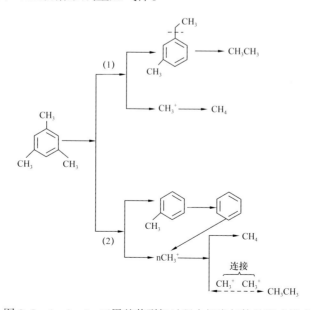

图 9-8　1，3，5- 三甲基苯裂解过程中烃类气体的形成模式

（2）脱落甲基连接聚合：苯环上脱落的甲基相互连接形成重烃气体。

在高—过成熟有机质中，由于有机质化学结构中只存在甲基侧链，随着有机质进一步演化，甲基开始从有机质结构中大量脱落，脱落的 CH_3^+ 一部分会和 H^+（芳环稠化产生）形成甲烷，另一部分会相互连接生成重烃气体，或与芳核上的甲基连接形成长支链。随着演化程度的进一步增加，长支链脱落又可以形成重烃气体。芳核上的甲基具有不同的碳同位素组成（$^{12}CH_3^+$ 和 $^{13}CH_3^+$）。在同一能量体系内，$^{12}CH_3^+$ 首先从芳核上脱落，$^{12}CH_3^+$ 连接生成 C_2H_6。因此，重烃气体和长支链上包含更多的 ^{12}C，重烃气体的同位素偏轻，从而使气体碳同位素发生了倒转。随着地质温度的进一步升高，通过上述甲基连接方式生成的重烃气体发生裂解，使得烃类气体碳同位素转变为正序特征（图9-9）。表9-2中每一个裂解温度的最长恒温时间下重烃气体产量降低以及表9-3中乙烷碳同位变重就是重烃气体进一步裂解的证据。上述模拟实验结果证明，脱甲基作用是高过成熟阶段烃类气体同位素倒转的一个重要因素。

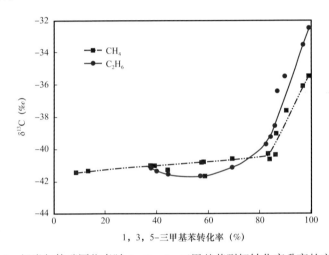

图9-9　烃类气体碳同位素随1，3，5- 三甲基苯裂解转化率升高的变化图

第三节　甲烷聚合作用与天然气同位素倒转

从第七章第三节费脱合成和本章第二节脱甲基模拟实验结果来看，高—过成熟阶段的烃源岩体系内的费托合成和烃源岩通过脱甲基作用生成的天然气都具有同位素倒转的特征。从有机质的元素组成来看，地质条件下有机质石墨化作用非常慢（R_o=3.0%～12.0%，图8-15），也就是说，有机质石墨化作用过程中生成氢气的速率特别慢。同时，模拟实验结果表明，烃源岩体系内费托合成反应氢气转化率特别低。因此，通过费托反应不可能形成目前发现的同位素倒转且地质储量如此巨大的天然气（如四川盆地）。

从不同碳同位素序列天然气的分布与烃源岩的成熟度的关系来看，同位素完全倒转的天然气都分布在烃源岩成熟度 R_o>3.0% 的过成熟区域。说明天然气同位素完全倒转可能与烃源岩有机质结构存在密切关系。而有机质演化到 R_o>3.0% 过成熟阶段，其化学结构中的脂肪侧链只有甲基存在。1，3，5- 三甲基苯裂解实验证明脱甲基作用也可以生成同位素完全倒转的天然气。然而，1，3，5- 三甲基苯裂解实验生成天然气甲烷与乙烷碳同位素的倒转幅度一般都在 1‰以内（图 9-9），实际发现的页岩气和高—过成熟煤系致密气甲烷与乙烷碳同位素的倒转幅度可以达到 10‰，说明脱甲基作用不可能是高过成熟阶段天然气同位素倒转的主要因素。

夏新宇等（2002）、刘婷等（2008）通过实际气体的配比实验和数值模拟计算表明：不同源、不同成熟度的天然气混合可以使天然气的同位素发生倒转。但是对于页岩气，不管是干酪根的热解气，还是残留油的裂解气，它们的热演化程度一致，从理论上讲，二者混合不可能使天然气的同位素发生倒转。本章第一节的黄金管模拟实验结果也证实，原油裂解气与干酪根热解气混合只能使重烃气体的同位素发生反转，而不能使天然气的同位素发生完全倒转。

上述结果证实，天然气同位素倒转可能主要是由其他因素引起。无机烃类气体的一个重要特征就是天然气同位素完全倒转。相关学者在解释无机烃类气体的形成机理时认为：无机烃类气体的形成是在特殊的地质条件下 CO_2（CO）与 H_2 通过费托合成先生成甲烷，甲烷再相互连接，生成同位素更轻的乙烷和其他重烃气体。甲烷相互连接形成重烃气体过程中的同位素分馏引起无机成因烃类气体同位素倒转（Hu 等，1998；Horita 等，1999；Fu 等，2007）。这种甲烷的相互连接其实就是甲烷的聚合。为了验证无机成因甲烷的聚合作用能否在有机成因页岩气和煤系致密气中发生，在黄金管体系进行了甲烷聚合的模拟实验。

一、甲烷聚合作用模拟实验

1. 样品与实验方法

1）样品

为了更好地标定不同实验温度下甲烷裂解气体的相对量，采用专门配制的甲烷与氮气混合气体进行裂解实验。选择氮气作为参比气体的原因是由于氮气为目前已知双原子分子中最稳定的，其分解温度在 3000℃以上，在此次的实验温度 800℃以下根本不会发生分解。甲烷与氮气混合气体经气相色谱分析组成为甲烷 89.67%，氮气 10.33%，其中不含有任何其他烃类气体。

2）实验方法

模拟实验是在黄金管实验体系中进行，实验温度为 450～800℃。实验过程采用的黄金管规格如下：内径为 5mm，长度为 10cm，壁厚为 0.25mm。实验过程如下：先将一端封口的黄金管与特制的封气装置连接，并用真空泵对黄金管抽真空，直到黄金管内的真空度小于 2bar（1atm=101.3bar）。然后向黄金管中注入混合气体，注入气体压力为 4atm。气体装入黄金管后用封口钳夹住黄金管的开口端，取下封气装置，用氩弧焊封住黄金管口，最后把装有气体的黄金管放入釜体进行加热。每个温度点都装有两个黄金管，两个黄金管中的产物地球化学分析可以相互校正。实验的升温程序如下：从室温 1h 加热到 300℃，恒温 0.5h。再按照 20℃/h 的升温速度加热至相应温度点，到达设置温度后停止加热，待反应釜体温度降至室温时取出黄金管。实验过程中的外加流体压力为 50MPa。

气体组成在 Wasson-Agilent 7890 气相色谱仪上进行分析。气体碳同位素分析在 GC-IRMS Ⅱ型同位素质谱仪上进行，每个气体组分的碳同位素至少分析两次，分析误差小于0.5‰。

2. 实验结果

1）气体成分

表 9-6 中列出了甲烷与氮气混合气体加热到不同温度后的气体组成。很明显，甲烷含量随着实验温度的增加而减少，氮气含量不断增加。除了原始气体组分（甲烷和氮气），在不同温度都生成了一定量重烃气体。乙烷和丙烷含量均呈现随着温度的升高先增加后减小的变化规律，它们的含量均在 700℃ 后开始减少。同时，在大于 500℃ 时还有一定量的氢气生成，且氢气含量随着温度升高而增加。

表 9-6 不同温度 CH_4 与 N_2 的混合气体裂解生成气体组成

温度（℃）	含量（%）								
	CH_4	C_2H_6（10^{-1}）	C_2H_4（10^{-3}）	C_3H_8（10^{-2}）	C_3H_6（10^{-3}）	iC_4H_{10}（10^{-3}）	nC_4H_{10}（10^{-3}）	H_2（10^{-1}）	N_2
425	89.66	0.01	0	0.01	0	0	0	0	10.34
450	89.65	0.01	0	0.02	0	0	0	0	10.35
475	89.55	0.01	0	0.03	0	0	0	0	10.45
500	89.53	0.01	0	0.04	0	0	0	0.01	10.47
525	89.48	0.01	0	0.04	0	0	0	0.05	10.51
550	89.44	0.02	0	0.04	0	0	0	0.15	10.54
575	89.3	0.15	0	0.11	0	0	0	0.21	10.66
600	89.21	0.39	0	0.20	0	0	0	0.35	10.71
625	89.12	0.69	0.14	0.37	0.31	0	0.27	0.7	10.74
650	89.06	1.08	0.19	0.56	0.38	0.24	0.37	1.07	10.72
675	88.66	3.08	2.33	5.19	2.89	1.68	2.56	2.26	10.75
700	88.41	4.50	1.14	3.97	0.96	0.97	1.62	3.38	10.76
725	87.25	9.54	1.05	3.75	0.83	0.90	1.39	5.03	11.25
750	86.25	10.11	0.86	3.41	0.61	0.67	1.15	7.06	12.00
775	85.02	8.60	0.58	2.63	0.36	0.45	0.68	8.12	13.28
800	82.34	7.20	0.22	0.75	0.14	0.24	0.30	9.10	16.02

2）气体碳同位素组成

表 9-7 中列出了不同温度条件下烃类气体的碳同位素组成。从表中可以看出，甲烷与乙烷碳同位素均随着温度的增加总体呈现变重的趋势。甲烷碳同位素在 700℃ 前只有微小的变化，变化幅度几乎等于分析误差（+0.5‰），在 700℃ 以上才有较明显变重；乙烷碳同位素随实验温度的升高总体呈现变重的趋势，在 700℃ 前，变重比较明显，在 700℃

后随着实验温度升高变重的速率明显降低。725℃以下甲烷与乙烷碳同位素呈现倒转特征（$\delta^{13}C_1 > \delta^{13}C_2$），725℃之上甲烷与乙烷碳同位素则呈现正序特征（$\delta^{13}C_1 < \delta^{13}C_2$）。

表9-7　不同温度下甲烷与氮气的混合气体裂解生成气体碳同位素

温度（℃）	碳同位素（‰）		温度（℃）	碳同位素（‰）	
	CH_4	C_2H_6		CH_4	C_2H_6
原始气体	−26.78		625	−26.81	−35.20
450	−26.71		650	−26.74	−34.29
475	−26.67		675	−26.79	−30.99
500	−26.94		700	−26.68	−27.95
525	−26.78		725	−26.46	−25.83
550	−26.69		750	−26.08	−25.37
575	−27.02		775	−25.67	−24.89
600	−26.87	−35.58	800	−25.21	−24.39

3. 讨论

1）气体成分的变化

由于氮气的分解温度＞3000℃，因此实验产物中各种气体成分相对含量的变化都是甲烷在不同温度发生多种反应造成的。在整个实验过程中，甲烷相对含量的减少对应着氮气含量的增加，甲烷与氮气的含量总和大于98.24%（图9-10）。因此，实验过程中氮气含量的增加主要是由甲烷含量减少引起的。700℃之前，甲烷含量只有很小的变化，700℃之后甲烷含量呈现较明显降低。从实验的最低温度（450℃）开始，就有重烃气体生成，乙烷与丙烷含量随实验温度的升高呈现先增加后降低的规律。乙烷与丙烷含量达到最大值对应的温度不同，分别为750℃和675℃（图9-11）。这些重烃气体的形成只能是甲烷通过聚合这种方式形成。而在高温阶段，重烃气体含量的降低应该是通过甲烷聚合形成的重烃气体进一步裂解的缘故。

氢气含量的变化可以分为三段（图9-11）：（1）500℃前检测不到氢气；（2）500～650℃之间氢气含量缓慢增加；（3）650℃后氢气含量明显增加。氢气含量的快速增加和重烃气体含量明显增加对应的温度一致。氢气在甲烷聚合与裂解以及通过聚合作用形成的重烃气体的再次裂解过程中均可生成。聚合过程中2分子甲烷才能形成1分子氢气，而甲烷裂解过程中1分子甲烷可形成2分子氢气。结合甲烷含量和重烃气体含量随温度升高的变化结果，可得出650℃前，甲烷的聚合作用比较微弱，氢气含量也比较低。650～750℃时，甲烷的聚合作用增强，重烃气体（特别是乙烷）含量明显增加，氢气含量也迅速增加，说明这一温度段氢气含量的增加主要是由甲烷聚合作用形成的。而在750℃以上，乙烷含量明显降低，说明通过甲烷聚合作用形成的乙烷发生了进一步裂解。从理论上讲，乙烷裂解首先形成甲烷，然后进一步裂解形成单质碳和氢气。乙烷裂解形成甲烷需要消耗氢，而实验体系内并没有其他氢源，因此氢气含量应该减少。但实际实验结果并非如此，750℃后氢气含量增加速率虽然有所减低，但氢气含量依然增加。说明甲烷也开始发生了裂解，从700℃后甲烷含量发生比较明显的降低也可以得到证明。

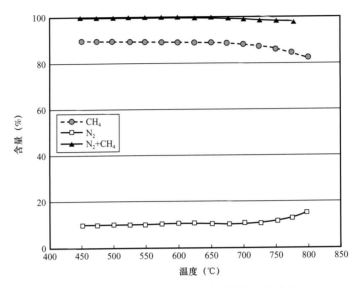

图 9-10　不同温度反应产物中甲烷与氮气含量

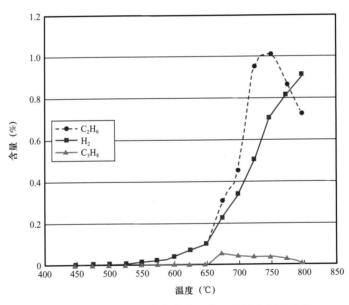

图 9-11　不同温度反应产物中乙烷、丙烷和氢气含量

2）气体碳同位素的变化

图 9-12 显示了甲烷、乙烷碳同位素随实验温度的变化情况。甲烷碳同位素值在700℃以下变化非常小，不同温度点之间甲烷碳同位素与原始甲烷的碳同位素基本一致，不同温度点甲烷碳同位素差值基本保持在仪器的分析误差内（0.5‰），甲烷碳同位素的这种微小变化与甲烷含量在 700℃以下的微小变化（1.11%）是一致的。而 700℃后甲烷

碳同位素明显变重（–27.07‰～–25.81‰），除了与甲烷的聚合作用明显增强有关，还可能与甲烷的裂解有关。以重烃气体含量最高的两个温度点725℃和750℃的实验结果为例，甲烷含量从87.25%降低到86.25%（表9-6），降低了1个百分点，而乙烷含量只增加0.07%，丙烷含量降低。可见700℃以后甲烷含量明显降低和同位素变重与甲烷的分解有密切关系；乙烷碳同位素随着模拟温度增加而变重，但在不同的温度范围内变重的速率不同。在675℃前，乙烷碳同位素变重速率较慢；在650℃～675℃，乙烷碳同位素快速变重；在675℃后，乙烷碳同位素变重速率变慢。650℃前乙烷碳同位素的慢速变重以及痕量的重烃气体（<0.02%），说明甲烷聚合作用比较弱。650℃后，甲烷的聚合作用明显增强，生成的重烃气体（特别是乙烷）含量迅速增加，乙烷碳同位素也迅速变重。700℃以前甲烷与乙烷碳同位素保持倒转的特征，700℃以上甲烷与乙烷碳同位素转变为正序特征。乙烷碳同位素的变重肯定与乙烷的裂解有关，然而，在700～750℃之间，乙烷的含量仍在继续增加。这种乙烷碳同位素与乙烷含量随实验温度升高不一致的变化现象可能与乙烷生成速率与裂解速率的相对大小有关。这是因为高温条件下重烃气体的形成是一个部分可逆反应（Xia 和 Gao，2018），不同温度区间正向反应和逆向反应的速率不同。

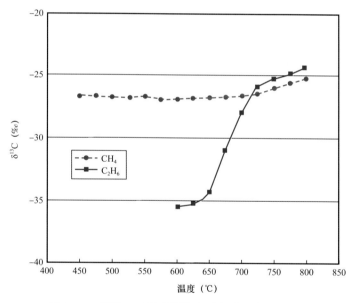

图 9-12　甲烷、乙烷碳同位素随实验温度的变化

从理论上讲，甲烷受热会分解为碳单质和氢气。但是本书研究实验结果表明：甲烷裂解并不是直接分解成单质碳和氢气，而是在裂解过程中生成了多种重烃气体。现代石油工业已经证明，甲烷在催化剂条件下可以合成高分子烃类（Karakaya 和 Kee，2016；Upham 等，2017）。因此，地质条件下甲烷聚合形成重烃气体是有可能的。多位学者认为甲烷的裂解遵循自由基反应机理（Xia 和 Gao 等，2018；Karakaya 等，2018；Cheng 等，2020）。甲烷裂解过程的自由基反应机理如下：

$$CH_4 \rightleftharpoons CH_3 \cdot + H \cdot$$

$$2CH_3 \cdot \rightleftharpoons C_2H_6$$

$$C_2H_6 \rightleftharpoons C_2H_5 \cdot + H \cdot$$

$$C_2H_5 \cdot \rightleftharpoons C_2H_4 + H \cdot$$

$$C_2H_5 \cdot + CH_3 \cdot \rightleftharpoons C_3H_8 \qquad\qquad (9-1)$$

$$C_xH_y \cdot + CH_3 \cdot \rightleftharpoons C_{x+1}H_{y+3}$$

$$H \cdot + H \cdot \rightleftharpoons H_2$$

$$C_2H_4 \rightleftharpoons C_2H_2 + H_2$$

$$C_2H_2 \rightleftharpoons 2C + H_2$$

表 9-6 中不同温度甲烷裂解产物的变化表明，在裂解过程中甲烷并不是直接裂解成单质碳和氢气，而是首先裂解成 $CH_3 \cdot$ 和 $H \cdot$ 自由基。$CH_3 \cdot$ 相互连接生成重烃气体，$H \cdot$ 相互连接生成氢气。甲烷裂解过程中的同位素分馏遵循动力学分馏机理（Cheng 等，2020），甲烷分子中 ^{12}C—H 比 ^{13}C—H 更容易断裂（Lorant 等，1998；Tang 等，2000；Xia 和 Gao，2018）。因而 $CH_3 \cdot$ 自由基具有更轻的碳同位素，两个同位素偏轻 $CH_3 \cdot$ 结合形成乙烷（包括其他重烃气体）的同位素就偏轻，导致天然气的同位素倒转。上述甲烷早期裂解形成重烃气体过程也可以看成甲烷直接聚合形成重烃气体。因此，认为甲烷聚合作用是高过成熟阶段天然气同位素倒转的一个重要原因也是合理的。

3）固体产物变化特征

图 9-13 是气体地球化学特征分析完成后不同温度的黄金管内壁图。700℃黄金管内壁看不到任何变化，725℃后黄金管壁上有明显大量的黑色沉淀，这些黑色沉淀黄金管能谱分析为单质碳（图 9-14）。这些大量的碳沉积既可能是重烃气体裂解形成的，也可能是甲烷裂解造成的。对四个温度点（725℃、750℃、775℃和800℃）形成的这些单质碳质量的分析结果发现，虽然在 725℃能观察到明显的碳沉积，但用称量精度为 0.1mg 级别的分析天平很难衡量出生成的单质碳的质量（气体分析完成后的黄金管质量减去未装样前的原始黄金管质量）。而在 750℃、775℃和800℃三个温度点沉淀在黄金管壁上的单质碳质量分别为 0.1mg、0.4mg 和 0.5mg。虽然黄金管壁上碳单质的形成有重烃气体裂解的贡献，但由于重烃气体含量非常低，最高只有 1.05%，到实验的最高温度（800℃）时还存在 0.74% 的重烃气体，因此重烃气体裂解不可能形成如此之多的碳单质。按照不同温度点残留气体不同组分的含量计算，可以得到在这三个温度点重烃气体裂解生成单质碳的质量不可能超过 0.03mg，而本次研究过程中采用的分析天平称量不出如此轻的质量。因此，图 9-13 中黄金管壁上的黑色碳沉积主要是由甲烷裂解产生，也就是甲烷大量裂解发生在700～725℃之间。然而乙烷的最高含量对应的温度为 750℃（图 9-11、表 9-6），说明通过聚合作用形成的乙烷在 750℃后才开始大量裂解。这并不表明乙烷裂解温度比甲烷大量裂解温度（725℃）还高。而是由于甲烷聚合生成乙烷与乙烷的裂解过程并存，且随着模拟温度升高，动力增强，CH_3 自由基形成速度增加，它们相互碰撞聚合成乙烷的概率更高。

其实，乙烷碳同位素随实验温度升高快速变重（图9-12）就是由甲烷聚合形成乙烷在裂解过程中发生进一步同位素分馏引起的。甲烷聚合生成乙烷比乙烷裂解速率高，导致乙烷含量继续增加，但乙烷的裂解导致了乙烷碳同位素的快速变重。

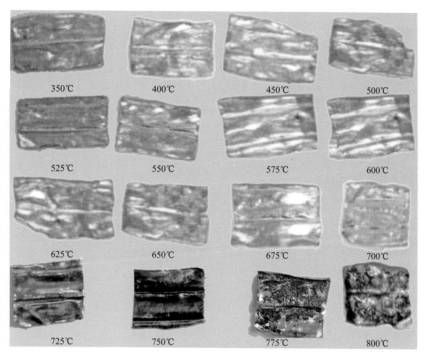

图9-13　不同温度的黄金管内壁图

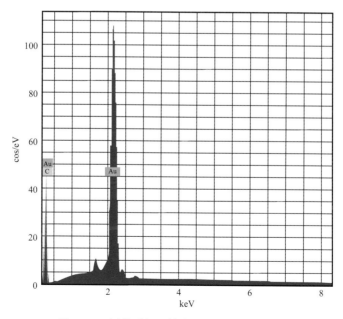

图9-14　甲烷裂解固体产物能谱图（775℃）

　　无论是自然界发现的来源于高—过成熟烃源岩的页岩气，还是不同类型有机质在非常高温条件下（大于700℃）模拟生成的气体，或多或少都含有一定量的重烃气体甚至轻烃，这并不表示重烃气体还未开始裂解，而是重烃气体裂解和形成处在一个动态平衡（可逆反应）的过程。要使这些通过聚合作用形成微量的重烃气体完全裂解，需要更高的热动力条件。因此，当实验温度进一步升高（大于 750℃），聚合生成的乙烷由于热动力进一步增强会迅速地裂解。乙烷裂解速率大于甲烷聚合生成乙烷的速率，导致乙烷的含量降低。

二、乙烷聚合作用模拟实验

1. 实验方法

为了更好地验证烃类气体聚合是否普遍存在，同样采用专门配制的乙烷与氮气混合气体进行裂解实验。乙烷与氮气混合气体经气相色谱分析组成为乙烷 87.98%，氮气 12.02%，其中不含有任何其他烃类气体。

模拟实验同样在黄金管实验体系中进行，实验温度范围为 450～625℃。实验过程采用与甲烷裂解相似的恒温程序：从室温 1h 加热到 300℃，恒温 0.5h。再按照 20℃/h 的升温速度加热相应温度点，当到达设置温度后停止加热，待反应釜体温度降至室温时取出黄金管。实验过程中的外加流体压力为 50MPa。

2. 实验结果

表 9-8 中列出了不同温度乙烷裂解实验生成的气体组成。可以看出，在乙烷裂解实验中，除了有甲烷生成，还有许多重烃气体（丙烷、丁烷和戊烷）和氢气生成。图 9-15 是不同温度甲烷与乙烷含量变化图，可以看出乙烷含量的迅速降低和甲烷含量的迅速增加都是在 525℃，说明乙烷的大量裂解是在 525℃左右。然而在 525℃以前，既有甲烷的生成，又有丙烷、丁烷和戊烷的生成。甲烷肯定是由乙烷裂解生成的，而大于 C_2 的重烃气体肯定是由乙烷与甲烷、乙烷与乙烷的聚合生成的。说明不同的烃类气体之间也可以发生聚合作用。

表 9-8 不同温度下乙烷裂解实验生成的气体组成

温度 （℃）	气体组成（%）								
	CH_4	C_2H_6	C_3H_8	$i-C_4$	$n-C_4$	$i-C_5$	$n-C_5$	H_2	N_2
450	0.07	87.86	0.07	0	0	0	0	0.00	12.00
475	0.18	87.74	0.09	0	0	0	0	0.00	11.99
500	0.27	87.28	0.13	0	0.03	0.01	0.01	0.15	11.98
525	0.36	80.66	0.22	0	0.11	0.01	0.03	0.16	18.56
550	6.41	58.99	1.11	0.06	0.37	0.05	0.10	0.29	32.61
575	37.13	35.12	1.68	0.15	0.36	0.05	0.08	0.32	25.12
600	69.91	15.31	0.73	0.04	0.10	0.01	0.02	0.46	13.42
625	82.48	7.48	0.27	0.02	0.05	0.01	0.01	0.82	8.87

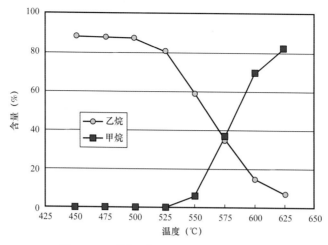

图 9-15　不同温度甲烷与乙烷含量变化图

图 9-16 是不同温度下丙烷、丁烷和戊烷含量变化图。三种气体组分的含量在 525℃ 后明显升高，说明重烃气体的聚合要具有一定的温度条件，但随着模拟温度的增加，通过聚合作用形成的重烃气体又可以进一步发生裂解。不同组分含量开始降低对应的温度不同，丙烷和丁烷含量开始降低对应的温度为 575℃，戊烷含量开始降低对应的温度为 550℃，这些温度比乙烷含量开始降低的温度（525℃）高，但并不意味着丙烷、丁烷和戊烷比乙烷更稳定，只表明重烃气体开始大量裂解之前还存在比较强烈的聚合作用。

表 9-9 中列出了不同温度乙烷裂解实验生成的气体碳同位素组成。可以看出，在实验温度段，甲烷的碳同位素都轻于乙烷的碳同位素，说明甲烷是由乙烷裂解生成的。在 550℃生成的丙烷也轻于原始反应物（乙烷）的碳同位素，说明丙烷的形成也是由乙烷和甲烷的聚合连接生成的。525℃以后，乙烷碳同位素开始明显变重，说明乙烷开始大量裂解。然而，丙烷的含量仍在继续增加，到 575℃丙烷的含量达到最大值（1.68%，表 9-8）。丁烷的含量在 555℃达到最大值（0.51%），说明在 525～575℃仍存在甲烷与乙烷、乙烷与乙烷之间的聚合，而且它们之间的聚合生成丙烷和丁烷的速率大于丙烷和丁烷的裂解速率。

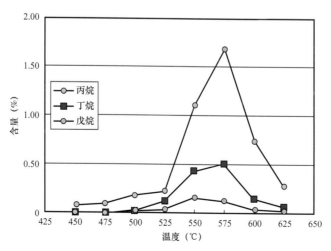

图 9-16　不同温度下丙烷、丁烷、戊烷含量变化图

表 9-9　不同温度乙烷裂解实验生成的气体碳同位素组成

温度（℃）	气体碳同位素（‰）		
	C_1	C_2	C_3
原始气体		−28.16	
450		−28.15	
475		−28.14	
500		−28.11	
525	−41.35	−28.09	
550	−45.63	−25.74	−29.89
575	−38.80	−23.79	−19.75
600	−33.38	−17.92	−14.90
625	−30.14	−14.86	−11.56

　　乙烷的裂解实验结果表明：在重烃气体完全裂解之前，存在明显的聚合作用。但总体来说，这种聚合的效率比较低，天然气的干燥系数比较高。随着热动力进一步增强，通过聚合作用形成的重烃气体又可以进一步裂解，直到完全裂解成碳单质和氢气。

三、甲烷、乙烷聚合作用的地质意义

1. 实验结果的地质推演

　　模拟实验的目的是探讨低温、慢速地质过程中的各种反应机制。因此，把实验数据准确推演到地质条件下非常重要。该项研究一个最关键问题就是要把实验温度转化成 R_o 或地质温度。实验温度转化成 R_o 理论上最简洁的方法是直接测定模拟残渣的反射率，但由于一般模拟过程升温速度较快，有机质在高温条件下快速收缩，导致镜质组变得非常不均一（图 9-17），因而很难获得准确的成熟度参数。另一个常用的方法是 EasyR_o 法获取模拟残渣的成熟度，但该方法能恢复的最大 R_o 只有 4.68%（Burnham 和 Sweeney，1989），不适应于甲烷裂解的成熟度界限的确定。本次研究专门对所采用升温速度（20℃/h）条件下不同温度点的成熟度进行重新标定，具体方法如下：

　　（1）根据已有的大量不同成熟度的腐殖煤样 R_o 与 H/C 比数据，建立地质样品 R_o 与 H/C 比的定量关系。实际样品 H/C 比与 R_o 的关系如下：

图 9-17　煤模拟残渣镜下照片（600℃，升温速度为 20℃/h）

$$R_o=20.38 \times 0.00546^X+0.357$$

其中，X 为样品的 H/C 比。

（2）采用本次实验相同升温程序，对低成熟煤（R_o=0.55%）进行相同温度点（350～800℃）的模拟实验。

（3）对煤的模拟残渣进行元素组成分析。

（4）以 H/C 比为参照，通过对比不同温度煤模拟残渣及不同成熟度实际煤样 H/C 比，建立模拟温度与 R_o 之间的定量关系。在本次实验所采用黄金管实验体系上，以 20℃/h 升温速度模拟甲烷裂解，模拟温度与成熟度之间的定量关系如下：

$$R_o=0.114Exp（0.00563T）+0.056$$

其中，T 为模拟温度，℃。

2. 实验的地质意义

图 9-18 显示了恢复到不同 R_o 条件下甲烷含量。从图中可以看出，甲烷含量的变化可以分为两段：（1）R_o<6.0%（700℃）阶段，甲烷含量的降低主要是由其聚合作用生成重烃气体引起；（2）R_o>6.0% 阶段，甲烷含量快速降低，甲烷开始大量分解。因此，页岩气勘探终极成熟度界限为 R_o=6.0%。Mi 等（2018）曾提出倾油型有机质的生气结束界限为 R_o=3.0%～3.5%。因此，在 R_o=3.5%～6.0% 的成熟度区间页岩气勘探的资源潜力不大，除非天然气的保存条件非常好。原因是在这一阶段虽然甲烷不会发生大量分解，但是有机质（特别是 Ⅰ 型、Ⅱ 型）已没有了生气能力。天然气在成藏后的长期地质历史中由于各种散失作用，很难大量保存。通过上述公式计算，可以得到乙烷大量裂解（525℃）对应的 R_o=2.53%。

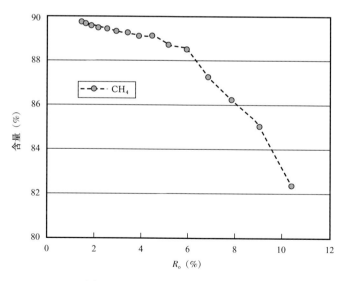

图 9-18　不同 R_o 条件下甲烷含量

实验结果表明，甲烷的聚合作用在较低的成熟阶段（R_o=1.44%，450℃）已经存在，而自然界发现的天然气同位素完全倒转主要发生在 R_o>2.5% 的区域（Zeng 等，2013；吴伟等，2015；戴金星等，2016）。这主要是由于成熟度相对较低时有机质还处在大量生烃阶段，甲烷的聚合作用非常弱，聚合作用形成的同位素更轻的重烃气体量非常少，天然气同位素不可能呈现倒转特征。实验结果表明，在高—过成熟阶段（550℃，R_o=3.02%），甲烷的聚合作用增强，而有机质的生气能力已经非常低（Mi 等，2018），此时不管是有机质初次热解气还是原油裂解气，其干燥系数都非常高，通过聚合作用形成的同位素更轻的重烃气体与干燥系数非常高的原生气体混合，很容易使天然气的同位素发生倒转。戴金星等（2016）曾把这种同位素完全倒转的有机成因的天然气命名为次生负碳同位素序列天然气。其实，这种次生气体就是有机成因的原生气体在 R_o>3.0% 发生了明显甲烷聚合作用导致的。

图 9-19 显示了中国四川盆地与美国 Fayetteville 页岩气和本次模拟实验过程甲烷聚合作用形成天然气湿度与甲烷、乙烷同位素倒转幅度关系对比情况。可以发现，纯甲烷聚合作用形成的天然气湿度更小（干燥系数更大），甲烷与乙烷同位素倒转幅度更大，而实际页岩气天然气湿度相对更大，甲烷与乙烷同位素倒转幅度相对更小。这主要是由于过成熟的原始天然气中本身就含有一定量的重烃气体，而甲烷裂解实验的原始气体中不含任何重烃气体组分。四川盆地页岩气与美国 Fayetteville 页岩气的同位素倒转正是高—过成熟阶段有机质生成的气体（或原油裂解气）发生聚合作用的结果。

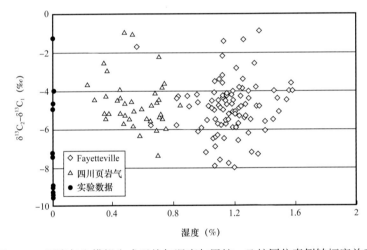

图 9-19　页岩气和模拟生成天然气湿度与甲烷、乙烷同位素倒转幅度关系

小　结

（1）模拟实验证实：干酪根热解气与残留油裂解气只能使重烃气体的碳同位素发生反转，而不能使天然气的碳同位素序列完全倒转。

（2）1，3，5- 三甲基苯裂解实验证明，高—过成熟阶段烃源岩通过脱甲基作用可以形成同位素倒转的天然气。但通过脱甲基作用可以形成天然气的同位素倒转幅度与实际天然气同位素倒转幅度有比较大的差别。说明脱甲基作用是天然气同位素倒转的原因之一，但并不是主要原因。

（3）甲烷大量裂解前会发生的聚合作用是过—高成熟阶段天然气同位素倒转的主要原因。甲烷聚合作用在 R_o=1.45% 时已经存在。随着地质温度增加，甲烷聚合作用增加，直到甲烷大量裂解。

（4）甲烷保存界限（甲烷大量裂解）的成熟度界限为 6.0%，在 $R_o>6.0\%$ 的页岩中进行页岩气勘探没有意义。由于有机质（特别是 I 型、II 型）在 $R_o>3.5\%$ 时生气作用结束，因此，R_o 为 3.5%～6.0% 区域进行页岩气勘探要非常慎重。

参 考 文 献

戴金星.1986.试论不同成因混合气藏及其控制因素［M］，石油实验地质，4：325-334.

戴金星，宋岩，戴春森，等.1995.中国东部无机成因气及其气藏形成条件［M］.北京：科学出版社.

戴金星，石昕，卫延召.2001.无机成因油气论和无机成因的气田（藏）概略［J］.石油学报，22（6）：5-10

戴金星，倪云燕，黄士鹏，等.2016.次生型负碳同位素系列成因［J］.天然气地球科学，27（1）：1-7.

刘婷，米敬奎，张敏.2008.松辽盆地深层天然气碳同位素倒转数值模拟［J］.天然气地球科学，19（5）：722-726.

吴伟，房忱琛，董大忠，等.2015.页岩气地球化学异常与气源识别［J］.石油学报，36（11）：1332-1340，1366.

夏新宇.2002.油气源对比的原则暨再论长庆气田的气源——兼答《论鄂尔多斯盆地中部气田混合气的实质》［J］.石油勘探与开发，29（5）：101-105.

赵孟军，卢双舫，李剑.2002.库车油气系统天然气地球化学特征及气源探讨［J］.石油勘探与开发，29（6）：4-7.

Avila B M F, Vaz B G, Pereira R, et al. 2012. Comprehensive chemical composition of gas oil cuts using two-dimensional gas chromatography with time-of-flight mass spectrometry and electrospray ionization coupled to Fourier transform ion cyclotron resonance mass spectrometry［J］, Energy Fuels. 26: 5069-5079.

Burnham A K, Sweeney J J.1989. A chemical kinetic model of vitrinite maturation and reflectance［J］. Geochimica et Cosmochimica Acta, 53（10）: 2649-2657.

Burruss R C, Laughrey C D. 2010. Carbon and hydrogen isotopic reversals in deep basin gas : Evidence for limits to the stability of hydrocarbons［J］. Organic Geochemistry, 41（12）: 1285-1296.

Cheng B, Xu J, Deng Q, et al. 2020. Methane cracking within shale rocks : A new explanation for carbon isotope reversal of shale gas［J］. Marine and Petroleum Geology, 121: 104591.

Fu Q, Lollar B S, Horita J, et al. 2007. Abiotic formation of hydrocarbons under hydrothermal conditions : Constraints from chemical and isotope data［J］. Geochimica et Cosmochimica Acta, 71（8）: 1982-1998.

Fusetti L, Behar F, Bounaceur R, et al. 2010. New insights into secondary gas generation from the thermal cracking of oil : Methylated monoaromatics. A kinetic approach using 1, 2, 4-trimethylbenzene. Part I : A mechanistic kinetic model［J］. Organic Geochemistry, 41（2）: 146-167.

Gao L, Schimmelmann A, Tang Y, et al. 2014. Isotope rollover in shale gas observed in laboratory pyrolysis experiments : Insight to the role of water in thermogenesis of mature gas［J］. Organic geochemistry, 68: 95-106.

Hao F, Zou H. 2013. Cause of shale gas geochemical anomalies and mechanisms for gas enrichment and depletion in high-maturity shales [J] . Marine and Petroleum Geology, 44: 1–12.

Hu G, Ouyang Z, Wang X, et al. 1998. Carbon isotopic fractionation in the process of Fischer–Tropsch reaction in primitive solar nebula [J] . Science in China Series D : Earth Sciences, 41 (2): 202–207.

Horita J, Berndt M E. 1999. Abiogenic methane formation and isotopic fractionation under hydrothermal conditions [J] . Science, 285 (5430): 1055–1057.

James A T. 1983. Correlation of natural gas by use of carbon isotopic distribution between hydrocarbon components [J] . AAPG bulletin, 67 (7): 1176–1191.

Jenden P D, Newell K D, Kaplan I R, et al. 1988. Composition and stable–isotope geochemistry of natural gases from Kansas, Midcontinent, USA [J] . Chemical Geology, 71 (1–3): 117–147.

Jenden P D, Kaplan I R. 1989. Origin of natural gas in Sacramento Basin, California [J]. AAPG Bulletin, 73(4): 431–453.

Jenden P D, Drazan D J, Kaplan I R. 1993. Mixing of thermogenic natural gases in northern Appalachian Basin [J] . Aapg Bulletin, 77 (6): 980–998.

Karakaya C, Kee R J. 2016. Progress in the direct catalytic conversion of methane to fuels and chemicals [J] . Progress in Energy and Combustion Science, 55: 60–97.

Karakaya C, Zhu H, Loebick C, et al. 2018. A detailed reaction mechanism for oxidative coupling of methane over $Mn/Na_2WO_4/SiO_2$ catalyst for non–isothermal conditions [J] . Catalysis Today, 312: 10–22.

Killops S D, Killops V J. 2013. Introduction to organic geochemistry [M] . UK : John Wiley & Sons.

Lorant F, Prinzhofer A, Behar F, et al. 1998. Carbon isotopic and molecular constraints on the formation and the expulsion of thermogenic hydrocarbon gases [J] . Chemical Geology, 147 (3–4): 249–264.

Lollar B S, Lacrampe–Couloume G, Voglesonger K, et al. 2008. Isotopic signatures of CH_4 and higher hydrocarbon gases from Precambrian Shield sites : a model for abiogenic polymerization of hydrocarbons [J]. Geochimica et Cosmochimica Acta, 72 (19): 4778–4795.

Mi J K, Zhang S C, Chen J P, et al. 2015. Upper thermal maturity limit for gas generation from humic coal [J] . International Journal of Coal Geology, 152: 123–131.

Mi J K, Hu G Y, Bai J F, et al. 2017. The evolution and preliminary genesis of the carbon isotope for coal measure tight gas : Cases from upper paleozoic gas pools of Ordos basin and Xujiahe formation gas pools of Sichuan basin, China [J] . International Journal of Petrochemical Science & Engineering , 2(8): 1–7.

Mi J, Zhang S, Su J, et al. 2018. The upper thermal maturity limit of primary gas generated from marine organic matters [J] . Marine and Petroleum Geology, 89: 120–129.

McCollom T M, Lollar B S, Lacrampe–Couloume G, et al. 2010. The influence of carbon source on abiotic organic synthesis and carbon isotope fractionation under hydrothermal conditions [J] . Geochimica et Cosmochimica Acta, 74 (9): 2717–2740.

Prinzhofer A A, Huc A Y. 1995. Genetic and post–genetic molecular and isotopic fractionations in natural gases [J]. Chemical Geology, 126 (3–4): 281–290.

Rodriguez N D, Philp R P. 2010. Geochemical characterization of gases from the Mississippian Barnett Shale, Fort Worth Basin, Texas [J] . AAPG Bulletin, 94 (11): 1641–1656.

Sherwood L B, Lacrampe-Couloume G, Slater F, et al. 2006.Unravelling abiogenic and biogenic sources of methane in the Earth's deep subsurface [J]. Chemical Geology, 226 (3-4): 328-339

Sherwood L B, Lacrampe-Couloume G, Voglesonger K, et al. 2008, Isotopic signatures of CH_4 and higher hydrocarbon gases from Precambrian Shield sites : A model for abiogenic polymerization of hydrocarbons [J]. Geochimica et CosmochimicaActa 72, 4778-4795.

Tang Y, Perry J K, Jenden P D, et al, 2000. Mathematical modeling of stable carbon isotope ratios in natural gases [J]. Geochimica et Cosmochimica Acta, 64 (15): 2673-2687.

Tilley B, McLellan S, Hiebert S, et al. 2011. Gas isotope reversals in fractured gas reservoirs of the western Canadian Foothills : Mature shale gases in disguise [J]. AAPG Bulletin, 95 (8): 1399-1422.

Tilley B, Muehlenbachs K. 2013. Isotope reversals and universal stages and trends of gas maturation in sealed, self-contained petroleum systems [J]. Chemical Geology, 339: 194-204.

Tissot B P, Welte D H. 1984. Petroleum formation and occurrences [M]. Berlin : Springer Verlag.

Upham D C, Agarwal V, Khechfe A, et al. 2017. Catalytic molten metals for the direct conversion of methane to hydrogen and separable carbon [J]. Science, 358 (6365): 917-921.

Xia X, Chen J, Braun R, et al. 2013. Isotopic reversals with respect to maturity trends due to mixing of primary and secondary products in source rocks [J]. Chemical Geology, 339: 205-212.

Xia X Y, Gao Y. 2018. Depletion of 13C in residual ethane and propane during thermal decomposition in sedimentary basins. Org. Geochem. 125, 121-128.

Yao S, Zhang K, Jiao K, et al. 2011. Evolution of coal structures : FTIR analyses of experimental simulations and naturally matured coals in the Ordos Basin, China [J]. Energy Exploration & Exploitation, 29 (1): 1-19.

Zeng H, Li J, Huo Q. 2013. A review of alkane gas geochemistry in the Xujiaweizi fault-depression, Songliao Basin [J]. Marine and Petroleum Geology, 43: 284-296.

Zumberge J, Ferworn K, Brown S. 2012. Isotopic reversal ('rollover') in shale gases produced from the Mississippian Barnett and Fayetteville formations [J]. Marine and Petroleum Geology, 31 (1): 43-52.